Michael Drescher

Das VB.Net Schülerbuch

Michael Drescher

Das VB.Net Schülerbuch

Windows-Programmierung lernen mit Visual Basic.Net

Bibliograpische Information der Deutschen Bibliothek: Die Deutsche Bibliothek verzeichnet diese Publikation in der Deutschen Nationalbibliographie; detaillierte bibliographische Daten sind im Internet über http://dnb.ddb.de abrufbar

Herstellung und Verlag: Books on Demand GmbH, Norderstedt

ISBN 3-8334-3542-9

Inhalt

Willkommen beim Programmieren

Du hast dich also entschlossen, Programmieren zu lernen. Glückwunsch!

Denn das Programmieren ist eine faszinierende Sache. Es ist viel befriedigender, z.B. selbst ein Spiel zu erstellen (so simpel dies am Anfang auch sein mag), als „nur" ein gekauftes Spiel zu spielen – wobei ich jetzt mal davon ausgehe, dass das bisher deine Hauptbeschäftigung am PC war...

Aber das wird sich jetzt ändern!

Denn auch mit dem Programmieren kann man sich stundenlang beschäftigen, und es macht Spaß!

Programmieren? Kann ich das lernen?

Kann eigentlich jeder programmieren lernen?

Im Prinzip ja. Aber trotzdem ein paar Bemerkungen und Hinweise:

Was brauche ich für Voraussetzungen?

Eigentlich keine. Aber es gibt ein paar Dinge, die das Leben erleichtern.

An erster Stelle würde ich eine gute mathematische Begabung setzen. Je besser die Mathematiknote, desto leichter wird es dir vermutlich fallen. Wobei es hier nicht auf mathematisches Wissen ankommt, als mehr auf die Fähigkeit, logisch zu denken. Wer z.B. gut Textaufgaben lösen kann (oh je..) , wird auch leichter Programmierprobleme lösen können.

Ab welchem Alter kann man das Lernen?

Schwierige Frage. Manche Genies blicken alles schon mit 10 Jahren, aber ich würde sagen, 13 Jahre ist etwa die Untergrenze. Zu diesem Zeitpunkt hat man im Mathematikunterricht (schon wieder Mathe...) auch schon mal was von „Variablen" gehört, und das hilft auch ungemein.

Und Englisch?

Kann auch nicht schaden, ist aber längst nicht so wichtig wie ein gutes mathematisches Verständnis. Denn man kommt vorerst auch mit wenig Englisch zu Recht, denn es gibt nur wenige „Vokabeln" zu lernen, und die lernt man so nebenbei.

Was brauche ich, außer diesem Buch?

Für dieses Buch brauchst du ein Programm von Microsoft, und zwar entweder:

- Das „Visual Studio .Net“ oder
- „Visual Basic .Net“

Der Unterschied besteht darin, dass man mit dem „Visual Studio .Net“ auch noch in mehreren anderen Sprachen als „Visual Basic“ programmieren kann, während „Visual Basic .Net“ eben nur diese eine Sprache „VB.Net“ bietet. Dies reicht aber für dieses Buch hier aus.

Andererseits ist der Preisunterschied für die Schülerversion dieser beiden Programme nicht groß (ca. 30 Euro), sodass es sich vielleicht lohnt, das etwas teurere „Visual Studio .Net“ zu kaufen: Vielleicht bekommst du ja solchen Spaß am Programmieren, dass du auch noch andere Sprachen ausprobieren willst.

Das „Visual Studio .Net“ gibt es in vielerlei Varianten: Als „Standard“, „Professional“ oder „Enterprise“ Version, mit verschiedenen Ausgabeständen (2002, 2003, ..), und in deutsch oder englisch. Als Schülerversion gibt das „Visual Studio .Net Professional deutsch“. Diese Version ist Grundlage für dieses Buch.

Zu diesen Schülerversionen: Hier ist Microsoft zu loben, dass es Schülern diese an sich teuren Programme zu einem Bruchteil des normalen Preises verkauft. Das „Visual Studio .Net Professional“ kostet normalerweise knapp unter 1000 Euro, die Schülerversion bekommst du für etwa 100 Euro! Dabei handelt es sich nicht etwa um ein „abgespecktes“ Programm, sondern tatsächlich um die Originalsoftware. Microsoft will hier einfach Schüler (und auch Studenten) fördern, die ja nicht einfach mal 1000 Euro auf den Tisch legen können.

Wie kommst du an diese Schülerversion?

- du brauchst einen Händler, der diese Schülerversionen anbieten darf
- du brauchst eine Bescheinigung deiner Schule, die von dem Händler akzeptiert wird (eine Kopie des Schülerausweises reicht in der Regel nicht aus)

Recht einfach geht es über die Webseite www.educheck.de: Hier sind viele Händler gelistet, die diese Schülerversionen anbieten. Ferner kann man ein Formular ausdrucken, das man sich in seiner Schule unterschreiben lassen kann. Dieses Formular sendet man dann, bspw. per E-Mail als gescannte Anlage, an „Educheck“ zurück. Gleichzeitig kann man sich einen Händler dort aussuchen, über den man seine Software bestellt. Der Nachweis wird dann von Educheck an den Händler weitergeleitet.

Was brauche ich für Computerwissen?

Ich gehe mal davon aus, dass der PC für dich kein völlig unbekanntes Wesen ist. Ich setze hier voraus, dass du auch schon das eine oder andere Programm bedient hast, mit dem man nicht spielen kann – „Word“ zum Beispiel.

Auch der Begriff „Datei“ sollte dir nicht fremd sein, und dass sich Dateien in „Verzeichnissen“ wieder finden. Auch mit dem „Windows-Explorer“ solltest du umgehen können.

Ferner solltest du wissen, wie man ein Programm installiert, denn das „Visual Studio“, wenn du es dann erworben hast, musst du natürlich auf deinem PC installieren. Auf diese Installation gehe ich hier nicht näher ein.

Programmieren? Was macht man da eigentlich?

Wie programmiert man denn nun?

Programmieren besteht darin, ein „Programm“ in einer Sprache zu schreiben. Dieses Programm besteht aus vielen Zeilen Text in dieser Sprache. Die Sprache, die wir verwenden, ist VB.Net (sprich: „VB dot net“, VB steht für „Visual Basic“, wie du mittlerweile mitgekriegt hast). Es gibt auch noch weitere Sprachen, z.B. „C++“ („C plusplus“), „C#“ („C sharp“), „Java“, „Pascal“ und einige andere.

Diese „Sprache“ VB.Net, die wir hierzu lernen müssen, ist keine vollständige Sprache wie Englisch oder Französisch, sondern sie besteht selbst nur aus einer Anzahl von englischen Worten, wie z.B. „If“ (=“Wenn“) oder „Function“ („Funktion“). Diese Worte wirst du zum Teil schon kennen, so daß hier wenig „Vokabeln lernen“ anfällt.

Wichtiger ist es, in welcher Art und Weise man diese Vokabeln zusammensetzt, also sozusagen die „Grammatik“. Nur wenn die „Vokabeln“ in der richtigen Art kombiniert werden, versteht der Computer, was wir meinen.

Überhaupt ist der Computer hier sehr empfindlich: Wenn du in einer Englischarbeit, sagen wir, 2 Fehler machst, ist das immer noch eine gute Leistung. Oder wenn du einem Engländer sagst: „I have hungry“, so wird er immer noch verstehen, was du meinst. Wenn du hingegen in einem Computerprogramm nur einen einzigen Fehler machst, weigert sich der Computer, auch nur irgendetwas zu tun, sondern sagt schlicht und einfach: „Fehler, versteh ich nicht.“ Ein Computerprogramm muss also absolut fehlerfrei geschrieben sein, bevor der Computer überhaupt die Arbeit aufnimmt. (Ob das, was er dann tut, auch dem entspricht, was du Dir eigentlich vorgestellt hast, ist dann noch eine weitere Frage). Aber keine Angst, das hört sich jetzt schlimmer an, als es tatsächlich ist.

Warum gerade VB.Net?

Wie schon erwähnt, gibt es viele Programmiersprachen. Die Frage, welches die „beste" Sprache ist, ist manchmal ein Glaubenskrieg unter Programmierern. Jeder hat seinen Liebling, und das ist oft einfach die Sprache, die er ständig benutzt, die er am besten kennt, oder die er überhaupt als Einziges kann (was er aber nicht zugibt).

Statt eines umfassenden Beweises, dass VB.Net die beste aller Sprachen ist (du hörst meine Vorliebe heraus – aber auch ich bin parteiisch!), ein paar Argumente, die dafür sprechen, dass du mit VB.Net nicht ganz falsch liegst:

- „.Net" ist das neueste Konzept von Microsoft, und es wird sicher noch viele Jahre aktuell sein. Und damit auch die noch relativ neuen Sprachen, die es mitbringt: „VB.Net", „C#" und „J#".
- VB.Net ist etwas leichter zu lernen als bspw. C#, auch wenn die Unterschiede zwischen den Sprachen früher (vor „.Net") noch größer waren: Die Vorgängersprache „Visual Basic 6.0" war wesentlich einfacher als „C++", die Vorgängersprache von „C#"
- Andererseits ist VB.Net leistungsmäßig jetzt auf demselben Niveau wie „C#", was bei den Vorgängersprachen noch nicht der Fall war: „Visual Basic" hatte hier Defizite gegenüber „C++", und „C++"-Programmierer schauen meist schon etwas auf „Visual Basic"-Programmierer herab.

Andererseits muß man auch zugeben, dass das „alte" „Visual Basic 6.0" einfacher zu erlernen ist als das „neue" „VB.Net". Aber es ist auch deutlich besser, und im Hinblick auf die Zukunft führt eigentlich kein Weg mehr an den „.Net"-Sprachen vorbei.

Noch ein Wort zu „.Net": Hier hat Microsoft erstmals eine Plattform geschaffen, die es ermöglicht, Teile eines Programms in verschiedenen Sprachen zu erstellen, und dann alles „zusammenzumischen". Es ist also gar nicht mehr so wichtig, ob man in VB.Net, C# oder J# programmiert. Jeder Entwickler kann das nehmen, was ihm am liebsten ist. Hauptsache, es ist eine dieser .Net-Sprachen.

Über dieses Buch

Jeder Autor, der ein Buch über eine .Net-Sprache schreibt, hat ein Problem: Er wird es nicht schaffen, alles zu beschreiben. Na gut, die Sprache „VB.Net" an sich wird natürlich jeder behandeln. Aber dann! Das „.Net-Framework" ist derart umfangreich, dass man gezwungen ist, sich auf bestimmte Teilgebiete zu konzentrieren. So geht es natürlich auch mir.

Da dieses Buch für Schüler sein soll, konzentriere ich mich auf Windows-Bedienoberflächen.

Dieses Buch ist als Lehrbuch aufgebaut, d.h. ein Kapitel baut immer auf dem vorhergehenden auf. In jedem Kapitel werden wir eine „Anwendung" erstellen, d.h. ein funktionsfähiges Programm. Oft ist dies ein kleines Spiel. Von Anfang an „passiert" immer irgendetwas auf der Oberfläche. Wir lernen nach und nach verschiedene Elemente von Windows-Programmen kennen, und lernen parallel die Sprache VB.Net.

Das Buch ist in 3 Teile gegliedert. Im ersten Teil wird noch gar nicht programmiert. Es geht hier zunächst mal darum, das „Visual Studio“ kennen zu lernen. Man kann schon lauffähige Programme erstellen, ohne eine einzige Zeile programmieren zu müssen. Ein solches Programm macht zwar noch nichts Sinnvolles, es sieht aber immerhin schon wie ein „richtiges“ Windows-Programm aus.

Im zweiten Teil tasten wir uns dann langsam in die Welt des Programmierens vor. Thematisch lernen wir die grundlegenden Sprachelemente von VB.Net kennen. Im dritten Teil geht es schließlich vor allem darum, „Klassen“ zu erstellen.

Ich hoffe, du bist neugierig geworden…

Danksagungen

Bevor es jetzt endgültig los geht, folgt noch das, was eigentlich keinen Leser wirklich interessiert, was aber jeder Autor trotzdem von sich geben möchte. Die Danksagungen. Also, ich fasse mich kurz:

Ich danke meinem Sohn Moritz, denn er war der Auslöser für dieses Buch. Er wollte programmieren lernen, und ich dachte mir Beispielprogramme aus, stellte Aufgaben und schrieb Texte. Damit war der Anfang für dieses Buch gemacht. Mittlerweile hat er es so gut gelernt, dass ich von ihm das „Laufende Männchen“ aus Kapitel 8 „geklaut“ habe.

Ferner danke ich meiner Tochter Meike, denn sie hat sich als „Versuchskaninchen“ zur Verfügung gestellt und arbeitete sich durch dieses Buch. Wann immer ich ein handschriftliches „Hä?“ am Buchrand fand, konnte ich davon ausgehen, dass ich mich nicht ganz verständlich ausgedrückt hatte.

Last but not least danke ich meiner Frau Mechthild, die viele Verbesserungsvorschläge hatte, woraus sich dann wieder neue Kapitel ergaben. Ferner hat sie viele Fehler beseitigt, orthografischer und inhaltlicher Art. Ich hoffe, es sind nicht mehr allzu viele übrig..

Falls doch, gehen sie natürlich auf meine Kappe.

Teil 1: Bedienoberflächen malen

Das Hauptformular

Wir wollen jetzt mal ein erstes Projekt anlegen. Der Begriff „Projekt“ hört sich ziemlich hochtrabend an, sollte dir jetzt aber keinen Respekt einflößen: Wenn man etwas in VB.Net programmieren will, muss man erst mal ein Projekt anlegen.

Starte also das Visual Studio. Dieses findest du, über den „Start“-Knopf, in der Liste der Programme wieder:

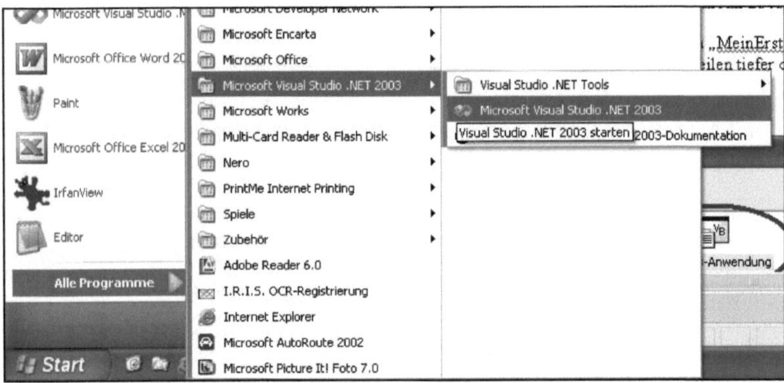

Wenn du es zum ersten Mal startest, landest du zunächst in einem Fenster, das einen blauen Reiter „Mein Profil“ trägt:

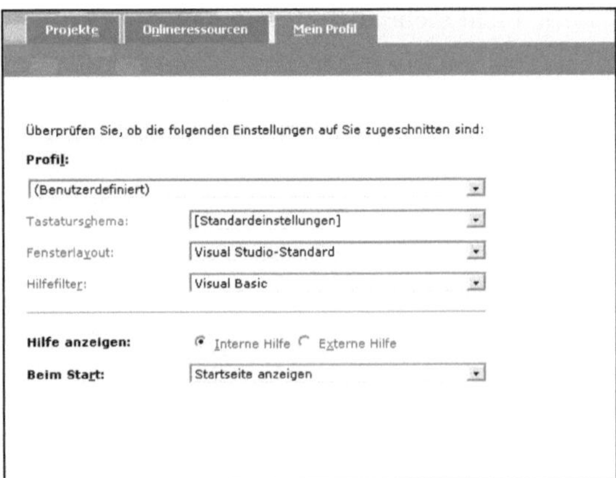

Dieses ignorieren wir einfach, und klicken den Reiter „Projekte“ an.

Es erscheint eine Seite, auf der deine bisherigen Projekte aufgelistet werden – logisch, dass da noch nichts steht. Klicke daher links unten auf den Button „Neues Projekt“.

Es erscheint ein Fenster, in dem man allerlei eingeben soll:

- Unter „Projekttypen“ wählen wir „Visual Basic-Projekte“ aus
- Bei den „Vorlagen“ (hat nichts mit Fußball zu tun) wählen wir „Windows-Anwendung“
- Schließlich ändern wir den Namen zu „MeinErstesProjekt“: Noch während wir diesen Namen eintippen, ändert sich zwei Zeilen tiefer die Angabe, wo dieses Projekt erstellt wird – was auch immer das bedeutet.
- Dann klicken wir auf „OK“

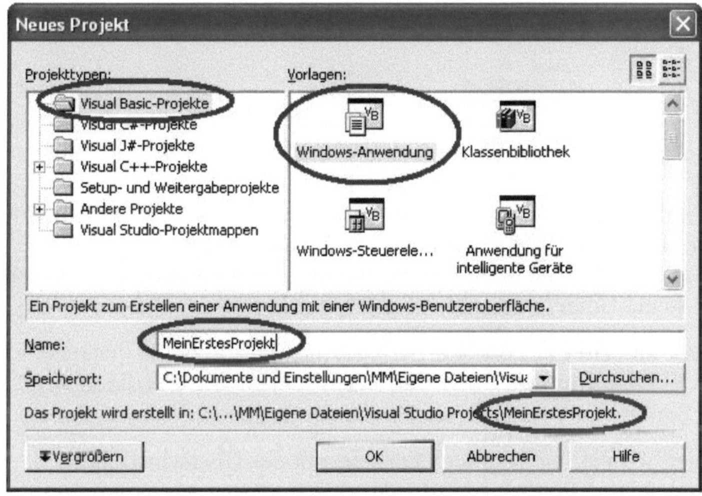

Es erscheint ein Fenster, das vor Informationen überzufließen scheint: Texte, Symbole, Teilfenster, …

Wir wollen hier gleich ein wenig Übersicht hineinbringen. Vielleicht interessiert es dich aber, dass bis hierher schon eine Menge auf deiner Festplatte passiert ist: Wenn du jetzt mal den Explorer startest und unter „Eigene Dateien\Visual Studio Projects“ nachsiehst, stellst du fest, dass hier neue Verzeichnisse und Dateien entstanden sind:

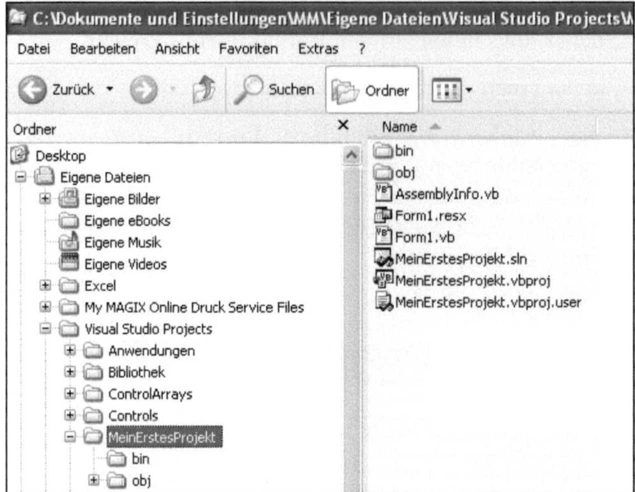

Den Namen „MeinErstesProjekt“ finden wir als Verzeichnis wieder, in dem eine Reihe von Dateien liegen. Ferner gibt es ein Unterverzeichnis „bin“ und „obj“, das selbst wieder Unterverzeichnisse hat. Was das alles soll, braucht uns jetzt noch nicht zu interessieren, wir nehmen nur mit, dass für jedes Projekt so ein Unterverzeichnis angelegt wird.

Kehren wir zurück zu dem Fenster. Wir befinden uns hier in der sogenannten „Entwicklungsumgebung“. Hier werden wir unsere Programme entwickeln: Die „Bedienoberfläche“ zeichnen, und programmieren. Sortieren wir mal die verschiedenen Bestandteile dieses Fensters:

In der Mitte finden wir ein leeres graues Fenster, mit der Überschrift „Form1“, und einem Punktmuster im Inneren. Dieses Fenster wird das Hauptfenster unseres Programms, das heißt das Fenster, das sich zeigt, wenn ein „Anwender“ unser Programm starten wird. Jedes Windows-Programm (nein, nicht jedes, aber die meisten) hat so ein „Hauptfenster“: Wenn du „Word“ startest, erscheint es mit seinem „Hauptfenster“, nämlich einem Fenster, in das du schreiben kannst. Jedes Spiel hat ein Hauptfenster, in dem das ganze Spiel von statten geht.

Wir haben zwar noch gar nichts getan, können aber trotzdem schon unser „Programm“ ausprobieren: Drücke auf die Taste „F5“, und das Programm läuft los: Es zeigt sich dieses Fenster mit der Überschrift „Form1“, jetzt ohne die Punkte:

Ein bisschen was kann man (also sozusagen der „Anwender“) jetzt schon machen: Man kann das Fenster verschieben, am Rahmen ziehen, um das Fenster zu vergrößern, und die drei Symbole rechts oben in der Titelzeile funktionieren auch schon: Das linke lässt das Programm in die Taskleiste verschwinden, das mittlere vergrößert das Fenster zu einem Vollbild, und das rechte beendet das Programm: Danach sind wir wieder im Visual Studio, unserer „Entwicklungsumgebung“.

Ferner erscheint, wenn du mit der rechten Maustaste in die Titelzeile klickst, ein „Kontextmenü“ mit verschiedenen Auswahlmöglichkeiten (über die man aber auch nichts Neues bewirken kann). All diese Funktionalitäten eines Fensters erhält man automatisch, ohne dass man etwas dafür tun muß. Dies ist tatsächlich bereits ein fertiges Windows-Programm. Na gut, man kann nicht wirklich etwas damit anfangen, aber trotzdem: Dies ist ein Programm.

Wir haben jetzt unseren Test beendet und befinden uns wieder in der Entwicklungsumgebung. Jetzt wenden wir uns mal dem Bereich rechts unten zu, der mit „Eigenschaften“ überschrieben ist. Hier kann man verschiedene Eigenschaften unseres Formulars (das ist eigentlich die korrekte Bezeichnung für das Fenster) einstellen, z.B., was in der Überschrift stehen soll:

Suche in diesem Fenster die „Text“-Eigenschaft und trage rechts daneben „Mein Programm“ ein:

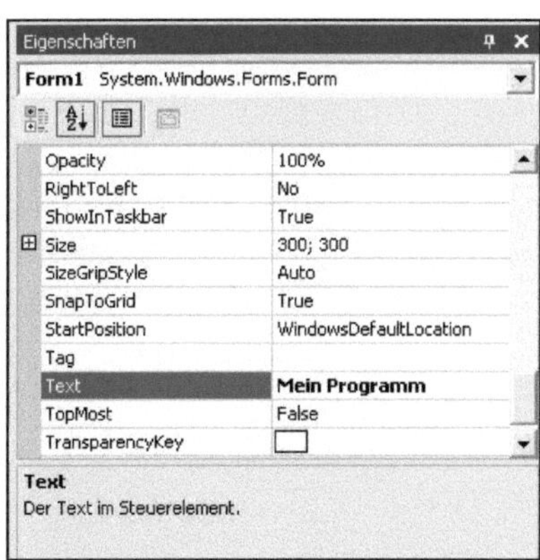

„Text“ bezeichnet das, was in der Überschrift steht. Nachdem du diesen Text geändert hast, siehst du im Entwurf des Formulars, dass sich die Titelzeile geändert hat. Auch wenn du das Programm wieder mit „F5“ startest, siehts du diese geänderte Titelzeile.

Wie du siehst, hat so ein Formular viele Eigenschaften. Manche, wie die Titelzeile, wird man immer ändern, manche braucht man auch nie. Schauen wir uns mal einige Eigenschaften an:

- Backcolor: Damit verändern wir die Hintergrundfarbe des Formulars. Wenn du auf den Pfeil neben der Farbeinstellung klickst, geht ein eigenes Fenster auf, in dem du die Farbe auswählen kannst. Entweder aus der Liste der Systemfarben, oder du wählst aus der Seite „Benutzerdefiniert“ direkt eine Farbe aus:

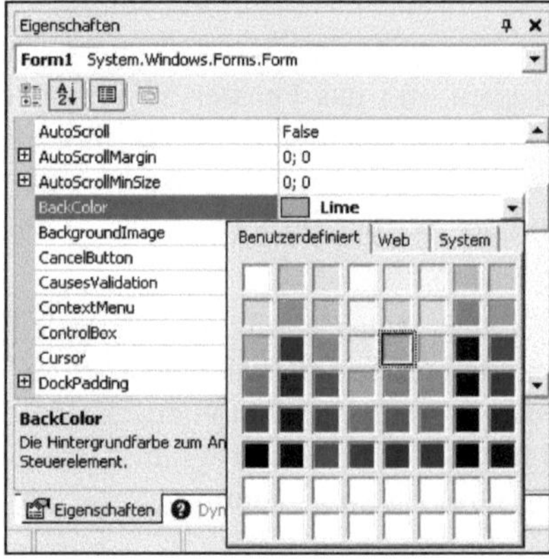

Du kannst die ursprüngliche Farbe wiederherstellen, indem du bei den Systemfarben „Control“ auswählst

- FormBorderStyle: Wörtlich übersetzt, ist dies der „Randstil“ des Formulars. Voreinstellung ist hier „Sizeable“, d.h. der Anwender kann durch Ziehen an den Rändern die Größe des Formulars verändern. An der Auswahlliste siehst du, welche Möglichkeiten es da sonst noch gibt. „None“ z.B. bewirkt, dass das Fenster überhaupt keinen Rand mehr hat, und auch keine Titelzeile

Bei „None“ haben wir jetzt ein praktisches Problem: Wie bekommen wir unser Programm überhaupt beendet, wenn es keinen „Schließen“-Knopf in der Titelzeile mehr gibt? In diesem Fall benutzt du den „Stop“-Knopf in der Symbolleiste des Visual Studios, um das laufende Programm zu beenden:

Vorher musst du eventuell noch irgendwo in den Bereich des Visual Studio Fensters klicken, damit dieses wieder das „aktive" Programm ist und das Klicken auf den Stop-Knopf überhaupt wirkt.

- MaximizeBox und MinimizeBox: Hier kann man jeweils zwischen „True" und „False" auswählen und steuert damit, ob die entsprechenden Symbole oben rechts in der Titelzeile erscheinen oder nicht.
- Size: Sie bezeichnet die Größe des Fensters, und zwar in Pixeln, also in Bildpunkten des Bildschirms. Hier steht standardmäßig „300;300", d.h. unser Formular ist 300 Pixel hoch und 300 Pixel breit. Wie groß das dann tatsächlich auf dem Bildschirm wirkt, hängt davon ab, welche Auflösung dieser hat: Bei einer Auflösung von 800*600 Pixeln nimmt das Formular die halbe Bildschirmhöhe ein, während es bei bei einer Auflösung von 1920*1200 nur ein Viertel ist.

Diesen Effekt hast du vielleicht selbst schon einmal beobachtet: Wenn du einen alten PC durch einen neuen ersetzt hast, waren hinterher manche Fenster kleiner. Dies deshalb, weil der neue PC eine höhere Bildschirmauflösung hatte als der alte, und Windows-Programme ihre Fenstergrößen in Pixel angeben und nicht etwa in cm.

Die Size kannst du verändern, indem du direkt neue Werte eintippst: Die Zahl vor dem Semikolon bezeichnet die Breite, die Zahl dahinter die Höhe des Formulars, du kannst auch auf das Pluszeichen neben der Size klicken, dann siehst du die Breite („Width") und Höhe („Height") als eigene Eigenschaften.

Sobald du die Size veränderst, verändert sich auch die Größe des Formularentwurfs in der Mitte. Umgekehrt kannst du auch den Formularentwurf durch ziehen an den Ecken vergrößern, und simultan ändert sich der Eigenschaftswert der „Size".

- WindowState: Neben dem Standardwert „Normal" gibt es hier noch „Minimized" und „Maximized". „Maximized" heißt, dass das Fenster gleich in voller Bildschirmgröße erscheint; diese Einstellung verwenden die meisten Programme. Bei „Minimized" ist das Fenster überhaupt nicht zu sehen, sondern nur in der Taskleiste vorhanden; diese Einstellung verwendet man eher selten.

Probiere das „Maximized" aus!

Die Toolbox

Weiter geht es mit unserer Expedition durch das Visual Studio. Im Bereich ganz links befindet sich die „Toolbox", zu deutsch die „Werkzeugkiste":

Eventuell ist bei dir die Toolbox nicht sofort sichtbar, sondern es befindet sich ganz am linken Rand eine senkrecht stehende Schrift „Toolbox":

In diesem Fall fahre mit der Maus auf diesen Text, und die Toolbox erscheint in voller Schönheit. Klicke dann auf den kleinen „Stecker" in der Titelzeile, um die Toolbox dauerhaft sichtbar zu machen:

Im Toolbox-Fenster wiederum kann man einzelne Bereiche hoch- und runterrollen lassen. Diese Teile sind mit „Daten", „Komponenten", „Windows Forms", „Zwischenablagering" und „Allgemein" bezeichnet. Uns interessiert nur der „Windows Forms"-Bereich. Falls dieser nicht sowieso schon sichtbar ist, klicke ihn auf.

In der Toolbox finden sich statt Hammer und Zange solche Dinge wie „Label“ und „Button“. Denn dies sind die Werkzeuge eines Windows-Programms: Ich möchte mal behaupten, dass man einen Button irgendwo in jedem Windows-Programm findet:

Ein Button ist eine Schaltfläche, die eine Beschriftung hat. Wenn der Anwender auf die Schaltfläche drückt, passiert irgendetwas. Häufig sind z.B. Schaltflächen mit der Beschriftung „OK“ und „Abbrechen“, oder „Ja“ und „Nein“.

Das Visual Studio stellt uns nun den Button als Werkzeug zur Verfügung, damit wir ihn in unserem Formular verwenden können. Um einen Button auf dem Formular zu platzieren, hast du 2 Möglichkeiten:

1.) Klick in der Toolbox „Button“ an. Bewege dann den Mauszeiger in das Formular. Der Mauszeiger hat sich jetzt zu einem Kreuz verändert, und du kannst bei gedrückter linker Maustaste den Button „aufziehen“. Es entsteht ein Button auf dem Formular mit der Beschriftung „Button1“:

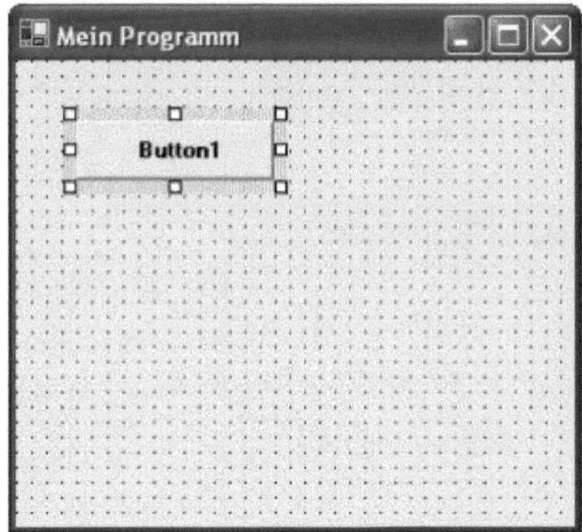

2.) Mache einen Doppelklick auf „Button“ in der Toolbox. Der neue Button ordnet sich links oben im Formular an:

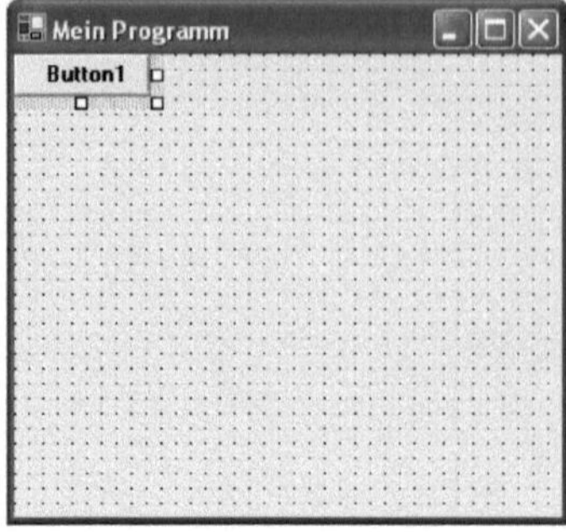

In beiden Fällen kannst du nachträglich noch den Button auf dem Formular verschieben, oder auch durch Ziehen an den Ecken seine Größe verändern.

Übrigens, wenn du aus Versehen mal etwas falsch gemacht hast: Mit dem Menüpunkt „Bearbeiten..Rückgängig" kannst du es wieder rückgängig machen.

Genau wie ein Formular, hat auch ein Button viele Eigenschaften. Diese sehen wir wieder im Eigenschaftsfenster rechts unten.

Moment mal! Eben waren da doch noch die Eigenschaften des Formulars, jetzt sollen da die des Buttons sein! Was gilt denn nun?

Antwort: Man sieht immer die Eigenschaften des gerade „aktiven" Elements. Das aktive Element erkennt man immer daran, dass es die Ziehknöpfe an seinen Rändern hat. Wenn wir auf den Button im Formular klicken, ist dieser aktiv, und wir sehen seine Eigenschaften im Eigenschaftsfenster. Klicken wir irgendwo in den Formularhintergrund, ist wieder das Formular aktiv, und wir sehen dessen Eigenschaften.

Wenn wir uns die Eigenschaften des Buttons einmal ansehen, stellen wir fest, dass dies teilweise dieselben sind wie beim Formular, teilweise neue hinzugekommen sind, und andere dafür fehlen. So haben wir ebenfalls eine „Backcolor"-Eigenschaft, die jetzt die Hintergrundfarbe des Buttons bezeichnet, und auch eine „Size"-Eigenschaft. Auch finden wir die „Text"-Eigenschaft: Diese bezeichnet hier die Beschriftung des Buttons. Ändern wir diese Text-Eigenschaft auf „Ja", so ändert sich also die Beschriftung des Buttons:

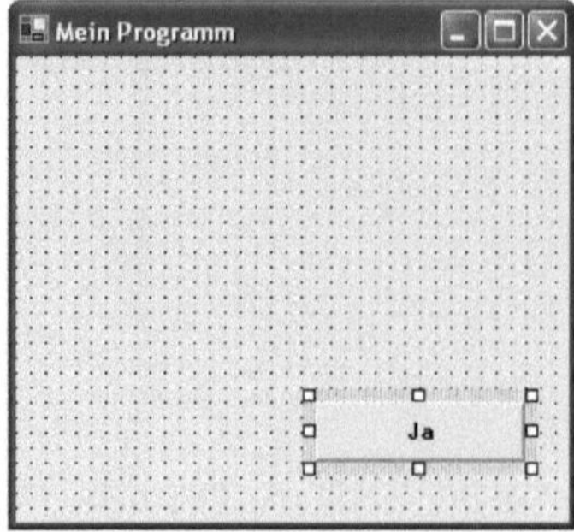

Wie du vielleicht bemerkt hast, gibt es eine „Name“ Eigenschaft, in der auch „Button1“ stand und immer noch steht. Diese Eigenschaft hat nichts mit der Beschriftung zu tun; jedes Control (ich verwende ab jetzt mal die richtige Bezeichnung „Control“ für alle Elemente der Toolbox) hat einen Namen. Dieser wird erst wichtig, wenn wir anfangen, zu programmieren. Im Augenblick sind wir ja erst mit dem „Malen“ der Bedienoberfläche beschäftigt, zum „richtigen“ Programmieren kommen wir erst im nächsten Kapitel.

Ich habe mir angewöhnt, diese Namen umzuändern, und zwar fangen alle Button-Namen bei mir mit „btn“ an, gefolgt von ihrer Bedeutung. Diesem Button gebe ich also den Namen „btnJa“. Wie gesagt, im Augenblick ist das noch egal, aber du solltest es dir gleich angewöhnen, die Namen zu ändern, es sorgt später beim Programmieren für bessere Übersicht.

Schauen wir uns die zusätzlichen Eigenschaften des Buttons an:

- Location: Bezeichnet die Position des Buttons auf dem Formular, und zwar seinen Abstand vom linken und oberen Rand des Formulars
- Font: Dies bezeichnet die Schriftart der Beschriftung. Hier kann man eine ganze Menge ändern: Die Schriftgröße, ob die Schrift fett, unterstrichen oder kursiv geschrieben werden soll, und auch den Schriftstil: Hier gibt es viele vorgefertigte Stile, unter denen man auswählen kann, wenn man bei der „Font“-Eigenschaft auf die drei Punkte klickt. Hier als Beispiel mal die Schriftart „Script Bold“:

- Enabled: Hat die Werte „True“ und „False“ und gibt an, ob der Button „angeschaltet“, d.h. auswählbar ist. Controls, die nicht enabled (sprich disabled) sind, werden mit grauer Schrift dargestellt und können vom Anwender nicht gedrückt werden (genauer: Drücken kann er schon, es passiert nur nichts)
- Forecolor: Die Farbe der Beschriftung.
- Visible: Ebenfalls True oder False. Buttons mit Visible = False sind unsichtbar

Was soll das? Wozu sollte ich einen Button überhaupt erst zeichnen und ihn dann unsichtbar machen? Auch das lernen wir erst bei der Programmierung .

Noch ein Hinweis: Man kann sich die Eigenschaften unterschiedlich sortieren lassen. Standardmäßig sind die Eigenschaften nach Kategorien sortiert. Man kann sie sich aber auch alphabetisch sortieren lassen, was meist praktischer ist. Hierzu im oberen Bereich der Eigenschaften den zweiten Knopf von links drücken (den mit A, Z und dem Pfeil):

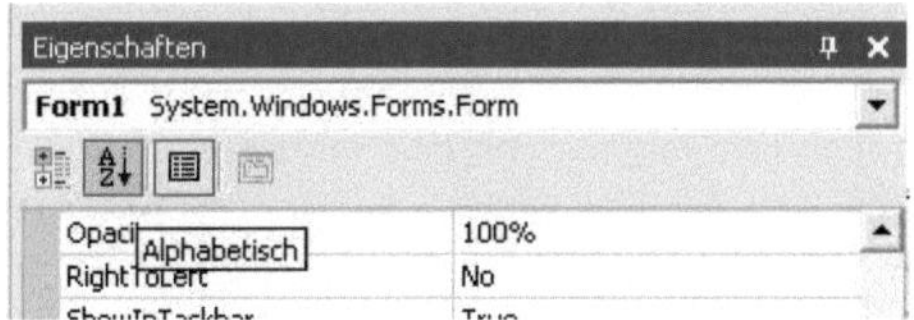

Genauso wie wir es beim Button gemacht haben, können wir auch andere Arten von Controls auf dem Formular anordnen. Probiere es vorerst mal mit diesen Controls:

- Label
- CheckBox
- Radio Button
- TextBox
- Combo Box

Wir werden uns inhaltlich mit diesen Controls noch genauer beschäftigen, vorerst geht es nur darum, mit diesen Elementen ein wenig herumzuspielen: Platziere ein paar von ihnen auf dem Formular, und sieh dir ihre Eigenschaften an. du wirst feststellen, dass manche Eigenschaften immer wieder auftauchen, wie z.B. die „Text"-Eigenschaft.

Auch kannst du dein „Programm" immer sofort ausprobieren, und es bietet auch schon ein paar Funktionen: In eine Textbox kann man etwas hineinschreiben, in einer CheckBox kann man ein Häkchen setzen, eine ComboBox aufklappen:

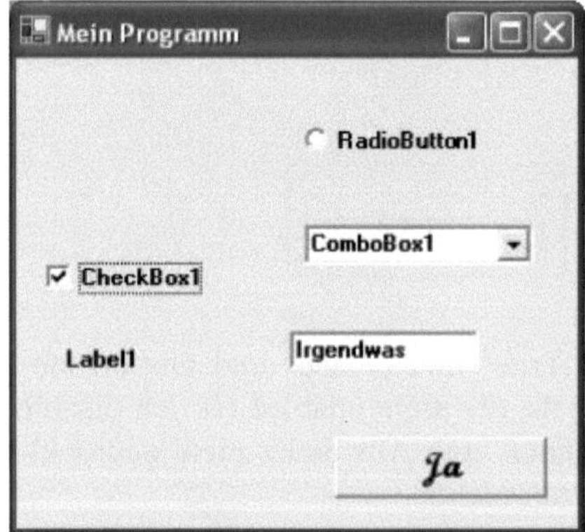

Nur, es „passiert" bisher nichts: Dies ist dann Sache der Programmierung, zu der wir im nächsten Teil kommen.

Schauen wir uns noch die „GroupBox" an, denn sie fällt ein wenig aus dem Rahmen: Sie ist dazu da, andere Elemente zusammenzufassen.

Lösche zunächst mal die bestehenden Controls auf deinem Formular: Hierzu ein Control anklicken und die „Entf"-Taste drücken.

Dann lege mal eine GroupBox auf dem Formular an, und in diese GroupBox weitere Controls:

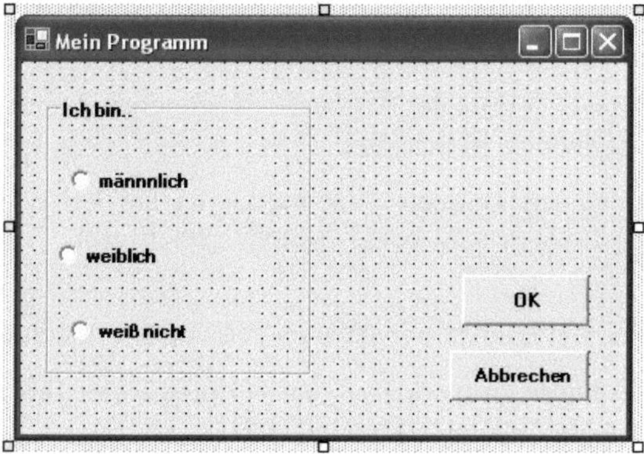

Interessant ist, dass sich jetzt die Positionsangaben („Location“-Eigenschaft) der Controls in der GroupBox auf den linken oberen Rand der GroupBox beziehen und nicht mehr auf den linken oberen Rand des Formulars. Jedes Control hat immer ein „Vater-Control“; normalerweise ist das das Formular, bei Elementen in der GroupBox aber ist es die GroupBox. Die Positionsangaben beziehen sich immer auf die linke obere Ecke des Vater-Controls.

Wie du schon gemerkt haben dürftest, dienen die vielen Punkte auf dem Formularhintergrund dazu, die Controls gleichmäßig anordnen zu können. Die Punkte bilden ein Raster, in dem man die Controls platzieren kann.

Nun bietet uns das Visual Studio noch weiteren Komfort, wenn es darum geht, die Controls „schön“ anzuordnen. Nehmen wir das Bild oben: Die drei Radio Buttons sollten alle linksbündig ausgerichtet sein, und auch der Abstand zwischen ihnen sollte gleich sein.

Hierzu markieren wir die drei RadioButtons gleichzeitig: Einen von den dreien anklicken, dann die Shift-Taste drücken, und bei gedrückter Taste die anderen beiden auch anklicken:

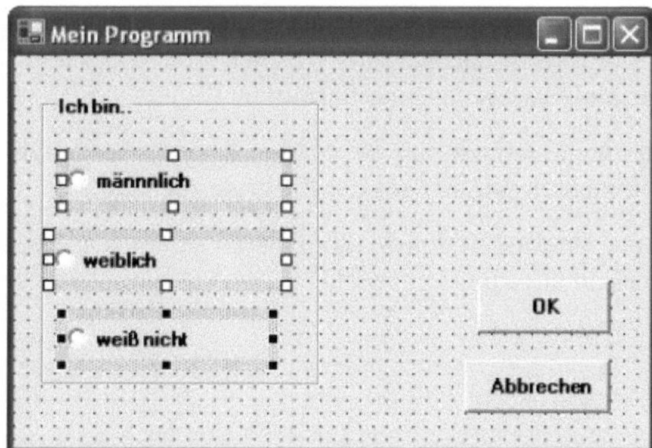

Danach im Visual Studio Menü auswählen: Format...Ausrichten...Links

Danach sind die 3 Elemente bündig nach links ausgerichtet, wobei sie sich an dem Control orientieren, dass die ausgefüllten Ziehpunkte hat.

Danach wählen wir noch aus: Format...Vertikaler Abstand...Angleichen. Das sorgt dafür, dass die Zwischenräume zwischen den 3 Elementen gleich sind.

Ähnlich verfahren wir mit den beiden Buttons. Wir markieren sie beide, und wählen: Format...Größe angleichen...Beides. Danach sind beide Buttons gleich groß. Auch können wir sie noch nach links ausrichten.

Wenn wir mehrere Controls markieren, können wir sie auch gemeinsam verschieben.

Eine zweite Methode, mehrere Controls zu markieren, ist, bei gedrückter linker Maustaste einen Rahmen um die Controls zu ziehen, die man markieren möchte.

Praktisch ist es auch, dass man Controls kopieren kann. Wir erstellen einen Button, und legen dessen Eigenschaften fest, wie Größe, Font, Hintergrundfarbe, und all das, was wir gegenüber dem Standard verändern wollen. Dann Kopieren wir dieses Control mit den Menüpunkten, die du vielleicht schon aus andern Programmen kennst: Bearbeiten..Kopieren und Bearbeiten..Einfügen. Dadurch entsteht ein neues Control mit denselben Eigenschaften wie das Kopierte, und wir müssen in der Regel nur noch die „Text"-Eigenschaft ändern (und den Namen).

Falls du übrigens mal aus Versehen einen Doppelklick auf ein Control gemacht hast und über die Folgen erschrocken bist: Dies ist kein Grund zur Panik. Es hat sich ein weiteres Fenster geöffnet, und das gewohnte Formular ist nicht mehr sichtbar. Klicke in diesem Fall einfach wieder den Reiter „Form1.vb [Entwurf]" an und ignorier einfach dieses neue Fenster.

Die weiteren Fenster des Visual Studios

Die weiteren (Teil-)Fenster des Visual Studios, die ich noch nicht betrachtet habe, kann ich schnell in einem Satz abhandeln: Sie interessieren uns vorerst nicht.

Rechts oben haben wir den „Projektmappen"-Explorer. Er wird erst bei der Programmierung interessant. Kurz gesagt, gibt er uns Auskunft darüber, aus welchen Teil-Dingen unser Projekt besteht. Im Augenblick haben wir nichts anderes als das eine Formular.

Ferner gibt es ganz unten noch einen Bereich, der die beiden Reiter „Aufgabenliste" und „Ausgabe" hat. Auch diesen Bereich betrachten wir erst bei der Programmierung.

Auch die vielen Menüpunkte und Buttons in den Symbolleisten sehen wir uns erst dann an, wenn wir sie brauchen. Die meisten davon allerdings gar nicht.

Ein fertiges Programm laufen lassen

Wie wir unser Programm testweise laufen lassen, wissen wir mittlerweile: Im Visual Studio „F5" drücken, und unser Programm läuft los.

Nun wäre es ziemlich blöd, wenn dies die einzige Möglichkeit wäre. Andere Programme startet man bspw., indem man auf dem Desktop ein Symbol anklickt. Dies können wir auch erreichen, denn was wir bisher gemacht haben, sollte nur demonstrieren, wie man Programme im Visual Studio schnell mal austestet.

Um ein Programm „richtig" zu erstellen, wählen wir im Visual Studio den Menüpunkt „Erstellen...MeinErstesProjekt erstellen" aus. Es passiert...gar nichts. Jedenfalls nichts Sichtbares.

„Hinter den Kulissen" allerdings ist eine Datei „MeinErstesProjekt.exe" entstanden, die wir mit Hilfe des Explorers im „bin"-Unterverzeichnis wieder finden:

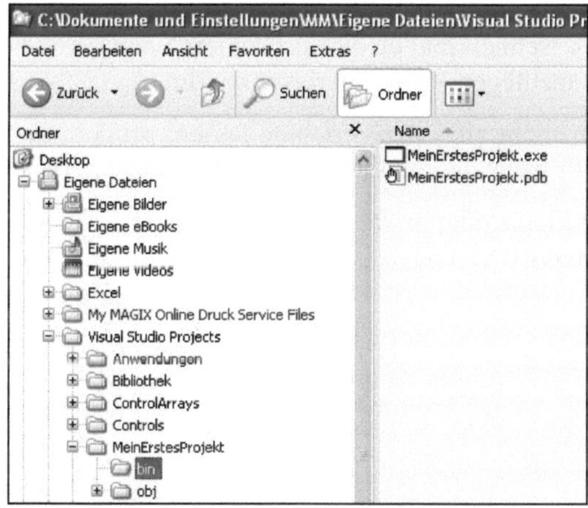

Dies ist nun unser fertiges Programm. Wir können dies auch als Verknüpfung auf dem Desktop anlegen. Hierzu mit der rechten Maustaste auf den Desktop klicken und auswählen: „Neu...Verknüpfung". Im darauf folgenden Dialog auf „Durchsuchen" klicken und unsere Datei „MeinErstesProprojekt.exe" auswählen. Auf „Weiter" klicken, einen Untertitel für das Symbol eingeben, und unser Programm liegt fertig auf dem Desktop, und kann auch von dort gestartet werden.

Schwieriger ist es leider, das fertige Programm auf einem andern Rechner zum Laufen zu bringen. Es reicht in der Regel nicht aus, einfach diese „Exe"-Datei zu übertragen. Denn damit diese Exe auch wirklich läuft, braucht sie das „.Net Framework" auf dem Zielrechner. Dies ist meist nur dann vorhanden, wenn ebenfalls ein Visual Studio auf diesem Rechner vorhanden ist – es sei denn, es wurde schon mal ein anderes Programm installiert, das ebenfalls dieses ominöse „.Net Framework" braucht.

Das „.Net Framework“ auf einem andern Rechner zu installieren, ist wiederum eine Angelegenheit, die ich im Rahmen dieses Buches nicht behandeln werde. Ich muss hierfür auf weiterführende Literatur verweisen.

Wie geht es jetzt weiter?

Bisher haben wir nur gemalt, aber noch keine Zeile programmiert. Das wird sich jetzt ändern.

Ein paar Bemerkungen zu den folgenden Kapiteln:

Dieses Buch ist so aufgebaut, dass in jedem Kapitel eine Anwendung erstellt wird. Dabei werden wir immer mehr Neues hinzulernen: Neue Sprachelemente von VB.Net, aber auch neue Controls. Wir werden immer genau das neu lernen, was man für die jeweilige Anwendung neu braucht.

Dieses Buch ist also nicht thematisch geordnet, sondern springt munter zwischen Controls und Elementen der Sprache VB.Net hin und her. Dafür hat man von Anfang an Erfolgserlebnisse (so hoffe ich wenigstens), auch ohne dass man erst viel Theorie lernen muss.

Wenn nicht anders erwähnt, solltest du für jedes Kapitel ein neues Projekt anlegen. Manchmal wird auch innerhalb eines Kapitels „schnell mal etwas ausprobiert“, sodass es sich eventuell empfiehlt, hierfür ein weiteres Projekt anzulegen – dies überlasse ich dir.

Überhaupt: Du solltest dir von mir nicht alles nur vorkauen lassen, sondern darüber hinaus auch viel selbst ausprobieren: Man behält meist das am besten, was man selbst herausgefunden hat.

Ferner habe ich immer mal wieder kleine oder größere Aufgaben eingestreut, an denen du dein neu erworbenes Wissen ausprobieren kannst.

Teil 2: Einführung in die Programmierung

1. Anwendung: Verschwindende Buttons und ein Frosch

Das gibt es Neues in diesem Kapitel:

- Das Konzept der Events
- Das Button Control
- Message Boxen

Ereignisse und die Message Box

So, jetzt geht es los.

Lege ein neues Projekt an, und lege einen „Button“ auf die Oberfläche des Formulars, etwa so:

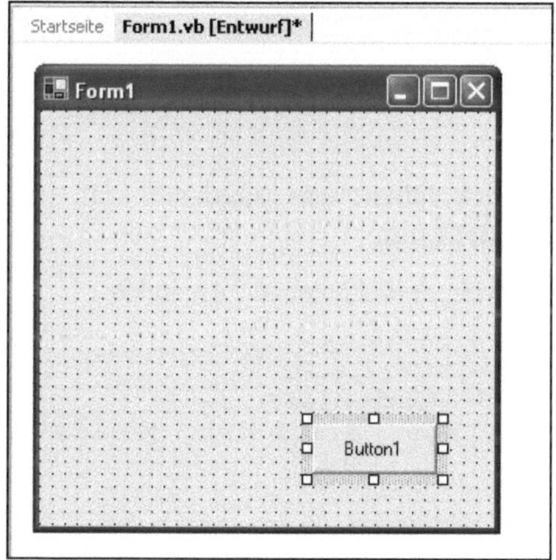

Wenn du jetzt einen Doppelklick auf diesen Button machst, tut sich Wundersames: Ein weiteres Fenster geht auf, und da steht Folgendes:

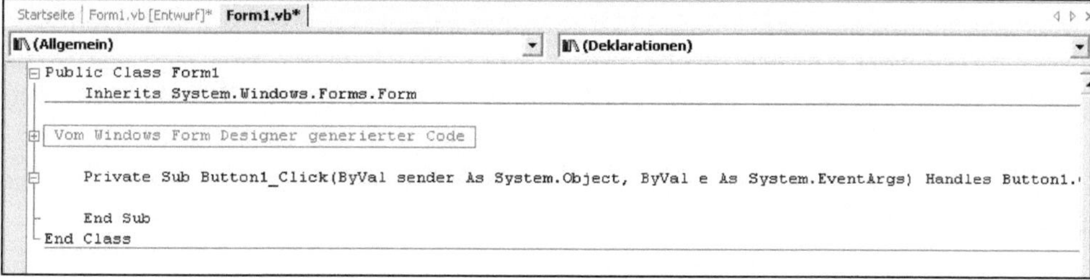

Es steht da eine Menge unverständliches Zeug, und der Cursor blinkt erwartungsfroh ziemlich weit unten im Text, zwischen der Zeile `Private Sub`... und der Zeile `End Sub`.

Beachte zunächst mal, dass jetzt drei „Laschen" vorhanden sind: Eine, die mit „Startseite" bezeichnet ist, eine mit „Form1.vb[Entwurf]*" und eine mit „Form1.vb". Du kannst zwischen diesen Laschen hin- und herklicken, und siehst dann mal das vertraute Formular, mal dieses neue Fenster.

Zurück zu diesem neuen Textfenster: Dass der Cursor so auffordernd blinkt, hat seinen Grund: Er erwartet, dass wir jetzt anfangen zu programmieren: Wir sollen zwischen diesen beiden Zeilen selber etwas hinschreiben.

Was bedeuten all diese Zeilen? Zunächst mal ignorieren wir das meiste davon, wir werden erst im Laufe der Zeit verstehen, was es bedeutet. Das ist jetzt vielleicht erst mal unbefriedigend, aber wir schauen jetzt nur auf das Wichtigste, und das ist Folgendes:

Das `Private Sub Button1_Click` heißt: Hier beginnt eine „Unterroutine" (engl. „Subroutine") mit Namen „Button1_Click". Das `End Sub` heißt: Hier hört sie auf.

Was hinter `Button1_Click` zwischen den Klammern steht, soll uns auch erstmal nicht interessieren, wichtiger ist das dahinter: `Handles Button1.Click`

Das heißt: Diese Unterroutine behandelt das Ereignis „Button1.Click".

Etwas anders formuliert:

In dieser Unterroutine wird beschrieben, was passieren soll, wenn der Benutzer unseres Programms auf den Button1 geklickt hat.

So, dann lassen wir mal was passieren. Wir schreiben Folgendes:

```
    Private Sub Button1_Click(ByVal sender As System.Object, ByVal e As
System.EventArgs) Handles Button1.Click
        MessageBox.Show("Hey, Sie haben gerade auf den Button
geklickt!")
    End Sub
```

Bei dir steht diese Zeile natürlich weiterhin komplett in einer Zeile, aber diese Buchseite ist dafür nicht breit genug, also musste ich in der zweiten Zeile weiter schreiben.

Eine „MessageBox" ist, wörtlich übersetzt, ein „Nachrichtenkasten", aber das trifft es doch nicht ganz: Tatsächlich ist eine „MessageBox" ein „Meldungsfenster": Ein eigenes Fenster, das einen Meldungstext anzeigt. Solche Messageboxen hast du sicher schon hundertmal gesehen, jedes Windows-Programm verwendet sie. „MessageBox.Show" heißt also: Zeige mir eine MessageBox an. Der Text, der in Klammern dahinter steht, ist der Text, der in dieser MessageBox angezeigt werden soll. Texte werden immer in Anführungszeichen geschrieben.

So, jetzt können wir unser Programm ausprobieren. Starte es mit F5, dann drück auf den Button, und es erscheint das Meldungsfenster:

Bei Dir steht in der Überschrift der MessageBox wahrscheinlich etwas anderes als „WindowsApplication6"; hier steht standardmäßig immer der Name des Projekts.

Glückwunsch, du hast dein erstes Programm geschrieben!

Wahrscheinlich hast du bemerkt, dass, während du getippt hast, bei der ersten Klammer plötzlich ein gelber „Tooltip" erschienen ist:

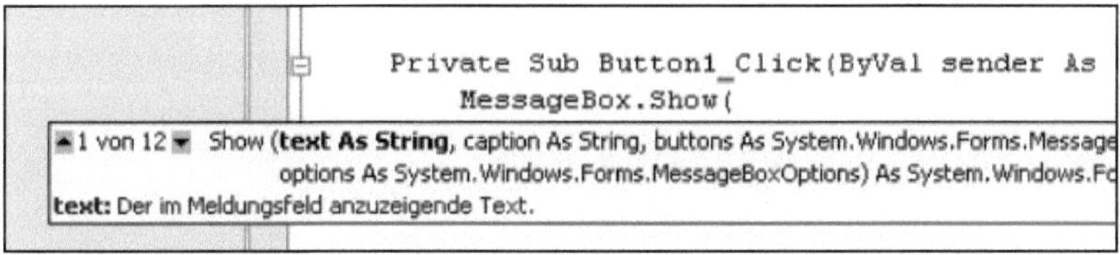

Hier will dir das Visual Studio seine Hilfe anbieten: Es sagt dir, was beim Befehl MessageBox.Show als nächstes eingegeben werden muß, nämlich ein Text. Dies wird auch näher erläutert: „Der im Meldungsfeld anzuzeigende Text". Wir nehmen also wohlwollend zur Kenntnis, dass Visual Studio uns seine Hilfe anbietet. Diese Verfahren, während des Tippens Hilfestellung zu geben, wird als „Intellisense" bezeichnet, ein Kunstwort aus „Intelligent" und „Sense" (=Sinn).

Was passiert eigentlich, wenn wir uns aus Versehen verschreiben? Nun, beim Text innerhalb der Klammern ist das natürlich nicht tragisch, denn dieser Text erscheint dann einfach in der MessageBox. Schlimmer ist es, wenn wir „MessageBox.Show" selbst falsch schreiben. Probieren wir es aus:

```
Private Sub Button1_Click(ByVal sender As System.Object, ByVal e As Syst
    MessitschBoks.Show("Hey, Sie haben gerade auf den Button geklickt!")
End Sub
```

Die falsche Anweisung wird dann unterschlängelt. Wenn wir trotzdem versuchen, das Programm zu starten, kommt noch mal eine Meldung (eine MessageBox!), die uns auf unseren Fehler hinweist:

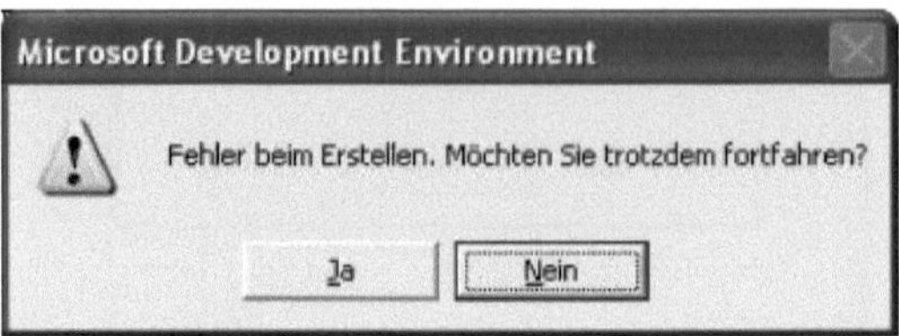

Wenn wir immer noch dickköpfig sind und „Ja“ drücken, startet das Programm zwar, aber der Button funktioniert nicht.

Neben dem Text können wir noch weitere Dinge für die MessageBox angeben. Dies sind drei Dinge:

- was in der Überschrift steht.
- welche Buttons in der MessageBox erscheinen sollen
- welches „Icon“ eingeblendet werden soll

Diese Dinge schreiben wir auch zwischen die Klammern, jeweils durch Kommas voneinander getrennt. Beispiel:

```
MessageBox.Show("Hey, Sie haben gerade auf den Button geklickt!",
"Hallo", MessageBoxButtons.OKCancel, MessageBoxIcon.Information)
```

Wenn wir das jetzt laufen lassen, sieht das Ergebnis so aus:

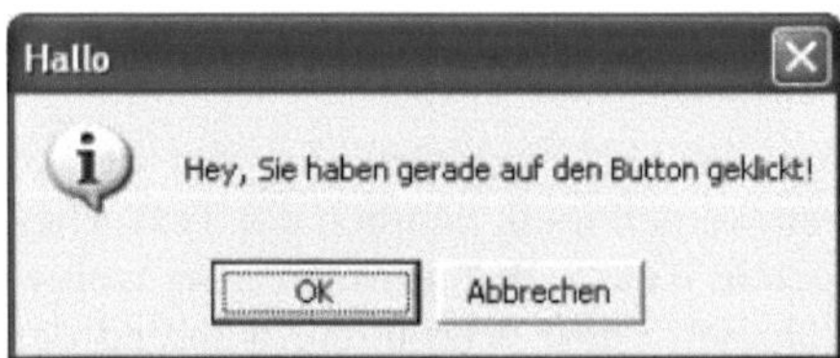

Das zweite, was wir angeben, ist der Text für die Überschrift, bei uns also das „Hallo“.

MessageBoxButtons.OKCancel heißt:

Ich will zwei Buttons, nämlich einen OK und einen Cancel Button. „Cancel“ heißt auf deutsch „Abbrechen“, und daher steht das auf dem Button drauf. (OK heißt auch im deutschen OK. Oder sollte etwa „In Ordnung“ auf dem Button stehen???).

Das vierte schließlich ist ein „Icon“, das ist ein vorgefertigtes kleines Bildchen, das zusätzlich zum Text dargestellt wird, in unserem Fall das für „Information“.

Während du das erste Komma getippt hast, hat Dir Intellisense schon wieder seine Hilfe aufgedrängt, diesmal in Form einer Liste

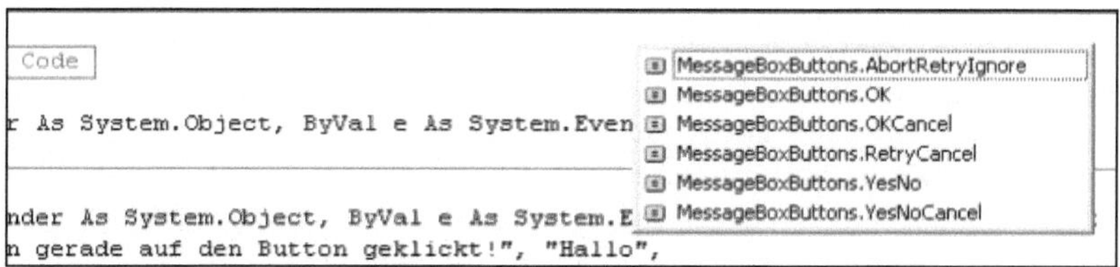

Statt jetzt „MessageBoxButtons.OKCancel" einzutippen, kannst du es (mit Hilfe der Maus, der Tabulatortaste und den Cursortasten) auch aus der Liste auswählen – eine sehr praktische Sache, um Tippfehler zu vermeiden. Außerdem muß man sich so nicht diese Bezeichnungen merken.

Wie du siehst, gibt es eine ganze Reihe möglicher „MessageBoxIcons". Probier mal „MessageBoxIcon.Warning" aus:

```
MessageBox.Show("Hey, Sie haben gerade auf den Button geklickt!",
"Hallo", MessageBoxButtons.OKCancel, MessageBoxIcon.Warning)
```

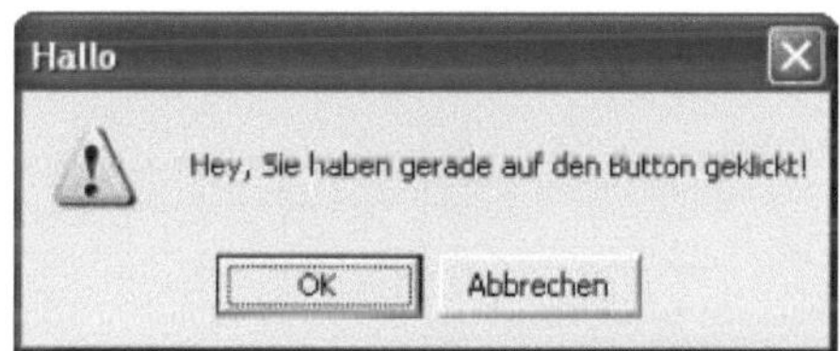

Jetzt haben wir ein kleines Bildchen mit einem Ausrufungszeichen. Probier auch mal die andern Icons aus!

Je nach Symbol wird auch ein anderer Ton zur MessageBox ausgegeben.

Die Angaben in Klammern – Text, Überschrift, Button und Icon – heißen **Parameter** der MessageBox.Show Funktion. Die Parameter werden durch Komma voneinander getrennt. Diese MessageBox.Show-Funktion hat also vier Parameter. Wie wir gesehen haben, gibt es verschiedene Varianten von MessageBox.Show: Mit einem, zwei, …Parametern. Diese verschiedenen Varianten zeigt uns Intellisense an: Insgesamt sind es 12! Man kann sich diese Varianten der Reihe nach ansehen (einige davon verstehen wir noch nicht), wenn man auf die kleinen Pfeile im Tooltip klickt. Hier sehen wir z.B. die 5. Version, die nur einen Text und eine Überschrift („Caption") haben möchte:

```
    Private Sub Button1_Click(ByVal sender As System.Object, ByVal e A
        MessageBox.Show(
    End  ▲5 von 12▼  Show (text As String, caption As String) As System.Windows.Forms.DialogResult
nd Clas text: Der im Meldungsfeld anzuzeigende Text.
```

Jetzt haben wir also unser erstes Programm geschrieben. Zugegeben, viel passiert noch nicht, aber wir haben etwas Grundsätzliches mitbekommen:

Alles, was in einem Windows-Programm so geschieht, wird durch Aktionen des Benutzers ausgelöst: Bei uns klickt er auf einen Button, und wir programmieren, was dann passieren soll. Genauso kann etwas dadurch ausgelöst werden, dass er etwas aus einer ListBox auswählt, in ein Eingabefeld etwas eintippt, u.s.w.. Ob dann etwas passieren soll, entscheiden wir, der Programmierer: dadurch, das wir ein Stück Programmcode einfügen, der das entsprechende „Ereignis" behandelt. Hierbei sind wir frei, zu entscheiden, ob wir etwas passieren lassen wollen: Einfach dadurch, dass wir ein Stückchen Programmcode für das Ereignis schreiben oder nicht.

Diese Aussage, dass alles, was ein Programm so tut, durch Aktionen des Benutzers ausgelöst wird, werde ich später wieder zurücknehmen müssen; für den Moment bleiben wir aber dabei.

Zu jedem Oberflächen-Element (wie hier beim Button) gibt es viele verschiedene Ereignisse (ich werde ab jetzt das englische „Event" statt „Ereignis" verwenden). Beim Button gibt es nicht nur den „Click" Event, sondern auch noch andere. Beispielsweise wird allein dadurch, dass der Anwender die Maus über den Button bewegt, ein Event „ausgelöst" (Programmierer sprechen auch davon, dass Events „gefeuert" werden). Auch hier können wir Code einhängen:

Hierfür muss ich zunächst Deine Aufmerksamkeit auf die 2 Comboboxen lenken, die sich über dem Codefenster befinden. Klapp mal die linke davon auf und wähle „Button1" aus:

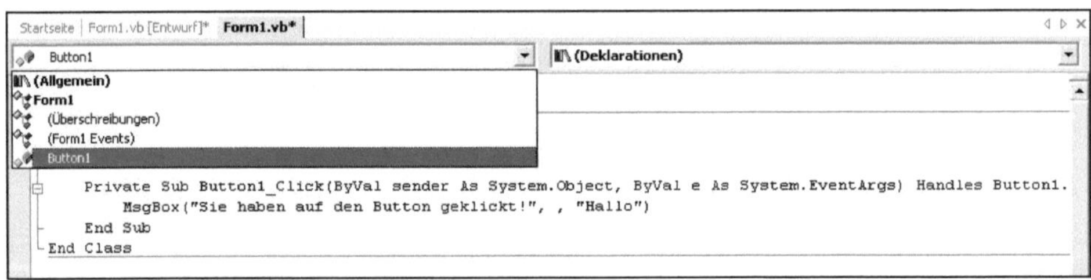

Jetzt öffne die rechte Combobox. Dort siehst du jetzt eine lange Liste von Events, die vom Button1 ausgelöst werden können:

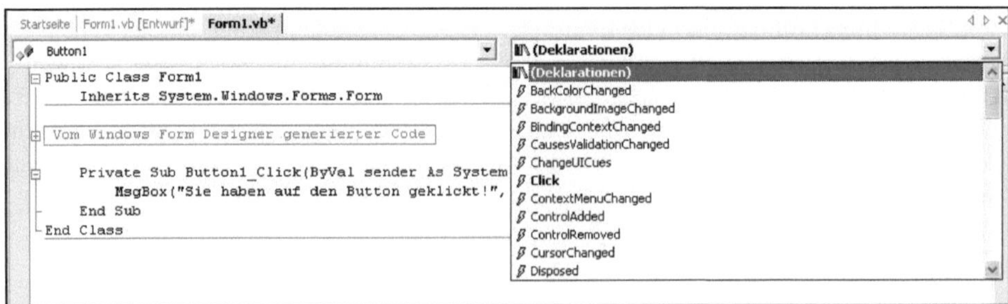

U.a. taucht da auch, fett gedruckt, das „Click“ auf. Wähle aus dieser Liste jetzt das „MouseMove“ aus.

Was passiert? Es wird der „Rumpf“ einer weiteren Subroutine angelegt:

```
    Private Sub Button1_MouseMove(ByVal sender As Object, ByVal e As
System.Windows.Forms.MouseEventArgs) Handles Button1.MouseMove
    End Sub
```

Diese Routine behandelt jetzt den „MouseMove“ Event; dieser Event wird ausgelöst, wenn der Anwender die Maus über den Button bewegt.

Schreiben wir ein Stück Code hinein:

```
    Private Sub Button1_MouseMove(ByVal sender As Object, ByVal e As
System.Windows.Forms.MouseEventArgs) Handles Button1.MouseMove
        MessageBox.Show("Aua!", "Pieks")
    End Sub
```

Starte das Programm, und beobachte, was passiert, wenn du mit der Maus über den Button fährst!

Übrigens, warum wurde, als du im Formular einen Doppelklick auf den Button gemacht hast, automatisch die Subroutine für den „Click“ Event angelegt, während wir hier für den „MouseMove“ Event den Event aus der Combobox auswählen mussten? Jedes Control hat einen „Default“ Event (Standard-Event); die Subroutine für diesen Event kann erzeugt werden, wenn man einen Doppelklick auf das Element macht. Dieser Default-Event ist der Event, den man am häufigsten braucht, und das ist beim Button der „Click“-Event. Die Subroutinen für alle andern Events kann man sich nur über die Combobox erzeugen lassen.

Noch etwas: Es ist egal, in welcher Reihenfolge die einzelnen Subroutinen angelegt sind. Dass die MouseMove Subroutine hinter der Click Subroutine angelegt wurde, ist völlig belanglos, es könnte genauso gut anders herum sein.

Codeteile auskommentieren

Sieh Dir noch mal die Eventliste für den Button an, was es da so alles gibt: Einen Event, wenn sich die Hintergrundfarbe des Buttons geändert hat („BackColorChanged“), einen Event, wenn sich der Text auf dem Button geändert hat („TextChanged“), und allein für die Maus eine ganze Reihe von Events: Wenn man die Maustaste gedrückt hat („MouseDown“), sie wieder losgelassen hat („MouseUp“) , das Mausrad bewegt hat („MouseWheel“ – wenn die Maus ein Rad hat), u.s.w.

Spielen wir noch etwas weiter damit herum. Dazu brauchen wir unsere bisherigen 2 Eventhandler-Routinen („Click“ und „MouseMove“) nicht mehr, sie würden nur stören. Hierfür können wir diese Zeilen entweder ganz löschen oder „auskommentieren“.

Wie man Zeilen markiert, wirst du schon von „Word“ oder anderen Programmen kennen:

Z.B. mit der Maus an den Anfang der ersten Zeile gehen, Maustaste drücken, und mit der Maus nach unten über die Zeilen fahren, die zu löschen sind. Danach drückst du auf die „Entf"- (bzw. „Del")-Taste, und der Text ist weg.

Wir können die Zeilen aber auch nur „auskommentieren". In diesem Fall sind die Zeilen nach wie vor da, aber nicht mehr wirksam. Hierzu die Zeilen wieder markieren und dann auf die „Kommentar"-Taste drücken:

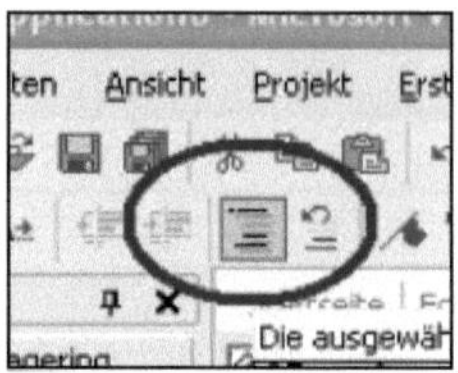

Die betreffenden Zeilen werden jetzt grün dargestellt und haben ein Apostroph (') am Anfang; dieses Apostroph ist das Kommentar-Zeichen; für VB.Net heißt das, dass es diese Zeilen ignorieren soll.

```
    'Private Sub Button1_Click(ByVal sender As System.Object, ByVal e As
System.EventArgs) Handles Button1.Click
    '     MessageBox.Show("Sie haben auf den Button geklickt!", "Hallo")
    'End Sub

    'Private Sub Button1_MouseMove(ByVal sender As Object, ByVal e As
System.Windows.Forms.MouseEventArgs) Handles Button1.MouseMove
    '     MessageBox.Show("Aua!", "Pieks")
    'End Sub
```

Auf diese Weise kann man sich seinen Code (d.h. seine Programmteile) erhalten, falls man ihn später doch noch einmal verwenden möchte.

Kommentare kann man auch wieder rückgängig machen: Dazu wieder den Bereich markieren und auf die Taste rechts neben der Kommentartaste (das ist quasi die „Ent-Kommentar-Taste") klicken.

Eigenschaften setzen per Programm

Nachdem wir nun also unseren Code entfernt oder auskommentiert haben, fügen wir 2 neue Routinen ein, die den „MouseDown" und den „MouseUp" Event behandeln, und füllen diese gleich mit Leben:

```
    Private Sub Button1_MouseUp(ByVal sender As Object, ByVal e As
System.Windows.Forms.MouseEventArgs) Handles Button1.MouseUp
        Button1.BackColor = Button1.DefaultBackColor
    End Sub
```

```
    Private Sub Button1_MouseDown(ByVal sender As Object, ByVal e As
System.Windows.Forms.MouseEventArgs) Handles Button1.MouseDown
        Button1.BackColor = Color.Green
    End Sub
```

Statt eine MessageBox auszugeben, machen wir hier mal etwas anderes: Wir verändern die Hintergrundfarbe des Buttons. Wenn die Maus heruntergedrückt wird, wird der Button grün, wenn die Maus wieder losgelassen wird, wird als Hintergrundfarbe wieder die „DefaultBackColor" („Standard- Hintergrundfarbe"), nämlich grau, eingestellt.

Aus diesem Beispiel lernen wir noch etwas: Die Eigenschaften eines Controls kann ich auch per Programm verändern: Ich kann die Hintergrundfarbe also nicht nur einstellen, indem ich die Eigenschaften im Eigenschaftsfenster verändere, sondern ich kann dies auch per Programm:

```
        Button1.BackColor = ...
```

heißt: Ich ändere die Eigenschaft `BackColor` des Controls `Button1` auf den Wert, den ich hinter dem Gleichheitszeichen angebe. Zwischen dem Namen des Controls und der Eigenschaft steht ein Punkt.

VB.Net stellt eine Reihe von Farben zur Verfügung, diese bekommt man durch Angaben wie `Color.Green, Color.Red` usw. (später dazu mehr). Die voreingestellte Farbe bekommt man über die Eigenschaft `DefaultBackColor` des Button-Controls selbst.

Statt der Eigenschaft `BackColor` hätte ich auch bspw. die Eigenschaft `Text` verändern können, also die Beschriftung des Buttons:

```
        Button1.Text = "Knopf"
```

Beachte aber: Dies ändert nur die Beschriftung auf dem Button, nicht den Namen des Buttons! Dieser ist nach wie vor „Button1". Der Name des Buttons ist aber das entscheidende, wenn es um die Event-Routinen geht: Die Angabe `Handles Button1.Up` bezieht sich immer auf den Namen des Controls, nicht auf die Beschriftung.

Schauen wir uns noch mal an, was Intellisense uns so alles anbietet, wenn wir „Button1." eingeben:

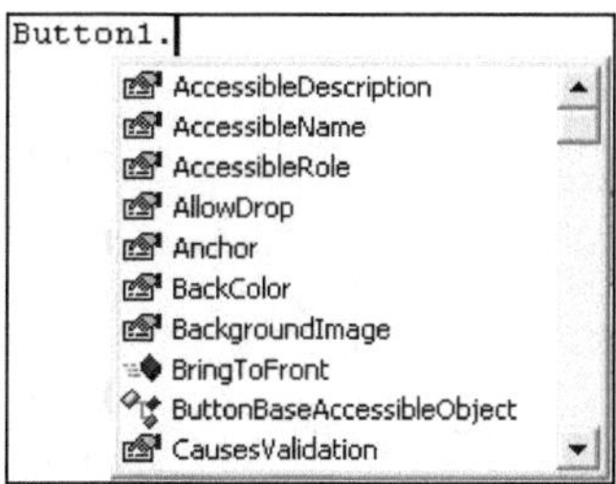

Intellisense bietet uns die ganze Liste der Eigenschaften an, die wir für den Button einstellen können. Dieses sind im Wesentlichen dieselben Eigenschaften, die wir auch über das Eigenschaftsfenster einstellen können („im Wesentlichen" deshalb, weil es Eigenschaften geben kann, die man nur per Programm oder nur im Eigenschaftsfenster einstellen kann).

Alle Eigenschaften sind mit dem gleichen Symbol gekennzeichnet, das eine Hand darstellt, die auf irgendwas zeigt (was auch immer das sein soll).

Daneben sehen wir noch andere Symbole, z.B. das lilafarbene fliegende Radiergummi (oder hast du eine Ahnung, was das darstellen soll???). Dieses Symbol kennzeichnet **Methoden**. Eine Methode ist quasi eine „Anweisung" an das Control. Beispielsweise finden wir da die Methode **Hide**, die das Control unsichtbar macht. Auch diese Methode könnten wir aufrufen als Reaktion auf das Klicken:

```
        Button1.Hide()
```

Störe dich nicht an den beiden Klammern, diese werden automatisch eingefügt. Wir klären ihre Bedeutung später. Probier es aus: Der Button wird unsichtbar, wenn wir diese Methode `Button1.Hide` aufrufen.

So, jetzt haben wir schon etwas Wichtiges gelernt:

Bei einem Control kann man per Programm Eigenschaften setzen oder Methoden aufrufen. Beides geschieht, indem man an den Namen des Controls einen Punkt anfügt und danach den Namen der Eigenschaft oder Methode.

Events per Programm auslösen

Weiter oben hatte ich als Beispiel für Events auch „TextChanged" und „BackColorChanged" angeführt. Hier ist zunächst mal die Frage, wie solche Events jemals ausgelöst werden: Der Benutzer kann ja nicht selber die Hintergrundfarbe oder die Beschriftung des Buttons ändern. Das ist anders als bei den Mouse-Events, die er ja tatsächlich durch ein Klicken der Maustaste auslöst.

Die Antwort ist, dass solche Events nicht durch den Benutzer, sondern durch das Programm selbst ausgelöst werden: Wenn per Programm die Hintergrundfarbe geändert wird, führt dies gleich zu einem Event „BackColorChanged".

Sehen wir uns das mal an:

Zunächst mal schmeißen wir unsern alten Code wieder weg. Dann platzieren wir zwei weitere Buttons auf dem Formular, die wir mit „Rot" und „Grün" beschriften; als Namen für die beiden Buttons verwenden wir „btnRot" und „btnGrün".

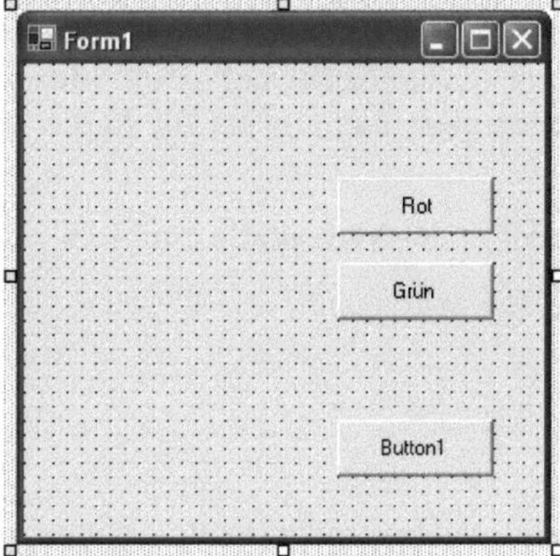

Wenn wir auf „Rot“ klicken, soll die Hintergrundfarbe des „Button1“ rot werden, beim „Grün“ Button grün. So sieht der Code aus:

```
    Private Sub btnRot_Click(ByVal sender As System.Object, ByVal e As
System.EventArgs) Handles btnRot.Click
        Button1.BackColor = Color.Red
    End Sub

    Private Sub btnGrün_Click(ByVal sender As System.Object, ByVal e As
System.EventArgs) Handles btnGrün.Click
        Button1.BackColor = Color.Green
    End Sub
```

Dies ist zunächst mal nichts Neues.

Jetzt fügen wir für den Button1 die Routine für den „BackColorChanged“ Event hinzu:

```
    Private Sub Button1_BackColorChanged(ByVal sender As Object, ByVal e
As System.EventArgs) Handles Button1.BackColorChanged
        MessageBox.Show("Gefällt dir meine neue Farbe?", "Frage",
MessageBoxButtons.YesNo, MessageBoxIcon.Question)
    End Sub
```

Probier es aus!

Wie du siehst, wird jetzt ein Event allein durch unseren Code selbst ausgelöst: Wenn der Anwender auf den „Rot“-Button klickt, setzen wir im Event-Handler die Farbe des Button1 auf rot. Dadurch wird der „BackColorChanged“-Event des Button1 ausgelöst.

Noch ein paar Anmerkungen zu diesem Beispiel:

- als Button in der MessageBox verwenden wir jetzt „YesNo“; dies erzeugt 2 Buttons mit der Beschriftung „Ja“ und „Nein“

- der `BackColorChanged` Event wird nur dann ausgelöst, wenn sich die Farbe tatsächlich ändert. Wenn du zweimal nacheinander auf „Rot“ klickst, kommt beim ersten Mal die MessageBox , beim zweiten aber nicht mehr: Die Farbe war ja schon rot, hat sich also nicht geändert.

Vorerst ist es uns egal, ob der Anwender in der MessageBox auf „Ja“ oder „Nein“ klickt.

Machen wir noch zwei kleine Beispielanwendungen:

Der unklickbare Button

Lege wieder ein neues Projekt an, und zeichne einen Button darauf ein, der mit „Klick mich!“ beschriftet ist und den Namen „btnKlick“ hat:

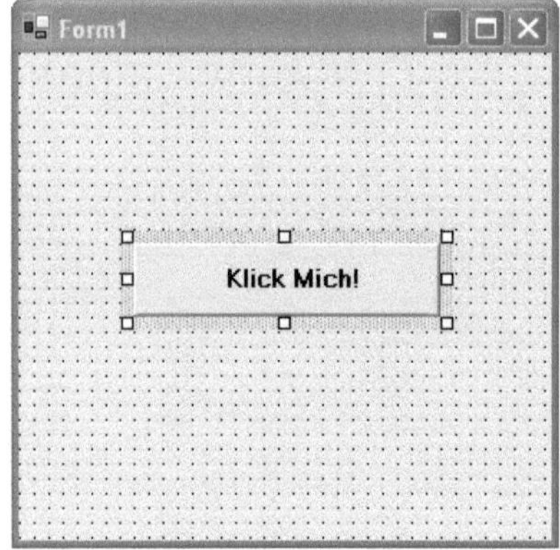

Jetzt verwenden wir mal die Events „MouseEnter“ und „MouseLeave“, die ausgelöst werden, wenn die Maus den Bereich des Buttons betritt bzw. wieder verlässt.

Zunächst mal ist bei Deinem neuen Projekt kein Codefenster da; dies kann man sich aber auch anzeigen lassen, ohne dass man einen Doppelklick auf den Button machen muß: Klicke im rechten oberen Fenster („Projektmappen-Explorer“) mit der rechten Maustaste auf „Form1.vb“ und wähle aus dem Kontextmenü „Code anzeigen“:

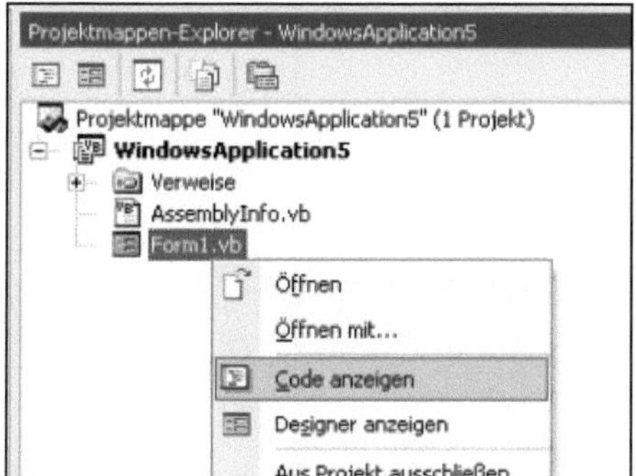

In den Event-Handlern setzen wir die „Visible"-Eigenschaft des Buttons auf „True" bzw. „False":

```
Public Class Form1
    Inherits System.Windows.Forms.Form

    Private Sub btnKlick_MouseEnter(ByVal sender As Object, ByVal e As
System.EventArgs) Handles btnKlick.MouseEnter
        btnKlick.Visible = False
    End Sub

    Private Sub btnKlick_MouseLeave(ByVal sender As Object, ByVal e As
System.EventArgs) Handles btnKlick.MouseLeave
        btnKlick.Visible = True
    End Sub
End Class
```

Siehst du dem Code an, was passiert? Sobald der Anwender versucht, der Aufforderung „Klick Mich" nachzukommen und die Maus auf den Button bewegt, verschwindet er (der Button, nicht der Anwender), denn wir setzen die Eigenschaft „Visible" (=sichtbar) auf False. Bewegt er die Maus wieder weg, taucht er wieder auf!

Der springende Frosch

Das zweite kleine Beispiel:.

Auf dem Formular legen wir ein Label und einen Button ab. Das Label legen wir ungefähr in der Mitte des Formulars ab und schreiben den Text „Ich bin ein Frosch" hinein. Als Namen des Labels nehmen wir „lblFrosch".

Ferner brauchen wir noch einen Button „btnSpring", mit dem Text „Spring!":

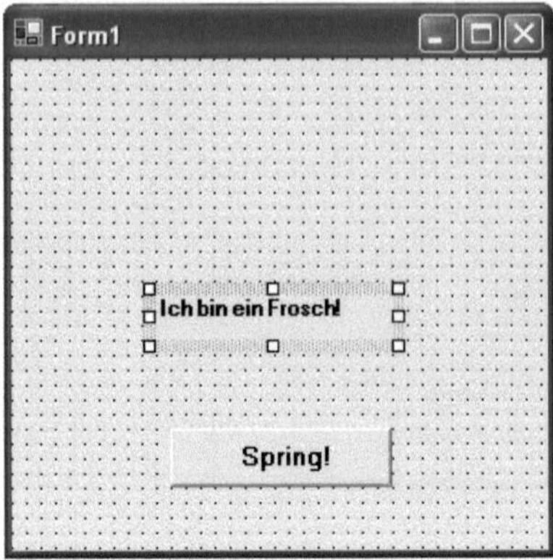

Wir wollen jetzt den „Frosch" springen lassen, wenn der Button geklickt wird, und wieder landen lassen, wenn die Maus wieder losgelassen wird. Als Events verwenden wir das „MouseDown" und das „MouseUp":

```
Public Class Form1
    Inherits System.Windows.Forms.Form

    Private Sub btnSpring_MouseDown(ByVal sender As Object, ByVal e As
System.Windows.Forms.MouseEventArgs) Handles btnSpring.MouseDown
        lblFrosch.Top = lblFrosch.Top - 50
    End Sub

    Private Sub btnSpring_MouseUp(ByVal sender As Object, ByVal e As
System.Windows.Forms.MouseEventArgs) Handles btnSpring.MouseUp
        lblFrosch.Top = lblFrosch.Top + 50
    End Sub
End Class
```

Das Springen und Landen erreichen wir einfach dadurch, dass wir die Position des Labels verändern, und zwar die „Top"-Eigenschaft. Wir errechnen hierbei die neue Top-Position aus der alten und zählen 50 hinzu bzw. ziehen 50 ab.

Beachte hierbei: Im Eigenschaftsfenster ist die Position des Labels mit „X" und „Y" bezeichnet (unter der Location-Eigenschaft), wenn wir diese aber per Programm ändern wollen, schreiben wir „Top" bzw. „Left". Inhaltlich ist es aber dasselbe: Der Abstand des Labels vom oberen bzw. linken Rand des Formulars.

Dadurch, dass wir die Position des Labels verändern, wird bei diesem auch wieder ein Event ausgelöst, und zwar der „LocationChanged"-Event (auf schlecht deutsch: Der Der-Ort-hat-sich-verändert-Event). Auch hier können wir wieder Code einhängen:

```
    Private Sub lblFrosch_LocationChanged(ByVal sender As Object, ByVal e
As System.EventArgs) Handles lblFrosch.LocationChanged
        Beep()
    End Sub
```

Das „Beep()“ sorgt dafür, dass ein Ton ausgegeben wird (den du mir bei viel gutem Willen vielleicht als „Quak!“ durchgehen lässt). Der Ton wird zweimal ausgegeben: wenn der Frosch springt und wenn er wieder landet, denn in beiden Fällen verändert sich die Position.

Wenn du genau hinhörst, quakt er auch schon einmal beim Start des Programms: Denn auch wenn das Label erstmalig erscheint, „verändert“ es seine Position.

Bevor es weiter geht, eine kurze Zusammenfassung dessen, was wir bisher gelernt haben:

- Controls auf der Bedienoberfläche können Events auslösen
- In Event-Handler Subroutinen sagen wir, was passieren soll
- Diese Events können durch den Anwender oder durch unser Programm selbst ausgelöst werden

2. Anwendung: Farben mischen

Das gibt es Neues in diesem Kapitel:

- Das TrackBar Control
- Events des Formulars

Das TrackBar Control

Das TrackBar Control ist ein „Schieberegler“. Du findest es recht weit unten in der ToolBox:

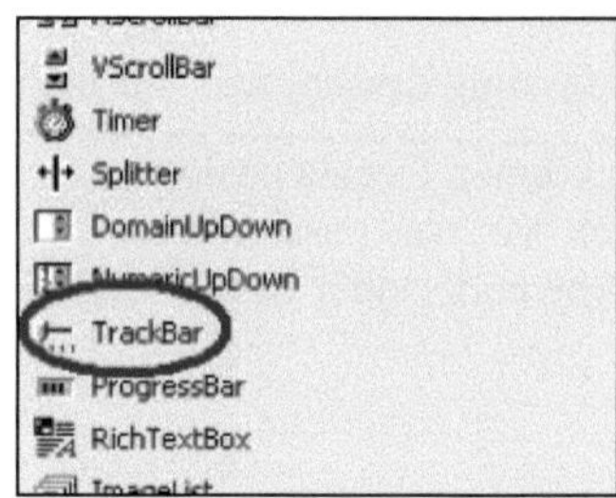

Bring mal einen solchen TrackBar auf das Formular:

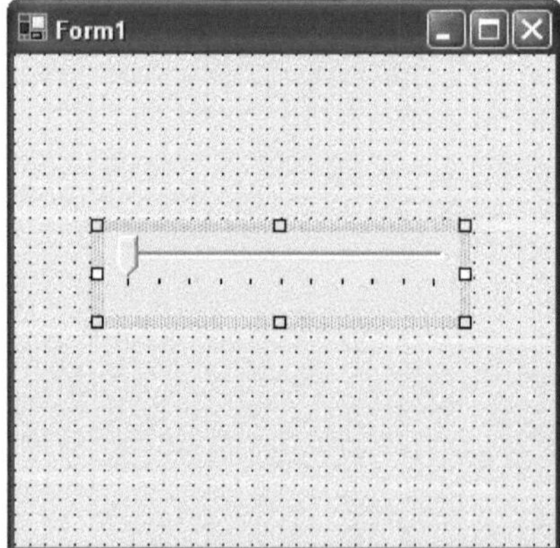

Ein solcher TrackBar hat immer einen Wert, den du im Eigenschaftsfenster unter „Value“ findest. Am Anfang ist dieser Wert 0. Wenn der Anwender den Regler verschiebt, ändert sich dieser Value, bis zum Maximalwert, wenn der Regler ganz rechts steht.

Wie groß der Maximalwert ist, lässt sich einstellen, unter der Eigenschaft „Maximum“: Dort steht zunächst mal eine 10. Unter der Eigenschaft „Minimum“ lässt sich der Minimalwert verändern, er muß also nicht immer 0 sein.

Die Anzahl der kleinen Striche unter dem TrackBar entspricht der Anzahl der möglichen Werte. Standardmäßig sind dort also wie viele Striche?

Falsch, nicht 10, sondern 11 Striche. Von 0 bis 10 sind es 11 Zahlen! (Wer mir nicht glaubt, möge unter zu Hilfenahme seiner Finger nachzählen. Achtung, einen Finger braucht man zweimal!)

Verändere mal die Maximum-Eigenschaft auf 1000! Es werden nun 1001 kleine Striche angezeigt. Da es dabei unter dem Regler relativ eng wird, sieht man nur noch einen einzigen waagerechten Strich. Weil dies ziemlich unschön aussieht, gibt es noch eine Eigenschaft, die die „Strichhäufigkeit" angibt: Die „TickFrequency". Hier geben wir jetzt eine 50 ein; dadurch wird nur noch alle 50 Einheiten ein „Tick" (das sind die kleinen Striche auf englisch) gemacht. Wieviel Striche haben wir also jetzt…?

Jetzt wollen wir Schieberegler dazu benutzen, einen Farbmischer zu programmieren. So soll das Ergebnis aussehen:

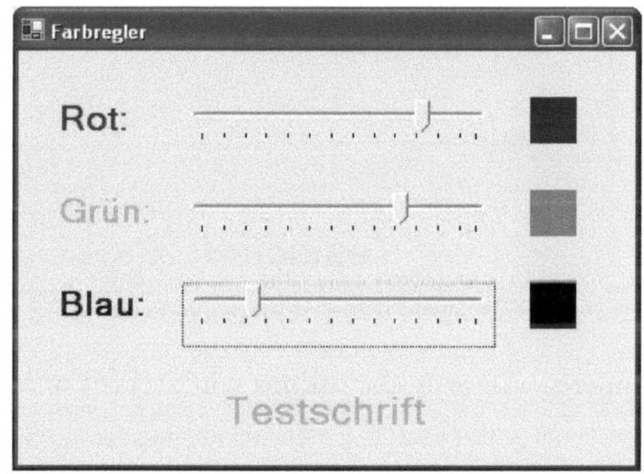

Jede Farbe auf dem PC wird, wie du vielleicht weißt, aus einem Rot-, Grün- und Blauanteil zusammengesetzt. Mit dem Regler regeln wir die entsprechenden Anteile, die gemischte Farbe wird für die Testschrift verwendet. In den Quadraten neben dem Farbregler wollen wir den jeweiligen Rot-, Grün- und Blauanteil darstellen.

Das sieht doch schon wie ein richtiges Programm aus! Und dabei besteht es nur aus wenigen Zeilen Code, wie wir gleich sehen werden.

Zunächst mal brauchen wir einige Controls:

- 3 Label Controls für die Texte „Rot", „Grün" und „Blau". Über die Font-Eigenschaft wählen wir eine ordentliche Schriftgröße aus (ich habe 18 und „fett" genommen). Ferner setzen wir die Forecolor auf die richtige Farbe.
- 3 TrackBars. Diesen habe ich die Namen tbRot, tbGrün und tbBlau gegeben. Ihre Minimum-Eigenschaft habe ich auf 0, die Maximum-Eigenschaft auf 255 gesetzt, die TickFrequency auf 20.

- Einen Label für die Testschrift, den ich lblTestschrift genannt habe. Den Text habe ich direkt als Eigenschaft gesetzt, und auch hier den Font verändert. Die ForeColor habe ich unverändert gelassen (denn das soll ja unser Programm erst leisten).
- Und was ist mit den Quadraten? Hier habe ich einfach 3 Label Controls verwendet, ihnen eine quadratische Form gegeben, und ihre Texte gelöscht. Unser Programm wird dann ihre Backcolor-Eigenschaft setzen – dadurch bekommen wir farbige Quadrate. Diesen Labels habe ich die Namen lblRot, lblGrün und lblBlau gegeben.

So sieht das Formular in der „Entwurfsansicht" aus:

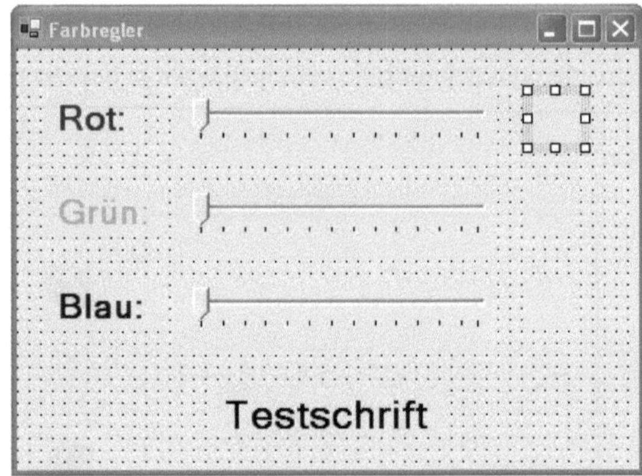

Jetzt geht es ans Programmieren. Als erstes betrachten wir hierbei Formularevents.

Formularevents

Auch das Formular selbst feuert Events. Mach mal einen Doppelklick irgendwo in die freie Formularfläche: Es wird dann im Code die folgende Subroutine angelegt:

```
    Private Sub Form1_Load(ByVal sender As System.Object, ByVal e As
System.EventArgs) Handles MyBase.Load
    End Sub
```

Dies ist die Subroutine für den "Load" Event. Dieser wird ausgelöst, wenn das Formular zum ersten Mal angezeigt wird. Schau Dir bitte auch mal die andern Events an, die ein Formular so feuern kann, wie das geht, weißt du ja schon:

In der linken oberen ComboBox „(Form1 Events)" auswählen (bzw. ausgewählt lassen), und die rechte obere ComboBox aufklappen. Dort siehst du alle möglichen Events für das Formular, und das sind eine ganze Menge: Die schon bekannten Mouse-Events, einen Event, wenn sich die Größe des Formulars ändert („Resize"), oder auch einen Event mit Namen „RightToLeftChanged".

Diesen Event wirst du aller Wahrscheinlichkeit nach nie benutzen, es sei denn, du stehst einmal vor der Aufgabe, ein Programm für ein arabisches oder hebräisches Windows zu schreiben: Diese beiden Völker schreiben bekanntermaßen von rechts nach links. Fenster eines arabischen Windows-Programms haben einen zusätzlichen Knopf in der Titelleiste, mit dem man die Schreibrichtung umkehren kann: Von rechts nach links oder von links nach rechts (es sieht übrigens recht witzig aus, wenn sich ein Eingabefeld von rechts nach links füllt, noch dazu mit arabischen Schriftzeichen). Ein Ändern dieser Schreibrichtungseinstellung führt zu diesem „RightToLeft-Changed"-Event.

Was folgt daraus:

- es gibt Events, die man niemals verwenden wird
- man kann und muss nicht alle Events kennen
- du hast gerade etwas völlig Wertloses gelernt, vergiss es schnell wieder

Zurück zu unserm Programm: Im Load-Event des Formulars wollen wir die Hintergrundfarbe aller Quadrate auf schwarz setzen:

```
    Private Sub Form1_Load(ByVal sender As System.Object, ByVal e As
System.EventArgs) Handles MyBase.Load
        lblRot.BackColor = Color.Black
        lblGrün.BackColor = Color.Black
        lblBlau.BackColor = Color.Black
    End Sub
```

Anmerkung: Natürlich hätten wir dies auch direkt über das Einstellen der Backcolor-Eigenschaft im Eigenschaftsfenster erreichen können. Aber dann hätten wir die Formular-Events nicht kennen gelernt…

Bevor wir uns nun mit dem Schieberegler beschäftigen, noch mal zurück zu den Farben:

Wie gesagt, besteht jede Farbe aus einem Rot-, einem Grün- und einem Blauanteil. Der jeweilige Anteil wird in einer Zahl zwischen 0 und 255 ausgedrückt. Reines Blau hat also einen Anteil von „255 Blau", „0 Rot" und „0 Grün", gelb ist eine Mischung aus „255 Rot", „255 Grün" und „0 Blau", während „180 Rot", „180 Grün" und „30 Blau" ein Olivgrün ergibt.

Um nun Farben zu mischen, gibt es eine eigene Anweisung, und zwar die Color.FromArgb – Anweisung. Hinter diese Anweisung schreibt man in Klammern die Rot-, Grün- und Blauanteile der gewünschten Farbe, getrennt durch Kommas. Um gelb zu erhalten, also:

```
Color.FromArgb(255, 255, 0)
```

So, nun können wir daran gehen, die Events für die Schieberegler mit Leben zu füllen. Mach einen Doppelklick auf den ersten Schieberegler. Es wird eine Subroutine für den Standard-Event des Schiebereglers angelegt. Dieser Standard-Event ist der „Scroll" („Rollen")-Event. Er wird ausgelöst, wenn der Regler bewegt wird. Füge in den Code die folgende Zeile ein:

```
    Private Sub tbRot_Scroll(ByVal sender As System.Object, ByVal e As
System.EventArgs) Handles tbRot.Scroll
        lblRot.BackColor = Color.FromArgb(tbRot.Value, 0, 0)
    End Sub
```

Wir behandeln jetzt also den „Scroll"-Event des TrackBars, der immer dann gefeuert wird, wenn jemand den Regler bewegt. Dies nicht nur einmal, sondern während der Regler bewegt wird, werden die Events munter weiter gefeuert (ein richtiges Event-Feuerwerk).

Im Code setzen wir jetzt die Hintergrundfarbe des quadratischen Labels für „rot", wobei wir direkt den aktuellen Wert des Schiebereglers als Rotanteil einsetzen. Beim Schieberegler hatten wir ja in weiser Voraussicht dafür gesorgt, dass dieser Wert immer zwischen 0 und 255 liegt.

Statt einer absoluten Zahl fügen wir also für den ersten Parameter (den Rot-Wert) die Zahl ein, die sich aus dem aktuellen Wert des Schiebereglers ergibt: `tbRot.Value` liefert uns diesen Wert.

Füge auch für die beiden andern Schieberegler den entsprechenden Eventcode ein.

Bleibt nur noch die Testschrift, und auch die erledigen wir mit der neu gelernten Anweisung. Wir müssen hierbei nur die aktuellen Werte aller 3 Schieberegler einsetzen, wobei wir die Anweisung in alle drei Eventroutinen einfügen.

Voilà, unser fertiges Programm:

```
Public Class Form1
    Inherits System.Windows.Forms.Form

    Private Sub tbRot_Scroll(ByVal sender As System.Object, ByVal e As
System.EventArgs) Handles tbRot.Scroll
        lblRot.BackColor = Color.FromArgb(tbRot.Value, 0, 0)
        lblTestschrift.ForeColor = Color.FromArgb(tbRot.Value,
tbGrün.Value, tbBlau.Value)
    End Sub

    Private Sub tbGrün_Scroll(ByVal sender As System.Object, ByVal e As
System.EventArgs) Handles tbGrün.Scroll
        lblGrün.BackColor = Color.FromArgb(0, tbGrün.Value, 0)
        lblTestschrift.ForeColor = Color.FromArgb(tbRot.Value,
tbGrün.Value, tbBlau.Value)
    End Sub

    Private Sub tbBlau_Scroll(ByVal sender As System.Object, ByVal e As
System.EventArgs) Handles tbBlau.Scroll
        lblBlau.BackColor = Color.FromArgb(0, 0, tbBlau.Value)
        lblTestschrift.ForeColor = Color.FromArgb(tbRot.Value,
tbGrün.Value, tbBlau.Value)
    End Sub

    Private Sub Form1_Load(ByVal sender As System.Object, ByVal e As
System.EventArgs) Handles MyBase.Load
```

```
        lblRot.BackColor = Color.Black
        lblGrün.BackColor = Color.Black
        lblBlau.BackColor = Color.Black
    End Sub
End Class
```

Auch hier gilt wieder, dass ich die fettgedruckten Anweisungen aus Platzgründen auf 2 Zeilen verteilen musste. Diese Notwendigkeit hat man im Codefenster nicht, dies ist im Prinzip beliebig breit. Trotzdem kann man auch dort eine zusammengehörende Anweisung in 2 Zeilen schreiben, wenn man das will, und zwar indem man einen Unterstrich (_) am Ende der Zeile verwendet. Dies ist das Zeichen, dass die Anweisung in der nächsten Zeile noch weitergeht:

```
        lblTestschrift.ForeColor = Color.FromArgb(tbRot.Value, _
          tbGrün.Value, tbBlau.Value)
```

Vor dem Unterstrich muss ein Leerzeichen stehen!

Ich werde von jetzt ab immer diesen Unterstrich verwenden, wenn eine Anweisung nicht in eine Zeile passt, du kannst beim Nachprogrammieren aber gern weiterhin alles in eine Zeile schreiben.

Übrigens: Komplett leere Zeilen darf man nach Belieben in den Code einfügen.

So, nun haben wir ein erstes, einigermaßen sinnvolles Programm geschrieben, und das mit wenigen Zeilen Code. Ist doch toll, oder?

Aufgabe: Zeige auf der Oberfläche auch noch die Zahlenwerte der drei Schieberegler an!

3. Anwendung: Quadratzahlen berechnen

Das gibt es Neues in diesem Kapitel:

- Das TextBox Control
- Die If..Then..Else Verzweigung
- Eigene Subroutines schreiben
- Debugging
-

Das TextBox Control

In diesen Kapitel werden wir ein Beispielprogramm erstellen, dass ein TextBox Control verwendet. Daher schauen wir uns dieses erstmal näher an.

Erstelle zunächst mal ein neues Projekt.

Die TextBox ist ein Feld, in das der Anwender etwas eingibt. Meist wird es zusammen mit einem Label Control verwendet, in dem ein Hinweis für den Anwender steht, was er eingeben soll.

Beispiel:

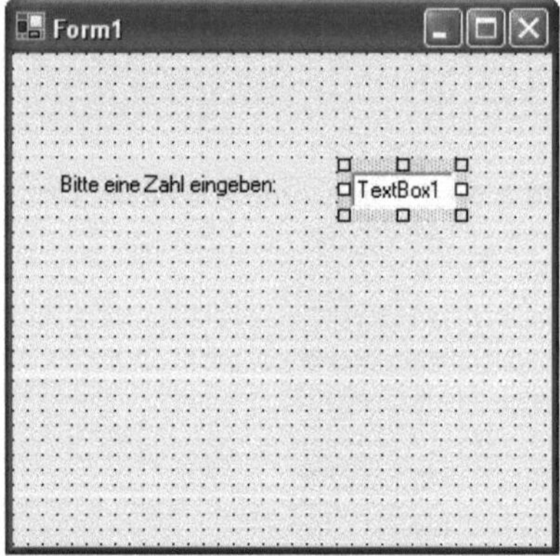

Das Visual Studio füllt standardmäßig das Control schon mit einem Text aus, der dem Namen des Controls entspricht (hier: „TextBox1"), meist will man das aber gar nicht haben, deshalb wird man den Inhalt der „Text"-Eigenschaft im Eigenschaftsfenster löschen. Diese „Text"-Eigenschaft gibt bei einem TextBox Control immer das an, was im Eingabefeld steht.

Die meisten Controls haben eine „Text"-Eigenschaft, nur bedeutet sie jedes Mal etwas anderes: Beim Button die Beschriftung des Buttons, bei einem Label der Text des Labels, bei der Textbox das, was im Eingabefeld steht.

Nehmen wir an, das TextBox Control hätte den Namen „txtEingabe", dann bekäme man durch den Ausdruck txtEingabe.Text das heraus, was der Anwender eingegeben hat. Man kann auch per Programm selbst etwas hineinschreiben: `txtEingabe.text = "Irgendwas"`.

Wir wollen jetzt abholen, was der Anwender eingegeben hat, und den eingegebenen Wert dazu verwenden, das Quadrat dieser Zahl auszugeben. Das Ergebnis soll in einem weiteren Label Control dargestellt werden. Ferner fügen wir noch einen Button „btnBerechne" hinzu, durch den das Rechnen dann angestoßen wird:

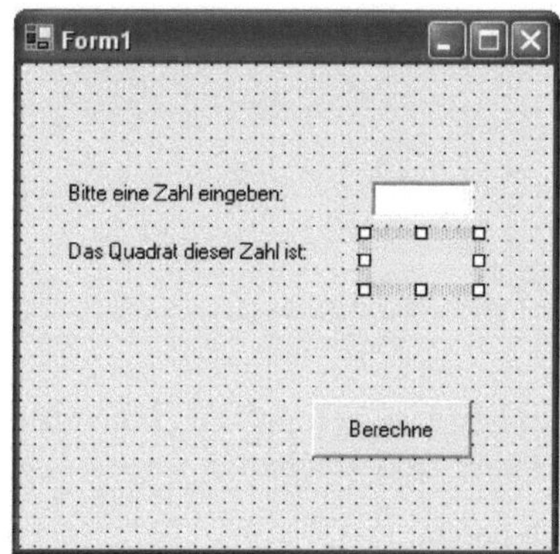

Wir haben jetzt also 3 Label Controls: Zwei mit festen Texten, und ein weiteres, dessen Inhalt erstmal leer ist (der Text wurde im Eigenschaftsfenster gelöscht). Dieses Label habe den Namen „lblQuadrat". Wie die beiden andern Label heißen, ist hier egal.

Nun wollen wir tatsächlich etwas passieren lassen: Dies soll wieder im Click-Event des Buttons stattfinden:

```
    Private Sub btnBerechne_Click(ByVal sender As System.Object, ByVal _
e As System.EventArgs) Handles btnBerechne.Click
        lblQuadrat.Text = txtEingabe.Text * txtEingabe.Text
    End Sub
```

Was haben wir hier gemacht? Wir holen uns das, was im Feld txtEingabe steht, nehmen es mit sich selbst mal (das * ist der Multiplikationsbefehl) und schreiben das Ergebnis als Text in das Feld lblQuadrat.

Hierbei ist Folgendes bemerkenswert: Was der Benutzer in das Eingabefeld eingibt, ist ein beliebiger Text. Er könnte also auch „Hugo" eingeben. Wenn er allerdings tatsächlich eine Zahl eingibt, merkt VB.Net das, und ist in der Lage, auch Rechenoperationen damit durchzuführen, also hier, die Zahl mit sich selbst zu multiplizieren (die übrigen Grundrechenbefehle sind ‚+', ‚-' und ‚/').

Probier das Programm aus: Gib eine Zahl ein, und drücke auf „Berechne"!

Was passiert aber nun, wenn der Anwender tatsächlich „Hugo" in das Eingabefeld eingibt?

Probier es aus!

Ziemlich unerfreulich, was da passiert! Unser Programm „stürzt ab“, es zeigt den Befehl giftgrün an, mit dem es nicht zufrieden ist:

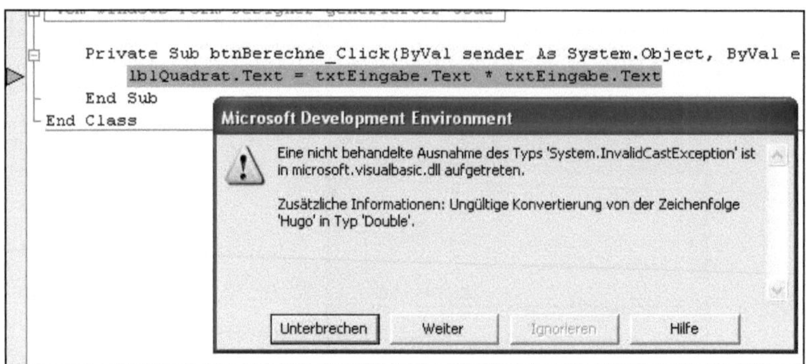

VB.Net teilt uns mit, dass es nicht in der Lage ist, „Hugo“ zu „konvertieren“ in den Typ „Double“. Das heißt soviel wie: „Ich kann daraus keine Zahl machen“.

Nun gut, das stimmt, wie sollte das auch gehen.

Drück auf „Weiter“, und du kehrst in das Codefenster zurück.

Derselbe Effekt passiert auch, wenn du einfach gar nichts in das Eingabefeld eingibst, und auf „Berechne“ drückst.

Was ist zu tun? Unserm Programm fehlt eine vernünftige „Fehlerbehandlung“: Wir müssen irgendwie sinnvoll darauf reagieren, wenn der Benutzer etwas Unerwartetes eingibt, und verhindern, dass das Programm einfach abstürzt.

Dazu müssen wir aber erst noch ein weiteres Sprachelement lernen, nämlich eine „Verzweigung“. Diese ist so wichtig, dass ich ihm ein eigenes Unterkapitel spendiere:

Verzweigungen

Verzweigungen bestehen aus den drei Wörtern `If` (="Wenn"), `Then` (="Dann") und `Else` (="Andernfalls"), ferner noch einem `End If` am Ende der Verzweigung.

Wir können jetzt damit Folgendes formulieren: „Wenn der Benutzer nichts in das Feld eingegeben hat, dann mach ihn per MessageBox darauf aufmerksam"

Dies sieht so aus:

```
    Private Sub btnBerechne_Click(ByVal sender As System.Object, ByVal _
e As System.EventArgs) Handles btnBerechne.Click
        If txtEingabe.Text = "" Then
            MessageBox.Show("Hey, du sollst etwas eingeben!")
            Exit Sub
        End If
        lblQuadrat.Text = txtEingabe.Text * txtEingabe.Text
    End Sub
```

Hinter dem `If` steht eine Bedingung. Wenn diese Bedingung erfüllt ist, wird das ausgeführt, was auf das `Then` folgt. Wenn die Bedingung nicht erfüllt ist, wird dieser Teil übersprungen und es geht nach dem `End If` weiter.

Wenn du dies abgetippt hast, hast du gemerkt, dass das End If von selbst eingefügt wurde. Ferner wird automatisch der Text eingerückt. Dies dient nur der Übersichtlichkeit, muss also nicht sein. Allerdings wirst du es kaum hinbekommen, den Text nicht einzurücken, dieser Automatismus ist sehr hartnäckig....

Schauen wir uns die Bedingung an: Hier wird überprüft, ob der Text im Eingabefeld leer ist – „leer" wird dadurch ausgedrückt, dass man einen „leeren Text" angibt, also etwas, wo zwischen den beiden Anführungszeichen nichts steht.

Die Bedingung ist also: Wenn der Eingabetext leer ist, dann mache eine MessageBox.

Jetzt habe ich hier gleich noch etwas Neues eingeführt, nämlich das **`Exit Sub`**. Das heißt: Springe jetzt hier bitte sofort raus aus der Subroutine.

Warum habe ich das hier eingefügt? Hätte ich es nicht getan, würde zwar die MessageBox schön angezeigt, danach ginge es aber ganz normal weiter, d.h. die Berechnung würde wieder durchgeführt, und unser Programm stürzte wieder ab.

Alternativ hätte ich das Ganze auch mit Hilfe des `Else` lösen können:

```
        If txtEingabe.Text = "" Then
            MessageBox.Show("Hey, du sollst etwas eingeben!")
        Else
            lblQuadrat.Text = txtEingabe.Text * txtEingabe.Text
        End If
```

Das heißt jetzt: Wenn das Eingabefeld leer ist, mache das, was auf `Then` folgt, andernfalls mach das, was auf `Else` folgt. Hinter dem `End If` treffen sich die beiden Zweige wieder – aber danach passiert bei uns sowieso nichts mehr.

Bei Verwendung des `Else` kann ich hier also auf das **`Exit Sub`** verzichten.

Jetzt fehlt noch die zweite Abprüfung: Wir wollen feststellen, ob tatsächlich eine Zahl eingegeben wurde. Hierbei machen wir zunächst mit der ersten Variante (ohne das `Else`) weiter und ergänzen diese um die fehlende Abprüfung:

```
    Private Sub btnBerechne_Click(ByVal sender As System.Object, ByVal _
e As System.EventArgs) Handles btnBerechne.Click
        If txtEingabe.Text = "" Then
            MessageBox.Show("Hey, du sollst etwas eingeben!")
            Exit Sub
        End If
        If Not IsNumeric(txtEingabe.Text) Then
            MessageBox.Show("Ich sagte: Eine Zahl eingeben!")
            Exit Sub
        End If
        lblQuadrat.Text = txtEingabe.Text * txtEingabe.Text
    End Sub
```

Hier haben wir die **Funktion „IsNumeric"** benutzt; diese Funktion überprüft das, was ihr in Klammern übergeben wird, daraufhin ab, ob es „numerisch", also eine Zahl ist. Da wir wissen wollen, ob es **keine** Zahl ist, hängen wir noch das Schlüsselwort **`Not`** davor.

Übrigens: Dir ist sicher schon aufgefallen, dass manches blau und manches schwarz geschrieben wird. Blau eingefärbt werden alle Schlüsselworte der Sprache VB.Net, also sozusagen alle Vokabeln, die es in dieser Sprache gibt. Alles andere ist schwarz (bis auf Kommentare, die sind grün). Feldnamen, Rechenoperationsbefehle, Texte, …: Alles das ist schwarz. Auch Funktionsnamen (wir haben noch gar nicht richtig erklärt, was eigentlich „Funktionen" sind, das kommt später) wie „IsNumeric" sind schwarz.

Jetzt bauen wir das Beispiel noch mal um und verwenden `Else`:

```
    Private Sub btnBerechne_Click(ByVal sender As System.Object, ByVal _
e As System.EventArgs) Handles btnBerechne.Click
        If txtEingabe.Text = "" Then
            MessageBox.Show("Hey, du sollst etwas eingeben!")
        Else
            If Not IsNumeric(txtEingabe.Text) Then
                MessageBox.Show("Ich sagte: Eine Zahl eingeben!")
            Else
                lblQuadrat.Text = txtEingabe.Text * txtEingabe.Text
            End If
        End If
    End Sub
```

In den Else-Zweig der ersten Abprüfung haben wir nun wieder eine `If ..Then ..Else` Abfrage eingefügt. Mache Dir den Ablauf klar: Wenn die erste Abprüfung bereits fehlschlägt, wird nichts weiter geprüft, und der erste Else-Zweig wird übersprungen. Ist die erste Abprüfung o.k., wird im Else-Zweig eine zweite Abprüfung durchgeführt. Ist auch diese o.k., so wird die Berechnung ausgeführt.

Welche der beiden Varianten du bevorzugst, ist Geschmackssache. Ich bevorzuge die erste, da sie übersichtlicher ist; man kann sich vorstellen, dass die geschachtelten `If ..Then ..Else` leicht unübersichtlich werden, wenn noch mehr Schachtelungen hinzukommen. Andererseits gibt es auch die Meinung, dass es unfein ist, eine Routine „mittendrin" durch `Exit Sub` zu verlassen. Bilde Dir selbst eine Meinung.

Fügen wir noch eine weitere Abprüfung hinzu, die zwar inhaltlich nicht viel Sinn macht, aber trotzdem: Wir wollen, dass die Zahl nicht größer als 10000 sein darf:

```
    Private Sub btnBerechne_Click(ByVal sender As System.Object, ByVal _
e As System.EventArgs) Handles btnBerechne.Click
        If txtEingabe.Text = "" Then
            MessageBox.Show("Hey, du sollst etwas eingeben!")
            Exit Sub
        End If
        If Not IsNumeric(txtEingabe.Text) Then
            MessageBox.Show("Ich sagte: Eine Zahl eingeben!")
            Exit Sub
        End If
        If txtEingabe.Text > 10000 Then
            MessageBox.Show("Puh, die Zahl ist mir zu groß!")
            Exit Sub
        End If
        lblQuadrat.Text = txtEingabe.Text * txtEingabe.Text
    End Sub
```

Das „Größer-" und das „Kleinerzeichen" kennst du aus der Mathematik. „Größer gleich" und „Kleiner gleich" wird dadurch ausgedrückt, dass man die beiden Zeichen hintereinander schreibt, also >= und <=. „Ungleich" stellt man dar durch ein Kleiner- und ein Größerzeichen hintereinander, also <>.

Eine Kleinigkeit verbessern wir jetzt noch: Wenn der Benutzer seine Zahl eingegeben hat, soll er auch auf die „Return"-Taste drücken können, statt auf den Button zu klicken.

Hier müssen wir gar nichts programmieren, sondern können dies als Eigenschaft des Formulars festlegen:

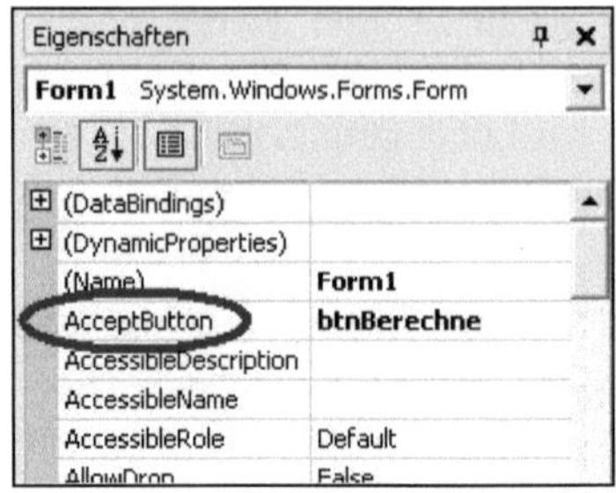

Die Eigenschaft „AcceptButton" gibt an, welcher Button „gedrückt" werden soll, wenn der Benutzer „Return" eingibt.

Wir verbessern noch etwas: Wenn der Benutzer etwas Falsches eingegeben hat, bekommt er die MessageBox angezeigt. Dort drückt er die OK-Taste. Danach soll er aber wieder direkt im Eingabefeld etwas Neues eingeben können, ohne dass er erst mit der Maus wieder in das Eingabefeld klicken muss (das muss er nämlich bei uns zur Zeit). Um es professioneller auszudrücken: Wir wollen, dass im Fehlerfall hinterher das Eingabefeld wieder „den Focus hat". In einem Formular hat immer ein Control „den Focus", das bedeutet: Alle Tastatureingaben werden zu diesem Control geleitet. (Ob ein Control den Focus hat, erkennt man an verschiedenen Dingen: Bei einer Textbox blinkt ein Cursor im Eingabefeld, bei einem Button befindet sich eine gepunktete Linie um dem Text). Nachdem der Benutzer die MessageBox geschlossen hat, hat aber der „Berechne"-Button den Focus: Alle Tastatureingaben gehen dorthin. Wenn wir also jetzt auf die „Return"-Taste drücken, hat das denselben Effekt, als wenn du den Button noch mal angeklickt hättest.

Also, wir wollen, dass das Eingabefeld den Focus bekommt, denn dies ist so üblich. Hierzu bietet die TextBox (nicht nur die TextBox, sondern jedes Control) die Methode „Focus" an:

```
    Private Sub btnBerechne_Click(ByVal sender As System.Object, ByVal _
e As System.EventArgs) Handles btnBerechne.Click
        If txtEingabe.Text = "" Then
            MessageBox.Show("Hey, du sollst etwas eingeben!")
            txtEingabe.Focus()
            Exit Sub
        End If
        If Not IsNumeric(txtEingabe.Text) Then
            MessageBox.Show("Ich sagte: Eine Zahl eingeben!")
            txtEingabe.Focus()
            Exit Sub
        End If
        If txtEingabe.Text > 10000 Then
            MessageBox.Show("Puh, die Zahl ist mir zu groß!")
            txtEingabe.Focus()
            Exit Sub
        End If
        lblQuadrat.Text = txtEingabe.Text * txtEingabe.Text
    End Sub
```

Noch etwas ist üblich: Wenn der Benutzer seinen Fehler korrigieren soll, sollte der komplette Text, den er eingegeben hatte, „selektiert", d.h. blau hinterlegt sein. Auf diese Weise kann er sofort lostippen, ohne erst seinen alten Unsinn löschen zu müssen: Der erste Tastendruck überschreibt den alten Inhalt.

Dieses Selektieren erreichen wir mit Hilfe der Methode „SelectAll", die uns die TextBox zur Verfügung stellt:

```
    Private Sub btnBerechne_Click(ByVal sender As System.Object, ByVal _
e As System.EventArgs) Handles btnBerechne.Click
        If txtEingabe.Text = "" Then
            MessageBox.Show("Hey, du sollst etwas eingeben!")
            txtEingabe.Focus()
            Exit Sub
        End If
        If Not IsNumeric(txtEingabe.Text) Then
            MessageBox.Show("Ich sagte: Eine Zahl eingeben!")
            txtEingabe.Focus()
            txtEingabe.SelectAll()
            Exit Sub
        End If
        If txtEingabe.Text > 10000 Then
            MessageBox.Show("Puh, die Zahl ist mir zu groß!")
            txtEingabe.Focus()
            txtEingabe.SelectAll()
            Exit Sub
        End If
        lblQuadrat.Text = txtEingabe.Text * txtEingabe.Text
    End Sub
```

Bemerkung: Im ersten Fehlerfall brauchen wir kein „SelectAll“, da es bei einem leeren Eingabefeld nichts zu selektieren gibt.

Etwas ist nervig: Ich muss die gleichen Befehle mehrmals an verschiedenen Stellen einfügen. Um dies zu vermeiden, hat man Subroutines erfunden. Da dies ein wichtiger Begriff ist, bekommt er ein eigenes Unterkapitel.

Subroutines

Subroutines kennen wir schon: Sie fangen mit ... `Sub` an und hören mit `End Sub` auf (die Punkte deshalb, weil es neben `Private Sub` auch noch andere Varianten gibt, z.B. `Public Sub` – das kommt wieder später).

Bisher haben wir nur Subroutines erstellt, die Events behandeln. Jetzt machen wir eine Subroutine, die nichts mit Events zu tun hat, sondern nur einen Teil Code auslagert:

```
    Private Sub btnBerechne_Click(ByVal sender As System.Object, ByVal _
e As System.EventArgs) Handles btnBerechne.Click
        If txtEingabe.Text = "" Then
            MessageBox.Show("Hey, du sollst etwas eingeben!")
            Fehlerbehandlung()
            Exit Sub
        End If
        If Not IsNumeric(txtEingabe.Text) Then
            MessageBox.Show("Ich sagte: Eine Zahl eingeben!")
            Fehlerbehandlung()
            Exit Sub
        End If
        If txtEingabe.Text > 10000 Then
            MessageBox.Show("Puh, die Zahl ist mir zu groß!")
            Fehlerbehandlung()
            Exit Sub
        End If
        lblQuadrat.Text = txtEingabe.Text * txtEingabe.Text
    End Sub

    Private Sub Fehlerbehandlung()
        txtEingabe.Focus()
        txtEingabe.SelectAll()
    End Sub
```

Was haben wir hier getan?

- Die Zeilen **`txtEingabe.Focus()`** und **`txtEingabe.SelectAll()`** haben wir in eine eigene Subroutine verlagert, die wir „Fehlerbehandlung“ nennen.

- Dort, wo diese Zeilen bisher standen, rufen wir nun diese Subroutine auf, indem wir einfach ihren Namen hinschreiben.

Anmerkungen:

- Die Klammern hinter „Fehlerbehandlung“ sehen etwas merkwürdig aus, bekommen aber gleich ihren Sinn
- Auch im ersten Fehlerfall wird jetzt, durch die Verwendung der Subroutine, ein „SelectAll“ durchgeführt. Dies schadet aber nichts: Es wird bei einem leeren Text alles, also gar nichts, selektiert.

Im Detail ist der Ablauf des Programms wie folgt, wenn der Benutzer etwas Falsches eingibt:

- Es wird festgestellt, dass etwas Falsches eingegeben wurde, bspw. eine zu große Zahl.
- Dann wird die Zeile mit der MessageBox ausgeführt.
- Das Programm hält hier an und wartet, bis der Anwender auf „ok“ gedrückt hat.
- Dann kommt die Zeile „Fehlerbehandlung“ dran. Hier springt das Programm aus der Click-Routine heraus in die Subroutine „Fehlerbehandlung“ und läuft dort weiter
- Dort werden jetzt die beiden Zeilen Code durchlaufen, die sich in dieser Routine befinden.
- Beim `End Sub` wird die Routine verlassen und in die Click-Routine zurückgesprungen, und zwar an die Stelle, an der sie vorher verlassen wurde.
- Danach geht es dort weiter bis zum Ende dieser Routine

Diesen Ablauf können wir uns sogar ansehen. Dies ist aber wieder ein eigenes Kapitel für sich, nämlich das Thema „Debugging“. Wir unterbrechen also an dieser Stelle unser jetziges Kapitel und schieben dieses Thema ein – genau wie bei einer Subroutine werden wir später den Faden an dieser Stelle wieder aufnehmen.

Debugging

„Debugging“ ist ein merkwürdiger Begriff, den man wörtlich mit „Entkäfern“ übersetzen müsste. Wo kommt dieser Begriff her?

Er stammt aus der Zeit, als Computer noch nicht auf oder unter einen Tisch passten, sondern ganze Räume ausfüllten. Diese, aus unserer heutigen Sicht, urzeitlichen Monster bestanden in ihrem Inneren aus einem Verhau von Kabeln, Transistoren, und sonstigem elektronischem Geraffel.

Es begab sich also zu jener Zeit, dass ein solcher Computer sich fehlerhaft verhielt: Er tat nicht das, was man von ihm erwartete. Nach einer Weile kam man auf die Ursache: Ein kleiner Käfer hatte sich zwischen den Kabeln eingenistet und brachte die Schaltungen durcheinander. Nachdem man diesen Störenfried beseitigt hatte, funktionierte alles wieder. Fortan war jeder Fehler eines Computers ein „Bug“, also „Käfer“, und das Entfernen von Fehlern ist das „Debugging“.

Wie wichtig das Thema „Debugging“ ist, siehst du daran, dass es im Visual Studio einen eigenen Menüpunkt „Debuggen“ gibt (der Begriff „Entkäfern“ hat sich im Deutschen nicht durchgesetzt, also verwendet man diesen deutsch-englischen Mischmasch). Ich benutze im Folgenden lieber gleich das englische „Debugging“ statt „Debuggen“.

Wenn ein Programm nicht das tut, was es soll, muss man herausfinden, warum dies so ist. Hierzu dient das Debugging. Als Hilfsmittel benutzt man hierbei u.a. folgende Dinge:

- Man setzt Haltepunkte im Programm. Wenn das Programm einen solchen Haltepunkt (engl. „Breakpoint“) erreicht hat, hält es an.
- Ausgehend von einem Haltepunkt, geht man Schritt für Schritt durch ein Programm, um zu sehen, wo das Programm lang läuft
- Man schaut sich zu jedem Zeitpunkt den Inhalt von Variablen an (was das ist, sehen wir später)

Fangen wir also damit an, einen Haltepunkt zu setzen. Hierfür klickt man neben der Zeile, an der das Programm anhalten soll, ganz links neben der Zeile in den grauen Bereich. Die Zeile wird daraufhin braun hinterlegt, und es erscheint ein brauner Punkt in dem grauen Bereich, als Kennzeichen für einen Haltepunkt an dieser Stelle. Führen wir dies mal direkt in der ersten Zeile des Eventhandlers durch:

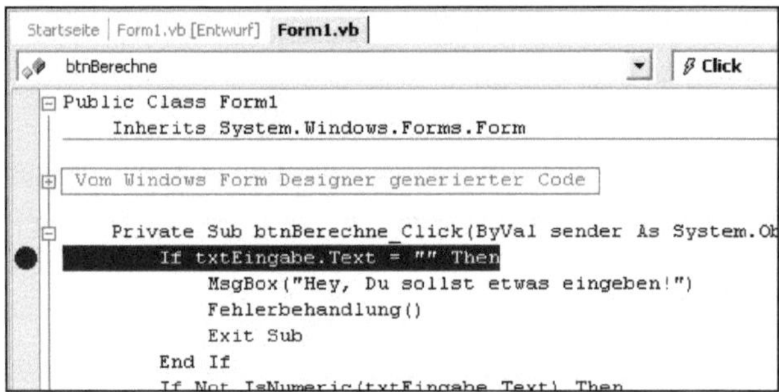

Statt mit der Maus links neben die Zeile zu klicken, kann man auch die „F9“-Taste drücken, dies setzt einen Haltepunkt an der Stelle, an der man sich mit dem Cursor gerade befindet.

Jetzt starten wir wie gewohnt unser Programm, geben als Wert eine Zahl größer als 10000 ein, und drücken den Button. Daraufhin hält das Programm an der markierten Stelle an:

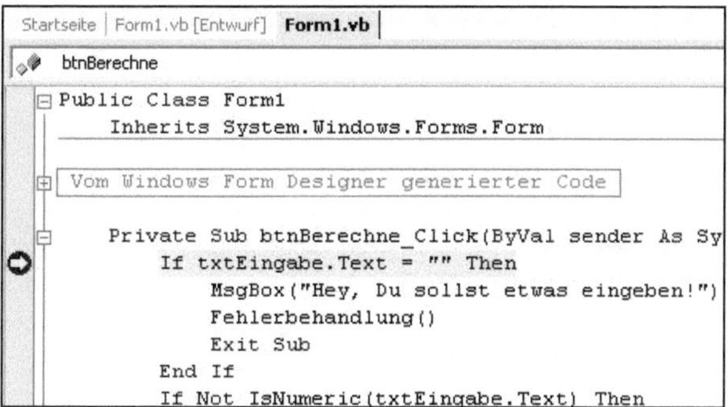

Der gelbe Zeiger und die gelbe Hinterlegung des Codes zeigt immer die Stelle an, die als nächstes ausgeführt wird.

Drück jetzt die „F10“ Taste. Dadurch wird der nächste Schritt ausgeführt. Da wir in das Eingabefeld etwas eingegeben haben, wird die `If`-Anweisung übersprungen, und wir landen direkt beim `End If`:

```
    Private Sub btnBerechne_Click(ByVal sender As System
        If txtEingabe.Text = "" Then
            MsgBox("Hey, Du sollst etwas eingeben!")
            Fehlerbehandlung()
            Exit Sub
        End If
        If Not IsNumeric(txtEingabe.Text) Then
            MsgBox("Ich sagte: Eine Zahl eingeben!")
```

Springe jetzt mit „F10“-Schritten weiter durch das Programm. Die letzte If-Bedingung ist erfüllt, also wird eine MessageBox geöffnet. Dies geschieht jetzt auch im Debugging-Modus, die MessageBox geht auf, und wartet darauf, dass der Anwender OK drückt.

Wenn du dies getan hast, bist du danach wieder bei der nächsten Anweisung im Code, also in der Zeile mit dem Subroutinen-Aufruf „Fehlerbehandlung()“.

```
        If Not IsNumeric(txtEingabe.Text) Then
            MsgBox("Ich sagte: Eine Zahl eingeben!'
            Fehlerbehandlung()
            Exit Sub
        End If
        If txtEingabe.Text > 10000 Then
            MsgBox("Puh, die Zahl ist mir zu groß!'
            Fehlerbehandlung()
            Exit Sub
```

An dieser Stelle gibt es jetzt 2 Möglichkeiten: Drückt man wiederum „F10“, werden die Einzelschritte innerhalb der Subroutine nicht angezeigt (ausgeführt werden sie aber trotzdem!), und die gelbe Markierung steht auf dem Exit Sub. Drückt man hingegen „F11", so wird in die Subroutine gesprungen, und man kann dort alles nachverfolgen. Also, drücken wir mal „F11":

```
        lblQuadrat.Text = txtEingabe.Text
    End Sub

    Private Sub Fehlerbehandlung()
        txtEingabe.Focus()
        txtEingabe.SelectAll()
    End Sub
End Class
```

Wir stehen jetzt am Anfang der Subroutine. Mit „F10" können wir jetzt im Einzelschritt durch die Subroutine gehen. Falls wir diese aber nicht alles bis zum Ende durchschreiten wollen, können wir auch die Shift-Taste und „F11" gleichzeitig drücken, und springen dadurch sofort aus der Subroutine heraus wieder in die Hauptroutine.

Auf diese Weise können wir Schritt für Schritt nach verfolgen, wo unser Programm entlang läuft. Falls es uns irgendwann reicht, können wir auch „F5" drücken, und das Programm läuft ungebremst weiter, eventuell bis zum nächsten Haltepunkt, den man gesetzt hat.

Wer sich diese verschiedenen Tasten – F10, F11, Umschalt+F11 – nicht merken will, kann auch auf die entsprechenden Buttons in der Symbolleiste drücken:

Der linke Button ist für den „Einzelschritt" (F11), der mittlere für den „Prozedurschritt" (F10), der rechte für den Rücksprung (Shift+F11). Zu guter Letzt hat man diese Befehle auch über das „Debuggen"-Menü zur Verfügung.

Es gibt sogar die Möglichkeit, während des Programmablaufs an einer andern Stelle weiter zu machen. Hierzu verschiebt man mit der Maus einfach den gelben Zeiger: Mit der Maus auf den gelben Zeiger gehen, die Maustaste drücken, und bei gedrückter Maustaste den Zeiger auf die Anweisung verschieben, die als nächstes ausgeführt werden soll. Hierbei kann man vorwärts oder rückwärts springen:

```
            Exit Sub
        End If
        If Not IsNumeric(txtEingabe.Text) Th
            MsgBox("Ich sagte: Eine Zahl ein
            Fehlerbehandlung()
            Exit Sub
        End If
        If txtEingabe.Text > 10000 Then
            MsgBox("Puh, die Zahl ist mir zu
```

Dieses Vorgehen ist allerdings mit Vorsicht zu genießen, denn es kann im Ablauf unerwartete Folgen haben, wild im Programm hin- und herzuspringen.

Haltepunkte entfernt man wieder durch erneutes Drücken von F9 in der betreffenden Zeile. Oder auch durch den Menüpunkt „Debuggen…Alle Haltepunkte löschen“

Soviel vorerst zum Thema „Debugging“, wir kommen immer wieder mal darauf zurück.

Jetzt aber zurück zu unserer Subroutine.

Subroutinen, Fortsetzung

Subroutinen können auch Parameter haben, das heißt Werte, die an die Subroutine übergeben werden, und die in der Subroutine dann verwendet werden.

Um dies zu demonstrieren, werden wir jetzt auch noch die MessageBox in die Subroutine verlagern. Da die MessageBox aber in den drei Fällen unterschiedliche Texte darstellen soll, müssen wir an die Subroutine übergeben, welcher Text jeweils ausgegeben werden soll. So sieht das aus:

```
    Private Sub btnBerechne_Click(ByVal sender As System.Object, ByVal _
e As System.EventArgs) Handles btnBerechne.Click
        If txtEingabe.Text = "" Then
            Fehlerbehandlung("Hey, du sollst etwas eingeben!")
            Exit Sub
        End If
        If Not IsNumeric(txtEingabe.Text) Then
            Fehlerbehandlung("Ich sagte: Eine Zahl eingeben!")
            Exit Sub
        End If
        If txtEingabe.Text > 10000 Then
            Fehlerbehandlung("Puh, die Zahl ist mir zu groß!")
            Exit Sub
        End If
        lblQuadrat.Text = txtEingabe.Text * txtEingabe.Text
    End Sub

    Private Sub Fehlerbehandlung(ByVal text)
        MessageBox.Show(text)
        txtEingabe.Focus()
        txtEingabe.SelectAll()
    End Sub
```

Wir haben jetzt definiert, dass die Subroutine einen Parameter übergeben bekommen soll: In der Definition der Subroutine steht jetzt in den Klammern:

```
    ByVal text
```

“text” ist hierbei ein Name, den wir selbst gewählt haben. Dies ist sozusagen ein „Platzhalter“ für das, was uns beim Aufruf der Subroutine übergeben wird. Diesen Platzhalter verwenden wir innerhalb der Subroutine, hier beim Aufruf der MessageBox. Beim Aufruf der Subroutine übergeben wir dann den konkreten Parameter, in unserem Fall die unterschiedlichen Texte.

Die Erklärung für das „ByVal“ verschieben wir auf später. Dieses ByVal muss ich nicht selber eingeben, sondern es wird automatisch eingefügt.

Eine Subroutine kann auch mehrere Parameter haben. Wir könnten z.B. auch noch einen Stil für die MessageBox übergeben. Wenn der Benutzer eine zu große Zahl eingegeben hat, soll vielleicht nur ein Informationssymbol dargestellt werden, in den andern Fällen ein Ausrufezeichen:

```
    Private Sub btnBerechne_Click(ByVal sender As System.Object, ByVal _
e As System.EventArgs) Handles btnBerechne.Click
        If txtEingabe.Text = "" Then
            Fehlerbehandlung("Hey, du sollst etwas eingeben!", _
MessageBoxIcon.Exclamation)
            Exit Sub
        End If
        If Not IsNumeric(txtEingabe.Text) Then
            Fehlerbehandlung("Ich sagte: Eine Zahl eingeben!", _
MessageBoxIcon.Exclamation)
            Exit Sub
        End If
        If txtEingabe.Text > 10000 Then
            Fehlerbehandlung("Puh, die Zahl ist mir zu groß!", _
MessageBoxIcon.Information)
            Exit Sub
        End If
        lblQuadrat.Text = txtEingabe.Text * txtEingabe.Text
    End Sub

    Private Sub Fehlerbehandlung(ByVal text, ByVal style)
        MessageBox.Show(text, "Hinweis", MessageBoxButtons.OK, style)
        txtEingabe.Focus()
        txtEingabe.SelectAll()
    End Sub
```

Selbstverständlich muss es nicht zwingend so sein, dass beide Parameter innerhalb der Subroutine an derselben Stelle verwendet werden: Sie können beliebig oft, an unterschiedlichen Stellen, Verwendung finden.

Wenn eine Subroutine keine Parameter hat, gibt man einfach leere Klammern an, sowohl bei der Definition der Subroutine als auch dort, wo sie aufgerufen wird. Jetzt werden auch die leeren Klammern klar, die wir bisher immer einfügen mussten.

Schmeißen wir jetzt diesen zweiten Parameter (style) wieder aus unserm Beispiel hinaus, wir brauchen ihn im Folgenden nicht mehr.

4. Anwendung: Ein Taschenrechner

Das gibt es Neues:

- Variablen und Datentypen

Wir wollen in diesem Kapitel einen Taschenrechner erstellen. Dafür müssen wir aber erstmal etwas (trockene) Theorie über „Variablen" überstehen. Damit du durchhältst, hier schon mal der Ausblick, wie am Ende des Kapitels der Taschenrechner aussieht:

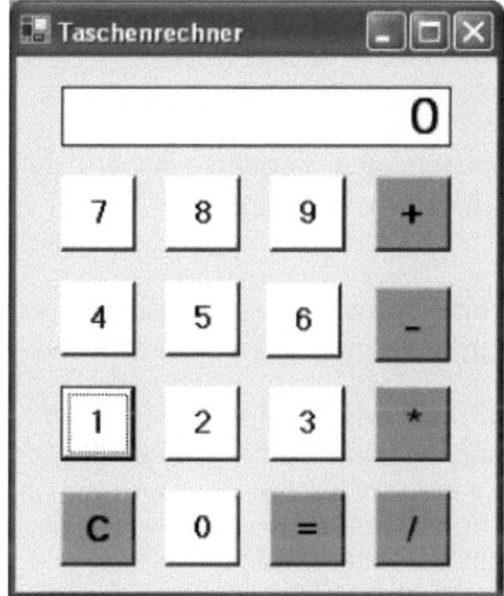

Nicht schlecht, oder?

Verwendung von Variablen

Ein Thema lässt sich nun nicht mehr vermeiden, obwohl ich mich lange drum herum gedrückt habe: Die Verwendung von Variablen. Ich bekenne mich auch schuldig, hierfür schlechten Programmierstil in Kauf genommen zu haben. Dies aber nur aus dem ehrenwerten Motiv heraus, die Sache am Anfang nicht gleich zu schwierig zu machen.

Variablen verwendet man, um Informationen zu speichern. Wir formulieren jetzt mal unser Programm aus dem letzten Kapitel um. Es wird nichts anderes tun als bisher, nur verwenden wir jetzt Variablen, um den eingegebenen und ausgerechneten Wert zwischenzuspeichern:

```
    Private Sub btnBerechne_Click(ByVal sender As System.Object, ByVal _
e As System.EventArgs) Handles btnBerechne.Click
        Dim eingabe As String
        Dim quadrat As Integer
        eingabe = txtEingabe.Text
        If eingabe = "" Then
```

```
            Fehlerbehandlung("Hey, du sollst etwas eingeben!")
            Exit Sub
        End If
        If Not IsNumeric(eingabe) Then
            Fehlerbehandlung("Ich sagte: Eine Zahl eingeben!")
            Exit Sub
        End If
        If eingabe > 10000 Then
            Fehlerbehandlung("Puh, die Zahl ist mir zu groß!")
            Exit Sub
        End If
        quadrat = eingabe * eingabe
        lblQuadrat.Text = quadrat
    End Sub
```

Durch die Dim Anweisung definieren wir eine Variable, der wir den Namen „eingabe" geben. Ferner sagen wir, von welchem Typ diese Variable sein soll: Vom Typ String. String steht für „Zeichenkette".

In der nächsten Zeile definieren wir eine weitere Variable, diesmal vom Typ Integer. Integer steht für „ganze Zahl", wobei diese Zahl zwischen -2.147.483.648 und 2.147.483.647 liegen kann.

Warum diese merkwürdigen Grenzen? 2.147.483.648 ist dasselbe wie 2 hoch 31; intern wird ein Integer-Wert in 4 „Bytes" gespeichert, und diese bieten gerade Platz für Zahlen von –(2 hoch 31) bis 2 hoch 31 – 1.

Bei der Definition einer Variablen macht man also zweierlei: Man gibt der Variablen einen Namen, und man sagt, von welchem Typ sie sein soll.

Als Name kann man eine beliebige Kombination aus Buchstaben und Ziffern verwenden, auch das Zeichen „_" kann benutzt werden. Allerdings darf der Name nicht mit einer Ziffer beginnen. Groß- und Kleinschreibung spielt bei den Namen keine Rolle, „MeineVariable" ist dasselbe wie „meinevariable". Du solltest immer aussagekräftige Namen wählen, dass macht das spätere „Durchfinden" durch das eigene Programm wesentlich leichter.

Die wichtigsten Datentypen sind:

Typ	*Mögliche Werte*
Boolean	**True** oder **False**.
Char	Ein einzelnes Zeichen
Double	Kommazahl
Integer	Ganze Zahl von -2.147.483.648 bis 2.147.483.647.
Long	Ganze Zahl von -9.223.372.036.854.775.808 bis 9.223.372.036.854.775.807.
String	Zeichenkette

Der Typ Boolean kann also nur 2 Werte annehmen: True (="Wahr") oder False (="Falsch").

`Char` kann nur ein einzelnes Zeichen aufnehmen.

`Long` wird dann verwendet, wenn ein `Integer` von seiner Größe her nicht ausreicht.

Ein paar Beispiele für Variablen und die Zuweisung von Werten:

```
Dim i As Integer
Dim c As Char
Dim s As String
Dim d As Double
Dim b As Boolean

b = True
s = "Hallo, VB.Net"
i = 1000
d = 3.14   ' 3 Komma 14: Als "Komma" wird der Punkt verwendet!
c = "X"c   ' Ein Char wird durch ein angehängtes kleines c gekennzeichnet
```

Variabeln weist man also Werte zu. Dies können auch wieder andere Variablen sein:

```
Dim i As Integer
Dim j As Integer

i = 5
j = i
j = j + 1
```

i ist hier am Ende 5, j ist 6.

Man kann auch mehrere Variablen auf einmal definieren:

```
Dim i,j,k As Integer
```

Variablen sind nur innerhalb der Subroutine „bekannt“, in der ich sie definiere. Folgendes ist also falsch:

```
Public Class Form1
    Inherits System.Windows.Forms.Form

    Private Sub Sub1()
        Dim a As Integer
        a = 4
    End Sub

    Private Sub Sub2()
        Dim b As Integer
        b = a + 1   ' Falsch: a ist unbekannt
    End Sub
End Class
```

Definiere ich hingegen eine Variable außerhalb aller Subroutinen, aber innerhalb der Klassendefinition (irgendwo zwischen dem `Public Class...` und dem `End Class;` es ist üblich, dies vor der ersten Subroutine zu machen), so ist sie in allen Subroutinen verfügbar:

```
Public Class Form1
    Inherits System.Windows.Forms.Form

    Dim a As Integer

    Private Sub Sub1()
        a = 4
    End Sub

    Private Sub Sub2()
        Dim b As Integer
        b = a + 1    ' Richtig: a ist in allen Subs bekannt
    End Sub
End Class
```

Zeichenketten kann ich nur Variablen vom Typ „String" zuweisen, Zahlen nur Variablen vom Typ Integer, Long oder Double, Kommazahlen nur Variablen vom Typ Double (wenn wir uns mal auf die oben aufgeführten Typen beschränken, es gibt noch ein paar mehr).

Trotzdem funktionieren die folgenden Anweisungen klaglos:

```
Dim i As Integer
Dim c As Char
Dim s As String
Dim d As Double
Dim b As Boolean

s = 100
i = "55"
i = 3.7
c = "ABC"
```

Sogar die Anweisung

```
b = 45
```

bringt keinen Fehler.

Warum? VB.Net versucht, wann immer es geht, eine Typumwandlung (Fachausdruck: Eine „Konvertierung") vorzunehmen. Aus der Anweisung

```
s = 100
```

macht es

```
s = "100"
```

Aus der Zahl 100 wird also der Text „100". Genauso im umgekehrten Fall:

Aus

```
i = "55"
```

wird

```
i = 55
```

Denn VB.Net ist so schlau, festzustellen, dass der String „55" nur aus Zahlen besteht und folglich in eine Zahl umgewandelt werden kann.

Bei

```
i = 3.7
```

wird gerundet. i ist danach also 4.

Bei

```
c = "ABC"
```

wird einfach nach dem ersten Zeichen abgeschnitten, c ist also nur „A".

Was ist aber mit

```
b = 45
```

Hier gilt: Alle Zahlen, die ungleich 0 sind, werden zu `True` konvertiert, die 0 zu `False`.

Was aber wirklich nicht mehr konvertiert werden kann, ist:

```
i = "Text"
```

Der Taschenrechner

Kommen wir nun zum Taschenrechner, denn hier werden wir Variablen sinnvoll einsetzen können.

Auch wenn es auf den ersten Blick nicht so aussieht, so besteht er doch nur aus solchen Controls, die wir schon kennen:

- alle Tasten sind Buttons, denen ich lediglich eine quadratische Form gegeben habe

- das Anzeigefenster ist einfach ein Label

Zunächst mal kannst du dich also künstlerisch austoben, um eine schöne Darstellung zu erreichen: Wähle für die Buttons eine schöne Hintergrundfarbe, eine größere Schrift, und was dir sonst noch einfällt. Um ein schönes Anzeige-Label hinzubekommen, solltest du folgende Eigenschaften berücksichtigen:

- BorderStyle: Mit „FixedSingle“ wird ein Rand um das Label gezeichnet
- Font: Wähle z.B. „Courier New“, denn da werden alle Zeichen gleich breit dargestellt
- TextAlign: Gibt die Ausrichtung des Texts innerhalb des Labels an, wähle hier „MiddleRight“
- Text: Hier solltest du eine 0 eintragen, so stellt sich nun mal ein Taschenrechner am Anfang dar.

Die Namen der einzelnen Buttons kannst du meinem Code unten entnehmen.

Kommen wir zum Programmieren. Zunächst mal wollen wir für alle Buttons den Click-Event benutzen, also erzeuge als erstes mal die entsprechenden leeren Subroutinen.

Beschäftigen wir uns mal mit den Ziffern. Was passiert bei einem Taschenrechner, wenn ich eine Ziffer eingebe? Nun, das kommt darauf an, ob ich vorher schon eine andere Ziffer gedrückt hatte. Wenn ich die Ziffernfolge 1-2-3 eingebe, geschieht doch Folgendes:

- Ich tippe eine 1 ein. Diese wird in der Anzeige dargestellt
- Dann tippe ich die 2. Daraufhin rutscht die 1 eine Stelle nach links, und die 2 wird angehängt. In der Anzeige steht also eine 12
- Dann tippe ich die 3. Das bisher vorhandene rutscht wieder eine Stelle nach links, und die 3 wird angehängt. In der Anzeige steht eine 123

Statt „rutscht eine Stelle nach links“ kann man auch sagen: Die bestehende Zahl wird mit 10 malgenommen und die neue Zahl hinzuaddiert.

Setzen wir dies mal ins Programm um: Wir definieren eine Variable „Ziffernspeicher“ vom Typ „Integer“, in der wie die bisher entstandene Zahl speichern. So sieht das aus:

```
Public Class Form1
    Inherits System.Windows.Forms.Form

    Dim Ziffernspeicher As Integer

    Private Sub btn0_Click(ByVal sender As System.Object, ByVal _ e As
System.EventArgs) Handles btn0.Click
        ClickZahl(0)
    End Sub

    Private Sub btn1_Click(ByVal sender As System.Object, ByVal _ e As
System.EventArgs) Handles btn1.Click
        ClickZahl(1)
    End Sub
```

```
    Private Sub btn2_Click(ByVal sender As System.Object, ByVal _ e As
System.EventArgs) Handles btn2.Click
        ClickZahl(2)
    End Sub

        ' usw. Bis 9

    Private Sub ClickZahl(ByVal zahl As Integer)
        Ziffernspeicher = Ziffernspeicher * 10 + zahl
        lblAnzeige.Text = Ziffernspeicher
    End Sub
End Class
```

Es ist natürlich sinnvoll, alle Tastenklicks in einer gemeinsamen Subroutine („ClickZahl") abzuhandeln. Diese funktioniert auch schon bei der ersten eingetippten Zahl: Der Ziffernspeicher ist da noch 0, diese wird mit 10 malgenommen und die Zahl dazu addiert: Also steht nur, wie gewünscht, die Zahl selbst im Speicher.

Was passiert nun, wenn ein „Plus" gedrückt wird? Mehrere Dinge:

- zunächst mal ist es das Kennzeichen, dass eine Zahl jetzt fertig getippt ist
- das „Plus" selber wird nicht sofort ausgeführt, denn es fehlt ja noch die zweite Zahl, die dazuaddiert werden soll
- aber: vielleicht gibt es doch schon was zu rechnen, denn man kann ja auch eine Folge von Operationen eintippen: 11+12+13+14….Nehmen wir an, wir befinden uns gerade beim zweiten Plus, dann ist jetzt der Zeitpunkt, die 11 und die 12 zusammenzuzählen.

Damit wir diese Rechnerei 11+12 durchführen können, müssen wir uns also die komplette erste Zahl gemerkt haben, uns ferner gemerkt haben, dass die erste Rechenoperation ein „+" war (denn die Aufgabe könnte ja genauso auch 11-12+… gewesen sein), und beides dann mit dem augenblicklichen Ziffernspeicher zusammenbringen.

Wir brauchen also zwei zusätzliche Variablen, in denen wir uns etwas merken:

„Zahlenspeicher": Speichert die vollständige erste Zahl

„Operation": Hier speichern wir uns die gewünschte Rechenoperation, einfach als String, in den wir „+"„-", „*" oder „/" hineinschreiben.

```
    Private Sub btnPlus_Click(ByVal sender As System.Object, ByVal e As _
System.EventArgs) Handles btnPlus.Click
        Berechne()
        Operation = "+"
    End Sub

    Private Sub btnMinus_Click(ByVal sender As System.Object, ByVal e _
As System.EventArgs) Handles btnMinus.Click
        Berechne()
```

```
        Operation = "-"
    End Sub

    Private Sub btnMal_Click(ByVal sender As System.Object, ByVal e As _
System.EventArgs) Handles btnMal.Click
        Berechne()
        Operation = "*"
    End Sub

    Private Sub btnGeteilt_Click(ByVal sender As System.Object, ByVal e _
As System.EventArgs) Handles btnGeteilt.Click
        Berechne()
        Operation = "/"
    End Sub

    Private Sub Berechne()
        If Operation = "" Then
            Zahlenspeicher = Ziffernspeicher
        End If
        If Operation = "+" Then
            Zahlenspeicher = Zahlenspeicher + Ziffernspeicher
        End If
        If Operation = "-" Then
            Zahlenspeicher = Zahlenspeicher - Ziffernspeicher
        End If
        If Operation = "*" Then
            Zahlenspeicher = Zahlenspeicher * Ziffernspeicher
        End If
        If Operation = "/" Then
            Zahlenspeicher = Zahlenspeicher / Ziffernspeicher
        End If
        lblAnzeige.Text = Zahlenspeicher
        Ziffernspeicher = 0
    End Sub
```

Schauen wir uns das noch mal genauer an: Wir rufen immer als erstes die „Berechne"-Routine auf. Wenn wir bisher noch keine Operation gespeichert hatten, ist dies nur das Kennzeichen, dass die Zahl jetzt fertig getippt ist, und wir schieben sie vom Ziffern- in den Zahlenspeicher. Hatten wir uns dagegen schon eine Operation gemerkt, so führen wir jetzt die entsprechende Berechnung aus: Zur gemerkten Zahl im Zahlenspeicher addieren (oder subtrahieren, …) wir die Zahl aus dem Ziffernspeicher. Das Ergebnis kommt wieder in den Zahlenspeicher. Schließlich zeigen wir den Zahlenspeicher an und setzen den Inhalt des Ziffernspeichers wieder auf 0 zurück, bereit für die Aufnahme der nächsten Ziffern. Danach kehren wir wieder in den Eventhandler zurück, wo wir uns die jeweilige Operation aufheben.

Probiere es aus! Der Taschenrechner arbeitet jetzt schon solche Folgen wie „10+2*3-24+…" richtig ab. Es fehlt jetzt nur noch das Gleichheitszeichen und die „C"-Taste.

Das Gleichheitszeichen arbeitet so ähnlich wie die anderen Operationstasten, denn auch hier müssen wir das „Berechne" aufrufen. Wir müssen es uns nur nicht merken, denn die Rechnung ist mit dem Gleichheitszeichen abgeschlossen. Trotzdem merken wir es uns, aber für einen anderen Zweck: Nach einem Gleichheitszeichen gibt es 2 Möglichkeiten, was der Benutzer als nächstes macht: Er kann entweder wieder einen Operationsbefehl eingeben, und die Rechnung mit dem augenblicklich angezeigten Wert weiterführen. Oder er tippt eine Ziffer ein, damit eine neue Rechnung beginnt.

Für den ersten Fall müssen wir gar nichts Besonderes machen, es funktioniert alles schon so. Nur wenn nach einem Gleichheitszeichen die erste Ziffer eingetippt wird, ist klar, dass eine neue Rechnung beginnt, und wir müssen den Zahlenspeicher und die Operation zurücksetzen:

```
    Private Sub btnGleich_Click(ByVal sender As System.Object, ByVal e _
As System.EventArgs) Handles btnGleich.Click
        Berechne()
        Operation = "="
    End Sub

    Private Sub ClickZahl(ByVal zahl As Integer)
        If Ziffernspeicher = 0 And Operation = "=" Then
            Zahlenspeicher = 0
            Operation = ""
        End If
        Ziffernspeicher = Ziffernspeicher * 10 + zahl
        lblAnzeige.Text = Ziffernspeicher
    End Sub
```

(Die Änderungen in ClickZahl habe ich fett gedruckt).

Beachte, dass man mit dem Schlüsselwort „And" Bedingungen miteinander verknüpfen kann, die dann beide erfüllt sein müssen, damit der If-Block ausgeführt wird. Genauso gibt es auch ein „Or".

Den letzten Button können wir schnell abhandeln, denn da müssen wir nur alle Speicher leeren:

```
    Private Sub btnC_Click(ByVal sender As System.Object, ByVal e As
System.EventArgs) Handles btnC.Click
        Zahlenspeicher = 0
        Ziffernspeicher = 0
        Operation = ""        '
        lblAnzeige.Text = Ziffernspeicher
    End Sub
```

Fertig! Wir haben einen funktionierenden Taschenrechner. Ich gebe gern zu, dass er gewisse Mängel hat, aber zu ausführlich wollte ich dieses Beispiel nicht werden lassen. Manche Mängel hast du vielleicht selbst schon bemerkt:

- Beim Dividieren wird gerundet. Hier findet eine Konvertierung statt, wie wir sie vorhin gerade besprochen haben: Dividiert man 2 Integer, so ist das Ergebnis vom Typ „Double". Da wir dies aber in einer Variablen vom Typ Integer speichern, wird konvertiert, sprich gerundet

- Wir haben nicht berücksichtigt, dass man nicht durch 0 teilen darf. Wenn wir es tun, stürzt unser Programm ab
- Ferner stürzt es ab, wenn wir eine zu lange Zahl eintippen, oder ein Ergebnis zu groß wird. Der Grund ist, das die Zahl nicht mehr in eine Integer-Variable passt

Ich hoffe, du hast dieses Beispiel einigermaßen verstanden. Ich denke, das Schwierigste war, sich überhaupt erstmal klar zu machen, wie so ein Taschenrechner funktioniert. Es war, dies sei ausdrücklich gesagt, nicht das Ziel, dass du schon von selbst dieses Programm schreiben kannst. Es sollte nur zeigen, wie nützlich Variablen sind.

Funktionen

Es wird Zeit, dass ich mal ein paar Worte über das Thema „Funktionen" verliere, da ich diese schon mehrfach benutzt habe, ohne den Begriff offiziell einzuführen.

Also, kurz und bündig: Eine Funktion ist eine Subroutine, die ein Ergebnis zurückliefert.

Um dies zu demonstrieren, kehren wir noch mal kurz in das Quadratzahl-Beispiel zurück und lagern dort die Berechnung der Quadratzahl in eine eigene Funktion aus:

```
    Private Sub btnBerechne_Click(ByVal sender As System.Object, ByVal _
e As System.EventArgs) Handles btnBerechne.Click
        Dim eingabe As String
        Dim quadrat As Integer
        Dim eingabeZahl As Integer

        eingabe = txtEingabe.Text
        If eingabe = "" Then
            Fehlerbehandlung("Hey, du sollst etwas eingeben!")
            Exit Sub
        End If
        If Not IsNumeric(eingabe) Then
            Fehlerbehandlung("Ich sagte: Eine Zahl eingeben!")
            Exit Sub
        End If
        eingabeZahl = CInt(eingabe)
        If eingabeZahl > 10000 Then
            Fehlerbehandlung("Puh, die Zahl ist mir zu groß!")
            Exit Sub
        End If
        quadrat = BerechneQuadrat(eingabeZahl)
        lblQuadrat.Text = CStr(quadrat)
    End Sub

    Private Function BerechneQuadrat(ByVal zahl As Integer) As Integer
```

```
        Dim ergebnis As Integer
        ergebnis = zahl * zahl
        Return ergebnis
    End Function
End Class
```

Welchen Typ das Ergebnis der Funktion haben soll, gebe ich bei der Definition hinter den Klammern an, hier also: `As Integer`

Ich rufe eine Funktion genauso wie eine Subroutine auf: Durch Angabe des Namens der Funktion, gefolgt von den in Klammern stehenden Parametern, wobei diese durch Kommas voneinander getrennt sind. Hat eine Funktion keine Parameter, gebe ich einfach ein leeres Klammernpaar an.

Der Unterschied ist eben nur, dass eine Funktion einen Rückgabewert liefert, den ich bspw. einer Variablen zuweisen kann, wie ich das in dem Beispiel oben getan habe:

```
        quadrat = BerechneQuadrat(eingabeZahl)
```

Das, was die Funktion als Ergebnis liefert, weise ich der Variablen `quadrat` zu.

Innerhalb der Subroutine ist der Rückgabewert das, was auf das Schlüsselwort `Return` folgt. Ich muss dafür sorgen, dass das, was ich dort hinschreibe, tatsächlich denselben Typ hat wie das, was ich in der Definitionszeile angegeben habe. Hier also: Hinter dem `Return` muß etwas stehen, was den Typ Integer ergibt.

Es ist übrigens völlig überflüssig, dass ich in der Funktion eine eigene Variable `ergebnis` definiert habe, in der ich den Rückgabewert berechne, so ginge es genauso:

```
    Private Function BerechneQuadrat(ByVal zahl As Integer) As Integer
        Return zahl * zahl
    End Function
```

In diesem Beispiel ist es etwas an den Haaren herbeigezogen, für die Berechnung des Quadrats eine eigene Funktion zu definieren, da die ganze Berechnung nur eine Zeile umfasst. Machen wir mal eine andere Funktion, bei der sich etwas mehr tut. Die folgende Funktion berechnet den Betrag der übergebenen Zahl (der Betrag einer Zahl ist die Zahl selbst ohne ein eventuell vorhandenes Minuszeichen) und gibt diesen an den Aufrufer zurück:

```
    Private Function BerechneBetrag(ByVal zahl As Integer) As Integer
        If zahl < 0 Then
            Return -zahl
        Else
            Return zahl
        End If
    End Function
```

Der Aufruf erfolgt dann wieder wie folgt:

```
        Dim betrag As Integer
            ...
        betrag = BerechneBetrag(eingabeZahl)
```

Den Rückgabewert einer Funktion kann ich also einer Variablen zuweisen. Wohlgemerkt: Kann, nicht muss! Denn auch das Folgende wäre ein zulässiger Ausdruck:

```
        BerechneBetrag(eingabeZahl)
```

Hier ignoriere ich einfach den Rückgabewert der Funktion. Es ist in diesem Fall allerdings völlig sinnlos, die Funktion überhaupt aufzurufen, wenn ich das Ergebnis gar nicht weiter verwende.

Wir haben aber schon oft eine Funktion benutzt, deren Rückgabewert wir ignoriert haben, nämlich unser gutes, altes MessageBox.Show. Auch dies ist eine Funktion und keine Subroutine: Als Rückgabewert liefert uns die Funktion, welchen Button der Anwender gedrückt hat.

Beispiel:

```
        Dim ret As DialogResult
        ret = MessageBox.Show("Nochmal spielen?", "Frage", _
MessageBoxButtons.OKCancel)
        If ret = DialogResult.OK Then
            '....
        End If
```

Der Rückgabewert der Funktion MessageBox.Show ist vom Typ DialogResult. Dies ist ein spezieller Typ, der eigens für die Rückgabewerte von „Dialogen" (wie der MessageBox) erfunden wurde und der eine Reihe von Konstanten wie DialogResult.OK, DialogResult.Cancel, usw. annehmen kann. Diese Konstante entspricht dem Button, den der Benutzer gedrückt hat. Intellisense sagt Dir, welche Konstanten es da alles gibt.

Übrigens: Die meisten Programmierer würden das obige Beispiel kürzer schreiben, nämlich so:

```
        If MessageBox.Show("Nochmal spielen?", "Frage", _
MessageBoxButons.OKCancel) = DialogResult.OK Then
            '....
        End If
```

Der Rückgabewert wird hier gar nicht erst in einer Variablen gespeichert, sondern direkt mit `DialogResult.OK` verglichen. Es mag zunächst mal etwas ungewohnt aussehen, innerhalb der If-Bedingung eine Funktion aufzurufen, aber dies funktioniert ohne Probleme: Es wird die Funktion aufgerufen, diese liefert den Rückgabewert, und dieser wird dann verglichen. Beim Vergleich tritt sozusagen an die Stelle der Funktion der Rückgabewert.

Funktionen und Subroutines fasst man unter dem Begriff „Methoden" zusammen. Sie unterscheiden sich ja auch nur darin, daß die einen einen Rückgabewert haben, die andern nicht, sind also „fast dasselbe". Daher hat man für sie einen gemeinsamen Bezeichnung geschaffen: „Methoden".

Sie sind uns schon mehrfach über den Weg gelaufen, in unterschiedlicher Art und Weise. Darüber müssen wir noch ein paar Worte verlieren:

Da gibt es zunächst Methoden wie IsNumeric: Wir rufen sie „einfach so“ in unserem Programm auf:

```
Dim a As String
'.....
If IsNumeric(a) Then
    MessageBox.Show(a & " ist eine Zahl")
Else
    MessageBox.Show(a & " ist keine Zahl")
End If
```

Im Gegensatz dazu haben wir Methoden benutzt, die mit einem Control verbunden waren:

```
txtZahl.SelectAll()
txtZahl.Focus()
```

Auch dies sind Methoden, also Subroutinen oder Funktionen, wie wir sie kennen, nur sind sie „irgendwie“ mit dem Control verbunden: Ich schreibe erst den Namen des Controls, dann einen Punkt, und danach die Methode. Dass dies auch nur ganz normale Funktionen sind, sagt uns auch Intellisense, wenn es uns beim Tippen behilflich ist:

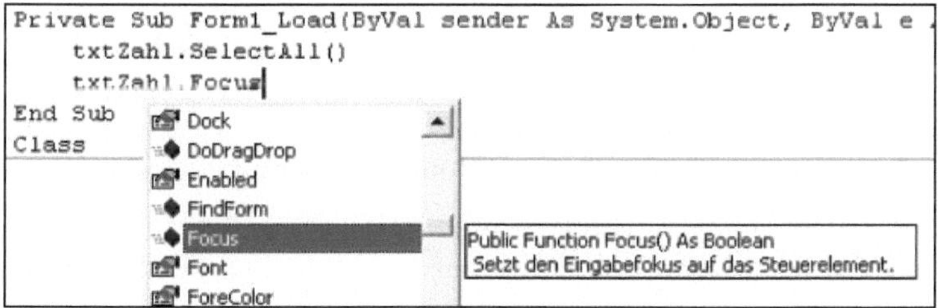

Es gibt also Methoden, die zu einem Control gehören, und solche, die quasi „frei schweben“. Darüberhinaus gibt es noch die Methoden, die wir selber definiert haben. In das alles werden wir noch Ordnung bringen.

ByVal und ByRef

Bei der Einführung der Subroutines habe ich mich um die Erklärung des `ByVal` gedrückt, dies will ich jetzt nachholen.

Das ByVal steht in der Definition von Subroutinen und Funktionen vor dem Namen der Parameter:

```
    Public Sub Erhöhe(ByVal a As Integer)
        a = a + 1
        MessageBox.Show("Der Wert von a ist: " & a)
    End Sub
```

Statt `ByVal` kann ich auch `ByRef` verwenden:

```
    Public Sub Erhöhe(ByRef a As Integer)
        a = a + 1
        MessageBox.Show("Der Wert von a ist: " & a)
    End Sub
```

Wo ist der Unterschied?

Den sieht man dann, wenn man die Subroutine benutzt:

```
    Private Sub Form1_Load(ByVal sender As System.Object, ByVal e As _
System.EventArgs) Handles MyBase.Load
        Dim b As Integer
        b = 1
        Erhöhe(b)
        MessageBox.Show("Der Wert von b ist: " & b)
    End Sub
```

Probiere es aus!

Wenn man die `ByVal`-Variante verwendet, ist der Wert von b hinterher nach wie vor 1. An die Subroutine wurde die Zahl 1 übergeben, und diese wird dort um 1 erhöht. Dies hat aber keine Auswirkung auf die Variable b „außen". Es wurde einfach ein Wert an eine Subroutine übergeben, dort findet irgendetwas damit statt, aber die aufrufende Routine berührt das alles nicht.

Anders ist es bei der ByRef-Variante. Dort wird kein Wert („Value") an die Subroutine übergeben, sondern eine „Referenz", das heißt, nur ein Verweis auf eine Variable. In der Subroutine wird quasi die Variable b der aufrufenden Routine benutzt, und diese erhöht.

Man kann es auch noch anders erklären: Im ersten Fall wird eine Kopie der Variablen erstellt und an die Unterroutine übergeben, im zweiten Fall ein „Zeiger" auf die Variable der Hauptroutine.

Bei Verwendung dieses ByRef können übergebene Parameter also verändert aus einer Subroutine zurückkommen. Wir können die Funktion „BerechneQuadrat" jetzt auch als Subroutine formulieren:

```
Private Sub BerechneQuadrat(ByVal zahl As Integer, ByRef quadrat As _
Integer)
    quadrat = zahl * zahl
End Sub
```

Wir bekommen jetzt das Quadrat nicht mehr als Rückgabewert einer Funktion, sondern es wird vom Aufrufer ein zweiter Parameter übergeben, der das Ergebnis aufnimmt:

```
    Private Sub Form1_Load(ByVal sender As System.Object, ByVal e As _
System.EventArgs) Handles MyBase.Load
        Dim q As Integer
        BerechneQuadrat(5, q)
        MessageBox.Show("Das quadrat von 5 ist " & q)
    End Sub
```

Auf diese Weise kann man auch die Einschränkung umgehen, dass eine Funktion immer nur einen Rückgabewert haben kann. Wenn man eine Methode braucht, die mehr als zwei Rückgabewerte liefern soll, verwendet man einfach eine Subroutine, und definiert ByRef-Parameter, die das Ergebnis aufnehmen.

Beispiel:

Wir wollen eine Methode haben, die zu einem gegebenen Radius den Kreisumfang und den Kreisinhalt berechnet:

```
    Private Sub BerechneKreisdaten(ByVal radius As Double, ByRef umfang _
As Double, ByRef fläche As Double)
        umfang = 2 * 3.14 * radius
        fläche = 3.14 * radius * radius
    End Sub

    Private Sub Form1_Load(ByVal sender As System.Object, ByVal e As _
System.EventArgs) Handles MyBase.Load
        Dim r, u, f As Double
        r = 3
        BerechneKreisdaten(r, u, f)
        MessageBox.Show("Bei einem Radius von " & r & " ist der " _
"Kreisumfang " & u &  " und die Fläche " & f)
    End Sub
```

Der Anwender der Subroutine muss natürlich wissen, welche der Parameter zur Eingabe dienen und in welchen das Ergebnis zurückgeliefert wird.

5. Anwendung: Zahlen raten

Das gibt es Neues in diesem Kapitel:

- Klassen und Objekte
- Rechenoperationen
- Wie man Zufallszahlen erzeugt

Klassen und Objekte

Zunächst mal eine erstaunliche Feststellung:

Wenn ich auf einem Formular ein Control einzeichne und diesem einen Namen gebe, dann wird dadurch automatisch eine Variable mit diesem Namen erzeugt.

Ja, und wo ist die Dim-Anweisung für diese Variable? Und was hat sie für einen Typ?

Die Definition der Variablen wird vor uns versteckt! Erzeuge mal einen Button auf einem Formular, und klicke danach mal auf das „Plus"-Zeichen im Code neben dem Text „Vom Windows Form Designer generierter Code": Hierdurch wird eine Menge Code sichtbar, der automatisch erzeugt wurde und standardmäßig „versteckt" wird. Hier findest du nach einigem Suchen eine Zeile

```
Friend WithEvents Button1 As System.Windows.Forms.Button
```

Vergiß jetzt mal diese neuen Schlüsselwörter `Friend WithEvents` und glaube mir jetzt einfach mal, dass dies nicht viel anderes heißt als

```
Dim Button1 As Button
```

Hier wird also eine Variable "Button1" vom Typ "Button" definiert.

Das „Aufklappen" und „Verstecken" von Codeteilen durch Anklicken des „Plus" oder „Minus"-Zeichens ist eine praktische Sache, die du auch für Deine eigenen Subroutinen benutzen kannst. Subroutinen schrumpfen dann auf die Definitionszeile zusammen.

„Button" ist ein Variablentyp, den wir bisher noch nicht kannten, und er ist von einer ganz andern Art als unsere bisher bekannten Integer, String, usw. Es gibt nämlich verschiedene Arten von Typen:

- die „Basistypen", wie ich sie jetzt nennen werde: String, Integer, usw.
- die „Klassen": Dazu gehört z.B. der Button, wie auch alle andern Controls, und noch viele, viele mehr.
- schließlich auch noch „Strukturen", wie z.B. Rectangle („Rechteck"). Strukturen haben wir bisher noch gar nicht benutzt.

In der Tat: Klassen gibt es viel mehr als Basistypen. Man kann sich auch selbst weitere hinzudefinieren, was wir später auch tun werden.

Also nochmal, weil es vielleicht erstmal verwirrend ist: „Button“, „Textbox“, etc. sind Klassen, und das einzelne Control, das ich auf der Bedienoberfläche einzeichne, ist eine Variable vom Typ „Button“, „Textbox“, usw.

Für Variablen einer Klasse oder Struktur hat man nun wieder einen eigenen Begriff erfunden (so langsam reicht es mit neuen Begriffen, oder?), nämlich den Begriff des **Objekts**. Also: Die Textbox, der ich den Namen „txtEingabe“ gebe, ist ein Objekt vom Typ „TextBox“.

Jetzt wird es vielleicht auch ein wenig klarer, warum ich von Intellisense eine so lange Liste angeboten bekomme, wenn ich tippe:

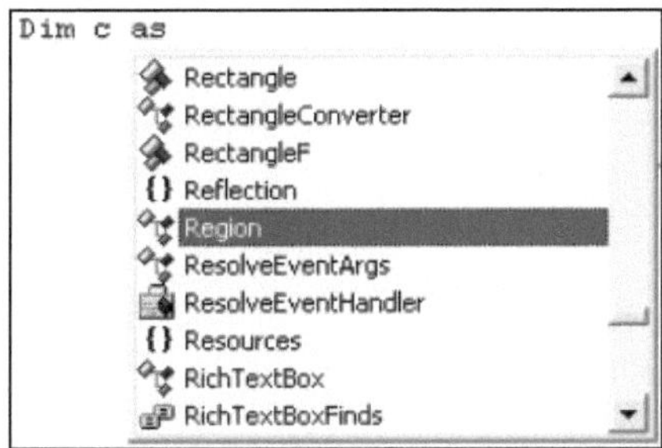

In dieser Liste taucht alles mögliche auf, Basistypen wie „Integer“, aber auch Klassen wie „Button“ oder Strukturen wie „Rectangle“. Man kann sie am Symbol unterscheiden:

Strukturen sind erkennbar an dem Symbol in der Liste:

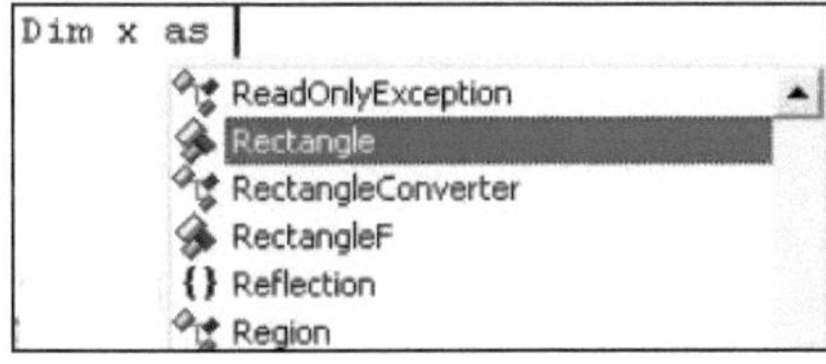

Basis-Datentypen haben das Symbol :

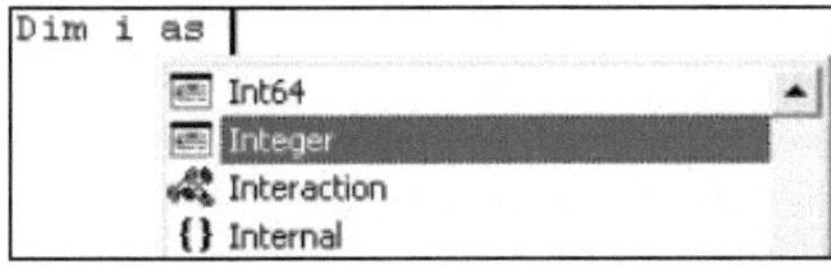

Dann haben wir noch die Klassen, erkennbar am Symbol :

Von all diesen Datentypen lassen sich also Variablen definieren:

```
Dim x As Rectangle     ' Rectangle ist eine Struktur
Dim i As Integer       ' Integer ist ein Basistyp
Dim c As Region        ' Region ist eine Klasse
```

Was macht man mit solchen Struktur- oder Klassenvariablen? Bei einer Integer-Variablen ist es ja klar, man weist ihr eine Zahl zu, oder auch eine „Berechnung“:

```
Dim i, j, s As Integer
i = 5
j = 6
s = i * j
```

Was macht man aber mit einer Rectangle- oder Region-Variablen? Wie weist man ein Rechteck oder eine Region zu?

Hier ist schon die Frage falsch: Man macht dies nicht. Eine solche Variable verwendet man in der Regel anders. Nehmen wir mal ein kleines Codestück, das Rectangle-Variablen verwendet:

```
Dim r, s As Rectangle
r.Width = 100
r.Height = 200
s = r
```

Wir definieren eine Rectangle-Variable, und setzen bei dieser die Eigenschaften `Width` (Breite) und `Height` (Höhe), durch die sich ein Rechteck definiert. Wie wir dies von Controls kennen, können wir auch bei Strukturvariablen Eigenschaften setzen (und auch Methoden aufrufen).

Auch für Klassen-Variablen gilt dasselbe (was jetzt genau eine „Region“ ist, soll uns hier gar nicht interessieren):

```
Dim c As Region
c = New Region
c.MakeEmpty()
```

Hier habe ich noch eine weitere Zeile hineingeschummelt: `c = New Region`. Bei Variablen einer Klasse braucht man nämlich zusätzlich zur Definition einer Variablen eine weitere Anweisung, die tatsächlich dann erst ein Objekt vom gewünschten Typ erzeugt, und das ist dieses `New`.

Das ist zunächst mal völlig verwirrend: Bei Variablen von Klassen reicht die Dim-Anweisung nicht aus, damit man tatsächlich ein Objekt der gewünschten Art erzeugt bekommt. Das Dim ist in diesem Fall nur so etwas wie eine „Absichtserklärung", dass diese Variable mal ein Objekt des gewünschten Typs erhalten soll. Erst durch das New wird dann tatsächlich auch ein Objekt erzeugt.

Und was ist mit der Variablen, bevor ich ihr mit diesem New ein neues Objekt zuweise?

Sie enthält im wahrsten Sinne des Wortes „Nichts". Dafür gibt es in VB.Net sogar ein eigenes Schlüsselwort `Nothing`.

Man kann diese beiden Anweisungen auch in einer Zeile zusammenfassen:

```
        Dim c As New Region
```

Wir werden das Thema Objekte später noch vertiefen. Vorerst als Regel: Wenn wir eine Variable einer Klasse definieren und von dieser auch sofort Methoden und Eigenschaften benutzen wollen, müssen wir dieses `New` einfügen.

Wenn ich also irgendwas mit einer Objektvariablen anstelle, dann mache ist das dadurch, dass ich eine ihrer Eigenschaften verwende oder eine ihrer Methoden aufrufe. Hierbei gebe ich den Namen der Variablen an, gefolgt vom Punkt, und dann der Eigenschaft oder Methode, die ich brauche:

```
txtEingabe.Enabled = True           ´ Ich verwende die „Enabled" Eigenschaft
                                    ´ des Objektes
txtEingabe.SelectAll()              ´ Ich rufe die Methode SelectAll auf.
```

Welche Methoden und Eigenschaften es jeweils gibt, ist durch die jeweilige Klasse festgelegt.

Was verblüffend ist, ist die Tatsache, dass man auch nach einer simplen Integer- oder String-Variablen einen Punkt tippen kann, und auch für diese eine Liste an Eigenschaften und Methoden angeboten bekommt:

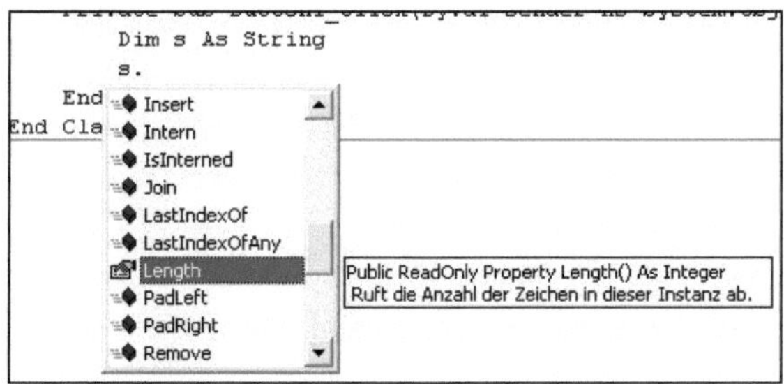

Beispielsweise gibt es da eine Eigenschaft „Length“, die die Anzahl der Zeichen des Strings liefert.

Ist denn auch die String- oder die Integer-Variable ein Objekt, weil ich dort auch den Punkt verwenden kann?

Die Antwort ist: Ja. Letzen Endes ist alles ein Objekt: Das Control, das ich auf der Bedienoberfläche ablege, genauso wie die Variable, die ich in meinem Programm definiere, gleich welchen Typ sie hat.

Im Gegensatz zu Basistypen kann man neue Klassen selbst hinzudefinieren. Dies werden wir alles noch lernen.

Übrigens: Du hast bereits selber eine Klasse definiert, ohne dass du es vermutlich bemerkt hast! Diese Klasse heißt „Form1“. Schauen wir uns noch mal den Code an, der von Anfang an vorhanden ist, wenn wir ein neues Projekt anlegen:

```
Public Class Form1
    Inherits System.Windows.Forms.Form

       " Vom Windows Form Designer generierter Code "

End Class
```

Durch die Anweisung `Public Class Form1` wird eine Klasse mit Namen Form1 definiert!

Ich hoffe, dieses Thema war nicht allzu unverständlich. Wenn du nicht alles verstanden hast: Auch nicht schlimm, Objekte und Methoden werden uns noch weiter verfolgen.

Operationen

Wir haben vorhin schon ganz kurz die Rechenoperationsbefehle erwähnt, sie sollen jetzt noch mal ausführlicher behandelt werden:

Für die 4 Grundrechenarten gibt es die Befehle +,-,* und /. Ferner gibt es den Befehl ^, der für das Potenzieren („hoch“) steht. Um das Quadrat einer Zahl zu berechnen, hätten wir in unserem Programm auch schreiben können:

```
        Dim quadrat As Integer
        Dim eingabeZahl As Integer
            ...
        quadrat = eingabeZahl^2
```

2 Strings lassen sich mit Hilfe des + oder des & hintereinander hängen.

```
        Dim s As String
```

```
s = "Schönes Wetter " + "heute!"
s = "Schönes Wetter " & "heute!"
```

Das + und das & sind im Wesentlichen gleichwertig, sie hängen die Strings hintereinander. Kleine, aber feine Unterschiede in der Benutzung gibt es, wenn es um die Konvertierung geht. Probier mal folgende 2 Varianten aus:

```
Dim i As Integer
i = 1
MessageBox.Show("i hat den Wert: " & i)
```

und:

```
Dim i As Integer
i = 1
MessageBox.Show("i hat den Wert: " + i)
```

Hier tut sich Erstaunliches: Im ersten Fall erhalten wir die erwartete MessageBox, während das zweite Programmstückchen einfach abstürzt!

Warum? Alles wieder eine Frage der Konvertierung von Integer-Variablen in Strings und umgekehrt: Das „&"-Zeichen ist reserviert für die Verkettung von Strings. Also ist VB.Net so schlau, das i zunächst in einen String umzuwandeln, und die Strings hintereinander zu hängen. Beim „+"-Zeichen ist die Sache für VB.Net nicht so eindeutig, da dies sowohl Zahlen addieren wie auch Strings verketten kann. Nun steht vor dem Plus-Zeichen ein String, dahinter ein Integer. Damit steht VB.Net vor einem Dilemma: Soll ich jetzt versuchen, aus dem String ein Integer zu machen, um 2 Zahlen zu addieren, oder soll ich aus der Zahl einen String machen? Es entscheidet sich hier für die erste Möglichkeit, und damit für die Falsche: Der String `"i hat den Wert: "` kann nicht in Integer konvertiert werden, und somit stürzt das Programm ab.

Frage: Was steht hier in den Variablen?

```
Dim s As String
Dim i As Integer

s = "1" + "1"
i = "1" + "2"
```

Anwort: In s steht "11", in i steht 3. Bei der ersten Operation werden die beiden Strings hintereinander gehängt, bei der zweiten werden beide Strings nach Integer konvertiert und zusammengezählt.

Frage: Was wird hier in der MessageBox angezeigt?

```
Dim i, j As Integer
i = 5
j = i / 2
```

```
MessageBox.Show(j)
```

Alle, die auf "2,5" getippt haben, liegen falsch, denn: j haben wir als Integer definiert. „i/2" ergibt zwar 2,5, aber danach wird in ein Integer konvertiert, sprich gerundet.

Um die „2,5" zu erhalten, müssen wir unsere Variable als `Double` definieren:

```
Dim i As Integer
Dim j As Double
i = 5
j = i / 2
MessageBox.Show(j)
```

Es gibt auch einen Operationsbefehl, der "absichtlich" nur den ganzzahligen Anteil liefert:

```
Dim i As Integer
Dim j As Double
i = 5
j = i \ 2
MessageBox.Show(j)
```

Hier kommt wieder „2" heraus. Beachte, dass der Geteilt-Strich in die andere Richtung zeigt.

Dann gibt es noch den `Mod` Befehl, der den ganzzahligen Rest einer Division liefert. Im folgenden Beispiel ist das Ergebnis „1":

```
Dim i, j As Integer
i = 5
j = i Mod 2
MessageBox.Show(j)
```

5 geteilt durch 2 ergibt "2 Rest 1". Diese 1 ist das Ergebnis des `Mod`-Befehls.

Puh, das war sehr viel Theorie in letzter Zeit. Jetzt kommt erstmal wieder etwas Praktischeres, und zwar Zufallszahlen.

Zufallszahlen

VB.Net kann uns zufällige Zahlen erzeugen. Dies ist insbesondere beim Programmieren von Spielen nützlich.

Um eine zufällige Zahl zu erzeugen, legt man

- eine Variable vom Typ „Random" an
- dieser Variablen sagt man dann beliebig oft, eine Zahl in einem bestimmten Bereich zu liefern

Beispiel: Wir erzeugen eine Zufallszahl zwischen 1 und 9 und geben das Resultat in einem „Label1“ auf der Bedienoberfläche aus:

```
        Dim rnd As New Random
        Label1.Text = rnd.Next(1, 10)
```

Wir können jetzt mit unserem frisch erworbenen Wissen glänzen: „Random“ ist eine Klasse; wenn ich eine Variable von diesem Typ benutzen möchte, muss ich dieses zusätzliche Schlüsselwort `New` benutzen, wie im vorhergehenden Abschnitt beschrieben.

Durch die Anweisung

```
      rnd.Next(1, 10)
```

sage ich der Zufallszahlvariablen, sie möge mir bitte eine ganze Zahl größer gleich 1 und kleiner als 10 liefern. Eine 1 kann also dabei herauskommen, die 10 selbst aber nicht.

Probieren wir es aus: Wir legen ein Formular mit einem Button an; jedes Mal, wenn der Button gedrückt wird, soll eine Zufallszahl erzeugt und in einem Label ausgegeben werden:

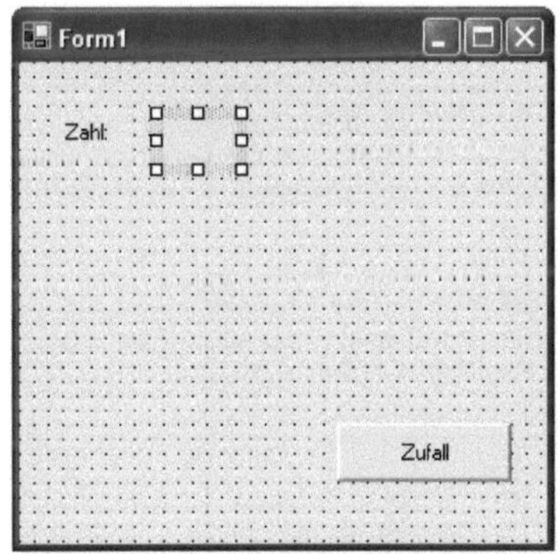

Wir haben also 2 Labels angelegt; in dem einen steht der feste Text „Zahl“, in dem andern ist der Text leer. In diesem zweiten Label soll die Zufallszahl angezeigt werden, wir geben diesem Label den Namen „lblZahl“. Der Button hat den Namen „btnZufall“.

```
Public Class Form1
    Inherits System.Windows.Forms.Form

    Private Sub btnZufall_Click(ByVal sender As System.Object, ByVal e _
As System.EventArgs) Handles btnZufall.Click
         Dim rnd As New Random
        lblZahl.Text = rnd.Next(1, 10)
    End Sub
End Class
```

Die Variable für die Zufallszahl müssen wir nicht bei jedem Mal neu erzeugen, wir können sie auch direkt im Kopf der Klasse Form1 anlegen:

```
Public Class Form1
    Inherits System.Windows.Forms.Form
    Dim rnd As New Random

    Private Sub btnZufall_Click(ByVal sender As System.Object, ByVal e _
As System.EventArgs) Handles btnZufall.Click
        lblZahl.Text = rnd.Next(1, 10)
    End Sub
End Class
```

Probier es aus! Jedes Mal, wenn der Button gedrückt wird, erscheint eine zufällige Zahl zwischen 1 und 9

Jetzt machen wir daraus ein kleines Spiel: Der Computer „denkt" sich eine Zahl zwischen 1 und 20 aus, und wir müssen erraten, welche. Nach jedem Raten erhalten wir als Hinweis, ob unsere Zahl zu groß oder zu klein war.

So soll das Ganze aussehen:

Bei Druck auf „Zahl erzeugen" wird eine neue Zufallszahl erzeugt. Nach Eingabe einer Zahl in das Textfeld drückt der Benutzer auf „Test", und das Ergebnis („Zu groß",…) wird in einem Label dargestellt.

Die Controls habe ich wie folgt benannt:

Die TextBox für die Eingabe:	txtZahl
Das Label für die Meldung:	lblHinweis
Den Test-Button:	btnTest
Den anderen Button:	btnZufall

Mit folgendem Code ist unser Programm bereits funktionsfähig:

```
Public Class Form1
    Inherits System.Windows.Forms.Form

    Dim rnd As New Random
    Dim zufallszahl As Integer

    Private Sub btnZufall_Click(ByVal sender As System.Object, ByVal e _
As System.EventArgs) Handles btnZufall.Click
        zufallszahl = rnd.Next(1, 21)
    End Sub

    Private Sub btnTest_Click(ByVal sender As System.Object, ByVal e As _
System.EventArgs) Handles btnTest.Click
        Dim z As Integer
        z = txtZahl.Text     ' Die eingegebene Zahl abholen
        If z < zufallszahl Then
            lblHinweis.Text = z & " ist zu klein!"
        End If
        If z > zufallszahl Then
            lblHinweis.Text = z & " ist zu groß!"
        End If
        If z = zufallszahl Then
            lblHinweis.Text = z & " stimmt!"
        End If
    End Sub
End Class
```

Die Variable für die Zufallszahl, die der Computer erzeugt hat, speichern wir ebenfalls im Kopfbereich von Form1, also außerhalb unserer „Subs. Zur Wiederholung: Der „Gültigkeitsbereich" einer Variablen ist immer auf die Methode beschränkt, in der sie angelegt wurde. Hier brauchen wir sie aber in beiden Subroutinen. Definiert man die Variable hingegen im Kopfbereich des Formulars, außerhalb von allen Subroutinen, so ist sie in allen Subroutinen bekannt.

Beachte bitte, dass wir hier tatsächlich zwei Variablen brauchen: „rnd" als Variable für den Zufallsgenerator, „zufallszahl" für die von diesem gelieferte Zahl.

Noch eine kleine Ergänzung zum `If`-Befehl: Wenn das, was zwischen dem `Then` und dem `End If` steht, nur aus einer einzigen Anweisung besteht, gibt es eine kürzere Schreibweise: Man kann diese Anweisung direkt hinter das `Then` schreiben und den `End If` Befehl weglassen. In unserem Beispiel:

```
    Private Sub btnTest_Click(ByVal sender As System.Object, ByVal e As _
System.EventArgs) Handles btnTest.Click
        Dim z As Integer
        z = txtZahl.Text     ' Die eingegebene Zahl abholen
        If z < zufallszahl Then lblHinweis.Text = z & " ist zu klein!"
        If z > zufallszahl Then lblHinweis.Text = z & " ist zu groß!"
        If z = zufallszahl Then lblHinweis.Text = z & " stimmt!"
    End Sub
```

Nun funktioniert unser Programm zwar, es hat doch aber einige Mängel:

- Es fehlt eine Fehlerbehandlung, wenn der Benutzer Unsinn eingibt
- Die „Benutzerführung“ ist mangelhaft
-
- Unter diesem zweiten Punkt kann man folgendes anführen:

1. Der Benutzer kann auf „Test“ drücken, auch wenn er noch gar keine Zufallszahl erzeugt hat
2. Wenn die Zahl schließlich erraten wurde, kann er trotzdem weiter testen
3. Wenn er falsch geraten hat, sollte der Focus auf dem Eingabefeld bleiben, damit er sofort wieder tippen kann
4. Statt mit der Maus auf die Buttons zu klicken, soll er auch die Return-Taste benutzen können: Nachdem er die Zahl eingegeben hat, soll die Return-Taste wie ein Klick auf den Test-Button wirken, am Anfang, oder nachdem die Zahl erraten wurde, wie ein Klick auf den „Zahl erzeugen“ Button.
5. Solange er die Zahl nicht erraten hat, sollte er nicht eine andere Zufallszahl erzeugen können
6. Wenn er, nachdem er die Zahl erraten hat, sich eine neue Zufallszahl erzeugen lässt, steht noch der alte Hinweistext da, und im Eingabefeld steht noch eine Zahl
7. Wenn er falsch geraten hat, soll er die alte Zahl sofort überschreiben können.
8. Solange keine Zahl erzeugt ist, soll er auch nichts eintippen können
9. Nachdem die Zahl erzeugt wurde, soll der Focus auf dem Eingabefeld stehen

Eine ganze Menge, was man so berücksichtigen muss, um ein „benutzerfreundliches“ Programm zu erhalten! Das ist auch meistens das, was am wenigsten Spaß bei der Programmierung macht: Man freut sich, dass das Programm funktioniert, und muss dann noch diesen ganzen „Kleinkram“ hinzufügen.

So sieht unser Listing jetzt aus; im Kommentar verweise ich auf die einzelnen Punkte aus der Liste oben. Wie du siehst, beschäftigt sich jetzt mindestens die Hälfte des Codes mit der Benutzerführung!

```
Public Class Form1
    Inherits System.Windows.Forms.Form

    Dim rnd As New Random
    Dim zufallszahl As Integer

    Private Sub btnZufall_Click(ByVal sender As System.Object, ByVal e _
As System.EventArgs) Handles btnZufall.Click
        zufallszahl = rnd.Next(1, 21)
        btnZufall.Enabled = False        ' Punkt 5
        btnTest.Enabled = False          ' erst freigeben, wenn die erste
                                         ' Zahl eingetippt ist.
        lblHinweis.Text = ""             ' Punkt 6
        txtZahl.Text = ""                ' Punkt 6
        AcceptButton = btnTest         ' Punkt 4
        txtZahl.Enabled = True           ' Punkt 8
        txtZahl.Focus()                  ' Punkt 9
```

```
    End Sub

    Private Sub btnTest_Click(ByVal sender As System.Object, ByVal e _ As
System.EventArgs) Handles btnTest.Click
        Dim z As Integer
        If Not IsNumeric(txtZahl.Text) Then
        MessageBox.Show("Das ist keine Zahl!", "Warnung", _
MessageBoxButtons.OK, MessageBoxIcon.Exclamation)
            txtZahl.SelectAll()
            Exit Sub
        End If
        z = txtZahl.Text                        ' Die eingegebene Zahl abholen
        If z < zufallszahl Then
            lblHinweis.Text = z & " ist zu klein!"
            txtZahl.SelectAll()                 ' Punkt 7
            txtZahl.Focus()                     ' Punkt 3
        End If
        If z > zufallszahl Then
            lblHinweis.Text = z & " ist zu groß!"
            txtZahl.SelectAll()                 ' Punkt 7
            txtZahl.Focus()                     ' Punkt 3
        End If
        If z = zufallszahl Then
            lblHinweis.Text = z & " stimmt!"
            btnZufall.Enabled = True   ' Punkt 5: Button wieder freigeben
            btnTest.Enabled = False     ' Punkt 2
            AcceptButton = btnZufall ' Punkt 4
            txtZahl.Enabled = False     ' Punkt 8
        End If
    End Sub

    Private Sub Form1_Load(ByVal sender As System.Object, ByVal e As _
System.EventArgs) Handles MyBase.Load
        btnZufall.Enabled = True            ' Button-Zustände am Anfang
        btnTest.Enabled = False             ' Punkt 1
        AcceptButton = btnZufall         ' Punkt 4
        txtZahl.Enabled = False             ' Punkt 8
    End Sub

    Private Sub txtZahl_TextChanged(ByVal sender As System.Object, _
ByVal e As System.EventArgs) Handles txtZahl.TextChanged
        If txtZahl.Text <> "" Then
            btnTest.Enabled = True      ' Punkt 1: Jetzt freigeben
        Else
            btnTest.Enabled = False
        End If
    End Sub
End Class
```

Ein paar Erläuterungen dazu:

- Über die Eigenschaft `Enabled` schalten wir die Buttons und auch das Eingabefeld ein und aus. Buttons mit „Enabled = False" sind ausgegraut.
- `txtZahl.Focus()` und `txtZahl. SelectAll()` kennen wir bereits.
- Der Button, der auf die Return-Taste reagiert, ist, wie wir wissen, der „Accept-Button" des Formulars. Diesen Accept-Button setzen wir um, wie wir es gerade brauchen: Mal ist es der Test-Button, mal der Button zum Erzeugen der neuen Zufallszahl. Um Eigenschaften des Formulars setzen zu können, können wir sie direkt hinschreiben: `AcceptButton = btnZufall`. Um Eigenschaften eines Controls anzusprechen, schreiben wir also <Control>.<Eigenschaft>, bei einer Eigenschaft des Formulars nur <Eigenschaft>. Dies deshalb, weil wir uns hier im Code des Formulars befinden, erkennbar an der „Einschachtelung" Class Form1 .... End Class. Alternativ kann man aber auch noch das Schlüsselwort „Me." davorhängen: Me.AcceptButton. „Me" heißt auf deutsch „Ich" und bezieht sich hier auf das Formular. Diese Schreibweise macht deutlicher, dass es sich hier um eine Eigenschaft des Formulars handelt.
- Im Load-Event des Formulars nehmen wir einige Grundeinstellungen vor.
- Ferner benutzen wir den „Changed" Event des Eingabefeldes, der jedes Mal gefeuert wird, wenn ein Zeichen eingegeben wird. Gibt man also „12" ein, wird dieser Event zweimal gefeuert. Jedesmal schalten wir hier den Test-Button frei (es schadet nichts, wenn wir dies öfter als notwendig machen, eigentlich müssten wir es nur beim ersten Zeichen machen). Wozu dient eigentlich die Abfrage, ob das Feld leer ist, der Event kommt doch nur, wenn der Benutzer tatsächlich ein Zeichen eintippt? Wir berücksichtigen hier, dass der Benutzer auch eingegebene Zeichen wieder löschen kann, bspw. mit der „Backspace"-Taste. Auch hier bekommen wir jedes Mal einen Event. Es kann also durchaus vorkommen, dass wir den Event bekommen, und das Eingabefeld ist leer. In diesem Fall wollen wir den Button wieder sperren.

Um zu überprüfen, ob der Benutzer etwas Gültiges eingegeben hat, gibt es sogar noch einen besseren Weg, als wir ihn bisher benutzt haben. Hierzu brauchen wir einen anderen Event, und zwar den „Validating"-Event. Dieser Event ist extra dazu da, um Eingabeüberprüfungen zu machen, und wird immer dann aufgerufen, wenn ein Control den Eingabefocus verliert. Es gibt ihn an jedem Control, insbesondere auch am TextBox-Control. Hierbei verwenden wir nun erstmals einen der beiden Parameter, die uns im Event-Handler übergeben werden. So sieht das aus:

```
    Private Sub txtZahl_Validating(ByVal sender As Object, ByVal e As _
System.ComponentModel.CancelEventArgs) Handles txtZahl.Validating
        If Not IsNumeric(txtZahl.Text) Then
            MsgBox("Das ist keine Zahl!", MsgBoxStyle.Exclamation)
            txtZahl.SelectAll()
            e.Cancel = True
            Exit Sub
        End If
        e.Cancel = False
    End Sub
```

Im Event machen wir also direkt die Abprüfung, hier z.B. auf „IsNumeric“ (und schmeißen diese Abprüfung aus dem Button-Click Event raus). Wenn die Abprüfung fehl schlägt, setzen wir die Eigenschaft „Cancel“ des „e“-Parameters auf „True“. Das bedeutet: Wir möchten bitte, dass die Aktion, also das Verlassen der Textbox, abgebrochen wird. Ist die Abprüfung hingegen o.k., setzen wir e.Cancel = False, d.h. die Aktion wird nicht abgebrochen, und es geht ganz normal weiter.

Der Vorteil dieses Events ist, dass wir uns nicht mehr um das „SetFocus“ und das „SelectAll“ kümmern müssen: Dies geht ganz automatisch.

Wir könnten sogar alle Abprüfungen in den Validating-Event verlagern, im Click-Event des Buttons bliebe dann nicht mehr viel übrig. Wichtig ist: Wenn im „Validating“-Event das e.Cancel auf True gesetzt wird, werden die nachfolgenden Events – also auch der Click-Event des Buttons – gar nicht mehr gefeuert.

Aufgabe:
Gib auf der Bedienoberfläche die Anzahl der Versuche aus, die der Anwender gebraucht hat, bis er die Zahl erraten hat!

6. Anwendung: Eine Stoppuhr und eine Eieruhr

Das gibt es Neues in diesem Kapitel:

- Das Timer Control
- Mouse Events

Das Timer Control

Es ist Zeit, mal wieder ein neues Control kennen zu lernen: Das Timer Control.

Wir wollen dieses Control verwenden, um eine Stoppuhr zu programmieren. So soll das Ergebnis aussehen:

Die Stoppuhr soll Minuten, Sekunden sowie Zehntel- und Hundertselsekunden anzeigen. Ferner sind 3 Button vorhanden: „Start" startet die Stoppuhr (wer hätte das gedacht), „Stop" hält sie an und „Reset" setzt auf den Wert „00:00.00" zurück.

Hierfür brauchen wir nun ein Timer-Control. Dieses findet sich in der Werkzeugleiste:

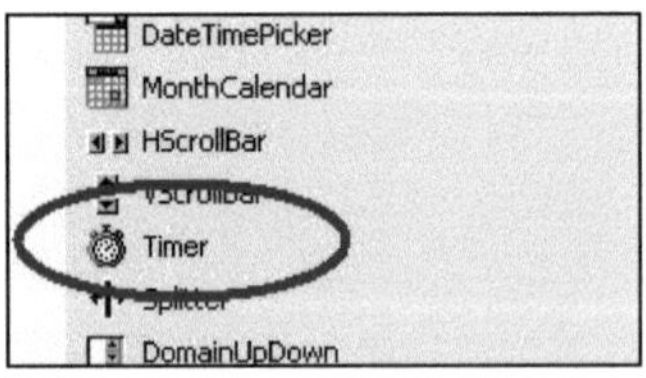

Wenn du versuchst, ein solches Control auf dem Formular zu platzieren, tut sich Erstaunliches: Das Control weigert sich, auf dem Formular Platz zu nehmen, sondern siedelt sich in dem Bereich unter dem Formular an:

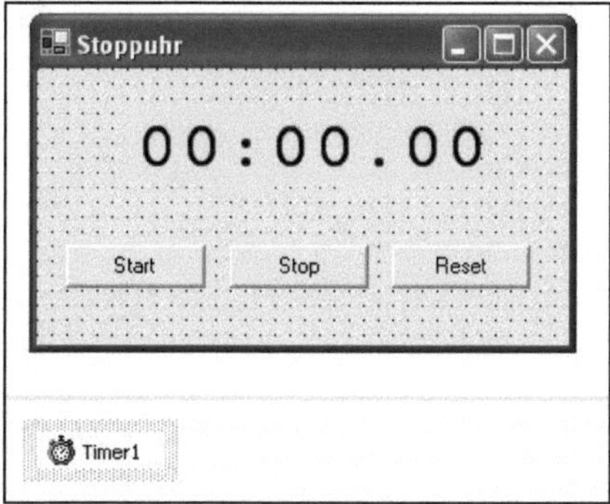

Warum das?

Ein Timer Control ist ein unsichtbares Control: Man sieht nichts davon auf der Oberfläche des Formulars. Sein einziger Zweck ist es, in bestimmten zeitlichen Abständen Events zu feuern. Die Zeitperiode kann man in den Eigenschaften des Controls unter „Interval" einstellen:

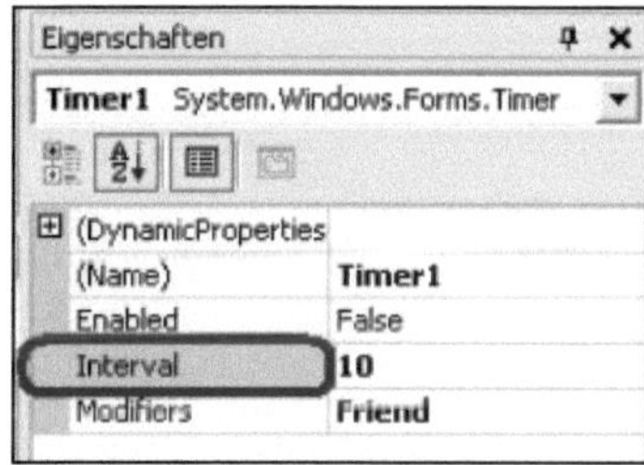

Die Angabe erfolgt immer in Millisekunden, also Tausendstel Sekunden. Wir geben hier eine „10" ein, weil wir alle Hunderstel Sekunden einen Event haben wollen (Mathematik für Anfänger: 10 Tausendstel = 1 Hundertstel).

Die wichtigste Eigenschaft des Timer-Controls ist das „Enabled". Hiermit wird der Timer ein- und ausgeschaltet. Wenn „Enabled = True" ist, werden die Events im angegebenen Intervall gefeuert, andernfalls passiert gar nichts.

Statt der Eigenschaft „Enabled" kann man auch die Methoden „Start" und „Stop" verwenden.

Wie du im Bild oben siehst, habe ich schon weitere Controls auf der Bedienoberfläche untergebracht: Die 3 Buttons sowie für jede Ziffer ein eigenes Label (ferner 2 weitere Label für den Punkt und Doppelpunkt). Über die „Font"-Eigenschaft habe ich Schriftart der Labels verändert.

Tipp: Um alle Labels gleich groß und schön in eine Reihe zu bekommen, verwende wieder die Menüpunkte „Format..Ausrichten" und „Format..Größe angleichen".

Tipp: Verwende eine Schriftart, bei der alle Zeichen gleich breit dargestellt werden, wie z.B. „Courier New", dies sieht für unsere Stoppuhr schöner aus.

Den Controls habe ich folgende Namen gegeben:

btnStart
btnStop
btnReset
lblMin1
lblMin2
lblSek1
lblSek2
lblMs1
lblMs2

So, jetzt zum eigentlichen Code, und der ist ziemlich einfach: Wir müssen nur den Event „Tick" des Timer-Controls benutzen, der in dem von uns festgelegten Interval kommt. Um einen leeren Rumpf für die Eventhandler-Prozedur zu erhalten, weißt du ja inzwischen, wie du vorzugehen hast: In der Code-Ansicht in der linken ComboBox den Timer1 auswählen, in der rechten den Tick-Event.

Bevor du das Listing unten ansiehst, kannst du ja mal selber probieren, ob du es hinbekommst.

So sieht meine Lösung aus:

```
Public Class Form1
    Inherits System.Windows.Forms.Form

    Dim ms1 As Integer
    Dim ms2 As Integer
    Dim sek1 As Integer
    Dim sek2 As Integer
    Dim min1 As Integer
    Dim min2 As Integer

    Private Sub btnReset_Click(ByVal sender As System.Object, ByVal e _
As System.EventArgs) Handles btnReset.Click
        reset()
        Darstellen()
    End Sub

    Private Sub Darstellen()
        lblMin1.Text = min1
        lblMin2.Text = min2
        lblSek1.Text = sek1
        lblSek2.Text = sek2
        lblMs1.Text = ms1
        lblMs2.Text = ms2
    End Sub

    Private Sub Timer1_Tick(ByVal sender As System.Object, ByVal e As _
System.EventArgs) Handles Timer1.Tick
```

```
        ms2 += 1
        If ms2 > 9 Then
            ms2 = 0
            ms1 += 1
            If ms1 > 9 Then
                ms1 = 0
                sek2 += 1
                If sek2 > 9 Then
                    sek2 = 0
                    sek1 += 1
                    If sek1 > 5 Then
                        sek1 = 0
                        min2 += 1
                        If min2 > 9 Then
                            min2 = 0
                            min1 += 1
                            If min1 > 5 Then
                                reset()
                            End If
                        End If
                    End If
                End If
            End If
        End If
        Darstellen()
    End Sub

    Private Sub reset()
        ms1 = 0
        ms2 = 0
        sek1 = 0
        sek2 = 0
        min1 = 0
        min2 = 0
    End Sub

    Private Sub btnStart_Click(ByVal sender As System.Object, ByVal e _
As System.EventArgs) Handles btnStart.Click
        Timer1.Start()
    End Sub

    Private Sub btnStop_Click(ByVal sender As System.Object, ByVal e As _
System.EventArgs) Handles btnStop.Click
        Timer1.Stop()
    End Sub
End Class
```

Wie immer, ein paar Erläuterungen:

1.) Ich verwende hier eine Kurzschreibweise:

Statt

```
        ms2 = ms2 + 1
```

kann man kurz schreiben:

```
        ms2 += 1
```

Dieses „+=" heißt: Erhöhe den Wert der Variablen um die angegebene Zahl. Genauso gibt es ein -=, *= und /=.

2.) Beim Start- und Stop-Button passiert nicht viel: Der Timer wird gestartet und angehalten.

3.) Es mag dir umständlich vorkommen, dass ich für jede Ziffer eine eigene Variable definiert habe (wichtig wieder: Diese müssen außerhalb der Subroutinen definiert sein, damit wir überall auf sie zugreifen können!). In der Tat würde das Programm auch funktionieren, wenn man direkt die „Text"-Eigenschaft der Labels verändert und auf die ganzen Variablen verzichtet, also etwa so:

```
    Private Sub Timer1_Tick(ByVal sender As System.Object, ByVal e As _
System.EventArgs) Handles Timer1.Tick
        lblMs2.Text = lblMs2.Text + 1
        If lblMs2.Text > 9 Then
            lblMs2.Text = 0
            lblMs1.Text = lblMs1.Text + 1
                u.s.w.
```

Dann bräuchte ich auch die "Darstellen"-Subroutine nicht.

2 Gründe, warum ich dies nicht gemacht habe:

- Es übt noch mal die Verwendung von Variablen und Subroutinen
- Es ist guter Brauch in der Programmierung, die Darstellung von der Berechnung zu trennen: Die Berechnung findet mit Variablen statt, die Darstellung zusammengefasst in einer eigenen Subroutine. Dies ermöglicht es beispielsweise, die Darstellung bei Bedarf anders zu gestalten, ohne dass man an der Programmlogik etwas ändern muss.

Noch ein Hinweis: Falls du bemerkst, dass deine Stoppuhr zu langsam läuft, kann das daran liegen, dass dein Rechner zu langsam ist: Er braucht ev. mehr als eine Hundertstelsekunde, um den Code zu durchlaufen, der zwischen 2 Timer-Ticks zu durchlaufen ist. Verzichte in diesem Fall auf die Anzeige der Hundertsel-Sekunden und begnüge dich mit den Zehntelsekunden.

Maus-Events

Jetzt wollen wir eine zweite Uhr erstellen, nämlich eine Eieruhr, und hierbei die Events näher kennen lernen, die von der Maus erzeugt werden.

Für alle, die noch nie Eier gekocht haben: Eine Eieruhr ist eine Uhr, bei der man eine Zeit (in Minuten und Sekunden) voreinstellen kann. Nach Druck auf den Startknopf wird sekundenweise heruntergezählt, bis die Zeit abgelaufen ist, woraufhin ein Signal erfolgt, das der Hausfrau (bzw. dem Hausmann, wie ich mich beeile hinzuzufügen) mitteilt, dass die Eier fertig sind.

Einem berühmten Loriot-Sketch zu Folge braucht eine gute Hausfrau allerdings keine Eieruhr, sondern hat es im Gefühl, wann die Eier fertig sind...

Die Uhr sieht so ähnlich aus wie unsere Stoppuhr, ich habe aber auf die Zehntel- und Hundertstelsekunden verzichtet:

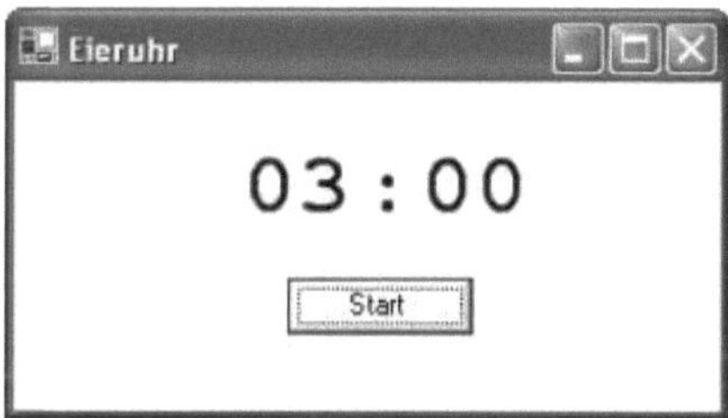

Ich habe hier, im Gegensatz zur Stoppuhr, keine separaten Label für die einzelnen Ziffern verwendet, sondern jeweils eins für die Minuten und die Sekunden (lblMin und lblSek).

Wir wollen nun eine Möglichkeit schaffen, die Zeit einzustellen, und zwar mit der Maus: Wenn der Anwender mit der linken Maustaste auf eines der beiden Label klickt, erhöht sich die Zahl angezeigte Zahl um eins, klickt er mit der rechten Maustaste, erniedrigt sie sich um eins.

Hierfür ist nun der „Click" Event das Label-Controls ungeeignet, denn dort kann man nicht herausfinden, ob mit der linken oder rechten Maustaste geklickt wurde. Wir verwenden stattdessen den MouseUp-Event (der MouseDown-Event wäre ebenso gut). Hier schauen wir nun wieder auf einen der beiden Parameter, die in dieser Subroutine definiert sind und uns von Windows übergeben werden: Der Parameter „e" liefert uns über seine Eigenschaft „Button", auf welchen Button gedrückt wurde:

```
    Private Sub lblMin_MouseUp(ByVal sender As Object, ByVal e As _
Sytem.Windows.Forms.MouseEventArgs) Handles lblMin.MouseDown
        If e.Button = MouseButtons.Left Then
                        ....
```

„MouseButtons.Left" bezeichnet die linke Maustaste (rate mal, wie die rechte heißt..).

Nun können wir schon den vollständigen Code betrachten:

```
Public Class Form1
    Inherits System.Windows.Forms.Form

    Dim sek As Integer
    Dim min As Integer

    Private Sub btnStart_Click(ByVal sender As System.Object, ByVal e _
As System.EventArgs) Handles btnStart.Click
        Timer1.Start()
        sek = lblSek.Text
        min = lblMin.Text
    End Sub

    Private Sub Timer1_Tick(ByVal sender As System.Object, ByVal e As _
System.EventArgs) Handles Timer1.Tick
        If sek = 0 Then
            min -= 1
            sek = 59
        Else
            sek -= 1
        End If
        Darstellen()
        If sek = 0 And min = 0 Then
            Timer1.Stop()
            MessageBox.Show("Die Eier sind fertig", "Klingeling!!!")
        End If
    End Sub

    Private Sub Darstellen()
        If min < 10 Then
            lblMin.Text = "0" & min
        Else
            lblMin.Text = min
        End If
        If sek < 10 Then
            lblSek.Text = "0" & sek
        Else
            lblSek.Text = sek
        End If
    End Sub

    Private Sub lblMin_MouseUp(ByVal sender As Object, ByVal e As _
System.Windows.Forms.MouseEventArgs) Handles lblMin.MouseDown
        If e.Button = MouseButtons.Left Then
            min += 1
            If min > 99 Then min = 0
            Darstellen()
        End If
        If e.Button = MouseButtons.Right Then
            min -= 1
```

```
            If min < 0 Then min = 99
            Darstellen()
        End If
    End Sub

    Private Sub lblSek_MouseUp(ByVal sender As Object, ByVal e As _
System.Windows.Forms.MouseEventArgs) Handles lblSek.MouseUp
        If e.Button = MouseButtons.Left Then
            sek += 1
            If sek > 59 Then sek = 0
            Darstellen()
        End If
        If e.Button = MouseButtons.Right Then
            sek -= 1
            If sek < 0 Then sek = 59
            Darstellen()
        End If
    End Sub
End Class
```

Bei der „Darstellen"-Subroutine musste ich etwas mehr tun, da unsere Label jetzt beide Ziffern umfassen: Wenn die jeweilige Zahl kleiner als 10 ist, muß ich eine führende Null hinzufügen.

Aus Gründen der Übersichtlichkeit habe ich auf eine Fehlerbehandlung verzichtet.

Jetzt wollen wir die Einstellung der Zeit noch etwas komfortabler machen. Dies setzt allerdings voraus, dass du eine Maus mit einem Rad hast. Wenn sich der Mauszeiger über den Sekunden oder den Minuten befindet, soll man durch Drehen des Mausrades ebenfalls die Zeit verändern können.

Für das Drehen des Rades gibt es einen eigenen Event, den „MouseWheel"-Event. Hierbei gibt es aber zunächst eine kleine Schwierigkeit: Der Event wird nicht für das Element gefeuert, über dem sich der Mauszeiger befindet, sondern für das Control, dass den Focus hat. Ein Label ist aber ein reines Beschriftungselement und bekommt von Haus aus nie den Focus; das einzige Control, das bei uns den Focus bekommt, ist der Start-Button. Folglich werden, wenn wir am Mausrad drehen, „MouseWheel"-Events für diesen Button gefeuert, egal wo der Mauszeiger sich gerade befindet.

Was ist zu tun? Wir müssen dafür sorgen, dass das Label den Focus bekommt, wenn sich der Mauszeiger in seinem Bereich befindet. Hierfür nutzen wir nun wieder einen andern Event, und zwar den „MouseEnter"-Event, der gefeuert wird, wenn die Maus den Bereich des Labels betritt:

```
    Private Sub lblSek_MouseEnter(ByVal sender As Object, ByVal e As _
System.EventArgs) Handles lblSek.MouseEnter
        lblSek.Focus()
    End Sub
```

Wenn der Mauszeiger den Bereich des Labels wieder verlässt, gibt erfolgt ein „MouseLeave"-Event. Hier setzen wir den Focus wieder zurück auf den Start-Button. Hier der komplette Code für beide Label:

```
    Private Sub lblMin_MouseEnter(ByVal sender As Object, ByVal e As _
System.EventArgs) Handles lblMin.MouseEnter
        lblMin.Focus()
    End Sub

    Private Sub lblMin_MouseLeave(ByVal sender As Object, ByVal e As _
System.EventArgs) Handles lblMin.MouseLeave
        btnStart.Focus()
    End Sub

    Private Sub lblSek_MouseEnter(ByVal sender As Object, ByVal e As _
System.EventArgs) Handles lblSek.MouseEnter
        lblSek.Focus()
    End Sub

    Private Sub lblSek_MouseLeave(ByVal sender As Object, ByVal e As _
System.EventArgs) Handles lblSek.MouseLeave
        btnStart.Focus()
    End Sub
```

Probier es aus: Wenn du mit der Maus in den Bereich eines Labels fährst, siehst du, dass der Start-Button den Focus verliert, und ihn wieder erhält, wenn die Maus diesen Bereich wieder verlässt.

Jetzt erhalten wir auch „MouseWheel"-Events für die Label. Über „e.Delta" erfahren wir, um wie viel Rasterklicks das Rad bewegt wurde. Bei einer Bewegung des Rades nach vorne ist der Wert positiv, bei einer Bewegung nach hinten negativ. Allerdings wird dieser Wert immer in Vielfachen von 120 angegeben (warum auch immer), sodaß wir ihn erst durch 120 teilen, und dann die Minuten bzw. Sekunden um diesen Wert verändern:

```
    Private Sub lblMin_MouseWheel(ByVal sender As Object, ByVal e As _
System.Windows.Forms.MouseEventArgs) Handles lblMin.MouseWheel
        Dim diff As Integer
        diff = e.Delta / 120
        min += diff
        If min > 99 Then
            min -= 100
        End If
        If min < 0 Then
            min += 100
        End If
        Darstellen()
    End Sub
```

```
    Private Sub lblSek_MouseWheel(ByVal sender As Object, ByVal e As _
System.Windows.Forms.MouseEventArgs) Handles lblSek.MouseWheel
        Dim diff As Integer
        diff = e.Delta / 120
        sek += diff
        If sek > 59 Then
            sek -= 60
        End If
        If sek < 0 Then
            sek += 60
        End If
        Darstellen()
    End Sub
```

Fertig! Wir haben eine funktionierende Eieruhr, und nebenbei noch etwas über MouseEvents gelernt.

7. Anwendung: Die wachsende Milchtüte

Das gibt es Neues in diesem Kapitel:

- Das PictureBox Control
- Die Symbolleiste
- Der OpenFileDialog
- Das Schlüsselwort „Is“

In diesem Kapitel wollen wir eine Milchtüte auf Befehl wachsen und wieder schrumpfen lassen:

Beim Drücken des „Wachsen“-Buttons soll die Milchtüte langsam größer werden, beim Drücken auf „Schrumpfen“ langsam wieder kleiner.

Das PictureBox Control

Das PictureBox Control dient dazu, Bilder darzustellen.

Das Bild, das man darstellen will, muss als Bilddatei irgendwo auf dem PC abgelegt sein. Über die Eigenschaft „Image“ gibt man den Namen der Bilddatei an.

Es gibt verschiedene Arten von Bilddateien. Diese erkennt man an der Dateiendung: Dateien mit der Endung „bmp“, „gif“, „jpg“, „ico“ (und noch viele weitere) sind Bilddateien.

Die Milchtüten-Bilddatei bspw. heißt Milk1.gif, und ich habe sie gefunden im Verzeichnis:

C:\Programme\Microsoft Visual Studio .Net 2003\SDK\V1.1\QuickStart\aspplus\images.

Du kannst aber auch jede beliebige andere Bilddatei verwenden; gut eignen sich “gif” und “jpg”-Dateien.

Kopiere deine Bilddatei am besten in dein Projektverzeichnis.

Nun platziere ein PictureBox Control auf dem Formular und nenne es „picTüte“. In der Eigenschaft „Image“ wählst du dann die Bilddatei aus. Danach sollte die Milchtüte (oder was immer du auch benutzt hast) zumindest teilweise in der PictureBox erscheinen.

Damit sich das Bild immer an die Größe der PictureBox anpasst, stellst du die Eigenschaft „SizeMode“ auf „StretchImage“.

Jetzt musst du wahrscheinlich noch etwas am Rahmen der PictureBox ziehen, damit die Milchtüte in etwa die Form hat wie bei mir.

Das Programm selbst ist ziemlich kurz:

Damit das Vergrößern und Verkleinern langsam vor sich geht, brauchen wir ein Timer Control. Dieses habe ich „tmr“ genannt.

```
Public Class Form1
    Inherits System.Windows.Forms.Form

    Dim wachsen As Boolean

    Private Sub btnSchrumpfen_Click(ByVal sender As System.Object, _
ByVal e As System.EventArgs) Handles btnSchrumpfen.Click
        tmr.Enabled = True
        wachsen = False
    End Sub

    Private Sub btnWachsen_Click(ByVal sender As System.Object, ByVal e _
As System.EventArgs) Handles btnWachsen.Click
        tmr.Enabled = True
        wachsen = True
    End Sub

    Private Sub tmr_Tick(ByVal sender As System.Object, ByVal e As _
System.EventArgs) Handles tmr.Tick
        If wachsen Then
            picTüte.Left -= 1
            picTüte.Width += 2
            picTüte.Top -= 1
            picTüte.Height += 2
```

```
        Else
            If picTüte.Width >= 4 Then   ' Nicht ganz verschwinden lassen
                picTüte.Left += 1
                picTüte.Width -= 2
                picTüte.Top += 1
                picTüte.Height -= 2
            End If
        End If
    End Sub
End Class
```

Wie du siehst, passiert beim Klicken auf die Buttons nicht viel: Wir merken uns nur in einer boolschen Variablen, ob die Tüte wachsen soll oder nicht (=Schrumpfen). Ferner stellen wir den Timer an (eventuell läuft er schon, aber das schadet ja nichts).

Das Wachsen und Schrumpfen selbst spielt sich dann im Timer-Eventhandler ab: Hier vergrößern oder verkleinern wir das Control um 1 Pixel in jeder Richtung.

Beachte: Um das Control in jeder Richtung zu vergrößern, müssen wir „Left" und „Top" um 1 vermindern, aber „Width" und „Height" um 2 erhöhen!

Aufgabe:
Erstelle ein Programm, bei dem sich eine Colaflasche selbständig über den Bildschirm bewegt. Sie beginnt mit einer Bewegung nach rechts oben. Wenn sie an den Rand des Formulars stößt, prallt sie rechtwinklig ab. Die Bewegung beginnt selbständig direkt beim Start des Programms:

Die Colaflasche findest du im selben Verzeichnis wie die Milchtüte, sie hat den Dateinamen „Soda7.gif".

Hinweis: Um festzustellen, ob die Flasche an den rechten oder unteren Rand anstößt, brauchst du die Breite bzw. Höhe des Formulars. Dieses erhältst du über:

```
ClientSize.Width bzw. ClientSize.Height.
```

Der OpenFileDialog

Wir wollen jetzt noch in unser Programm einbauen, dass der Benutzer selbst das Bild auswählen darf, das vergrößert und verkleinert wird. Zunächst mal wird die Milchtüte angezeigt, aber er soll sich selbst eine andere Bilddatei auswählen dürfen, die dann die Milchtüte ersetzt.

Für die Auswahl von Dateien gibt es einen fix und fertiges Control: Den OpenFileDialog.

Dieses Control beinhaltet einen vollständigen Dialog zur Dateiauswahl, wie du ihn aus vielen Windows-Programmen kennst. Du findest das Control ziemlich weit unten in der Toolbox:

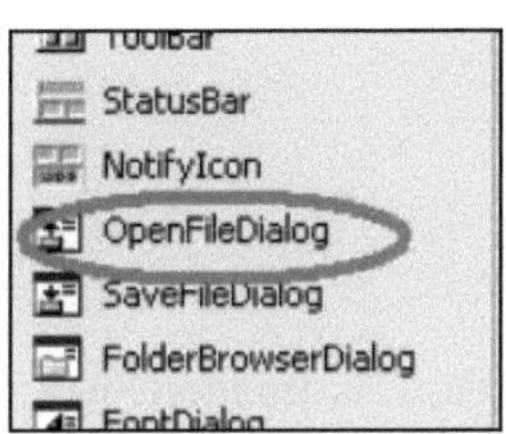

Wähle ihn aus, und ein Control mit Namen „OpenFileDialog1" siedelt sich unter unserem Formular an. Wir lassen diesen Namen jetzt mal unverändert.

Wir wollen den Benutzer den Dateinamen dann auswählen lassen, wenn er einen Doppelklick auf das Bild macht. Hier schalten wir vorsichtshalber den Timer aus und rufen diesen Dialog auf:

```
    Private Sub picTüte_DoubleClick(ByVal sender As Object, ByVal e As
System.EventArgs) Handles picTüte.DoubleClick
        Dim dateiname As String
        tmr.Enabled = False
        If OpenFileDialog1.ShowDialog() = DialogResult.OK Then
            dateiname = OpenFileDialog1.FileName
            ' Hier gehts gleich weiter
        End If
    End Sub
```

Der Aufruf des Dialogs ähnelt dem der MessageBox: Durch das „OpenFileDialog1.ShowDialog()" wird ein Dialog zur Dateiauswahl geöffnet, und der Anwender kann sich eine Datei aussuchen. Wenn er auf den „OK"-Button gedrückt hat, holen wir uns über die Eigenschaft „FileName" den Namen der ausgewählten Datei ab. Beachte: Obwohl der Dialog zu diesem Zeitpunkt bereits wieder geschlossen ist, kommen wir immer noch an diesen Namen heran!

So, jetzt müssen wir nur noch diesen Dateinamen an die PictureBox übergeben. Dieses geht über deren „Image"-Eigenschaft. Leider aber nicht in der folgenden Weise:

```
            picTüte.Image = dateiname
```

Es ist leider etwas komplizierter, denn picTüte.Image möchte ein Objekt vom Typ „Image“ zugewiesen bekommen. Versuchen wir also frohgemut, ein solches Objekt zu erzeugen, und seine Eigenschaft „Filename“ mit unserem Dateinamen zu versorgen:

```
        Dim img As New Image
        img.Filename() = dateiname
```

Das geht gleich in zweifacher Hinsicht schief: Zum einen hat Image überhaupt keine Eigenschaft “Filename”, zum andern funktioniert schon die erste Zeile nicht: Ich kann überhaupt kein Image-Objekt erzeugen!

Des Rätsels Lösung:

```
        Dim img As Image
        img = Image.FromFile(dateiname)
```

Das sieht nun völlig kurios aus, aber nur so geht es: Das Image-Objekt erzeuge ich dadurch, dass ich diese Anweisung „Image.FromFile“ benutze und den Dateinamen in Klammern angebe.

Die dazugehörige Theorie lernen wir erst später, sodass ich dich jetzt einfach bitten muss, mir das unbesehen zu glauben. So sieht jetzt unser funktionsfähiger Code aus:

```
    Private Sub picTüte_DoubleClick(ByVal sender As Object, ByVal e As _
System.EventArgs) Handles picTüte.DoubleClick
        Dim dateiname As String
        Dim img As Image
        tmr.Enabled = False
        If OpenFileDialog1.ShowDialog() = DialogResult.OK Then
            dateiname = OpenFileDialog1.FileName
            img = Image.FromFile(dateiname)
            picTüte.Image = img
        End If
    End Sub
```

Wir können dies noch kürzer schreiben, indem wir auf die img-Variable ganz verzichten:

```
    Private Sub picTüte_DoubleClick(ByVal sender As Object, ByVal e As _
System.EventArgs) Handles picTüte.DoubleClick
        Dim dateiname As String
        tmr.Enabled = False
        If OpenFileDialog1.ShowDialog() = DialogResult.OK Then
            dateiname = OpenFileDialog1.FileName
            picTüte.Image = Image.FromFile(dateiname)
        End If
    End Sub
```

Das Image-Objekt, das durch Image.FromFile erzeugt wird, weisen wir direkt der PictureBox zu.

Jetzt verbessern wir noch eine Kleinigkeit: Im Augenblick ist im Auswahldialog die untere Combobox „Dateityp“ noch leer:

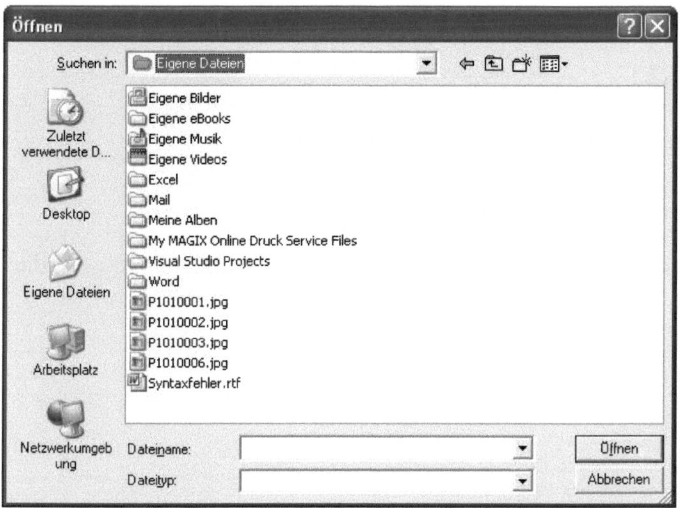

Hier macht man für gewöhnlich Vorgaben, welche Art von Dateien (mit welchen Dateiendungen) ausgewählt werden sollen. Dies machen wir jetzt auch mit Hilfe der Eigenschaft „Filter“, die wir vor Aufruf des Dialogs besetzen:

```
    Private Sub picTüte_DoubleClick(ByVal sender As Object, ByVal e As _
System.EventArgs) Handles picTüte.DoubleClick
        Dim dateiname As String
        tmr.Enabled = False
        OpenFileDialog1.Filter = _
"Metafiles (*.wmf)|*.wmf|JPEG (*.jpg)|*.jpg|Alle Dateien (*.*)|*.*"
        OpenFileDialog1.FilterIndex = 2
        If OpenFileDialog1.ShowDialog() = DialogResult.OK Then
            dateiname = OpenFileDialog1.FileName
            picTüte.Image = Image.FromFile(dateiname)
        End If
    End Sub
```

In diesem Filter-String steckt eine ganze Menge drin: Sechs Teilstrings, die durch senkrechte Striche voneinander getrennt sind. Diese Teilstrings wiederum gehören pärchenweise zusammen:

„Metafiles (*.wmf)“ ist der Text, der in der Combobox erscheint, dass daraufolgende „*.wmf“ bewirkt, dass bei Auswahl dieses Eintrags tatsächlich nur Dateien mit der Endung „.wmf“ im Fenster erscheinen.

Über die Eigenschaft „FilterIndex“ sage ich schließlich, welcher der drei Combobox-Einträge als Voreinstellung selektiert ist, in diesem Beispiel also der zweite.

Die Symbolleiste

Eine Symbolleiste, englisch „Toolbar“, gehört zu vielen Programmen. Sie befindet sich am oberen Rand des Hauptfensters und besteht aus einer Reihe von Buttons, die in mehrere Einheiten gruppiert sind. Meist befinden sich kleine Bilder auf den Buttons, manchmal auch Texte.

Auch das Visual Studio selbst hat eine Toolbar:

Wir wollen nun eine einfache Toolbar zu unserer Milchtütenanwendung hinzufügen, die nur aus 2 Buttons besteht:

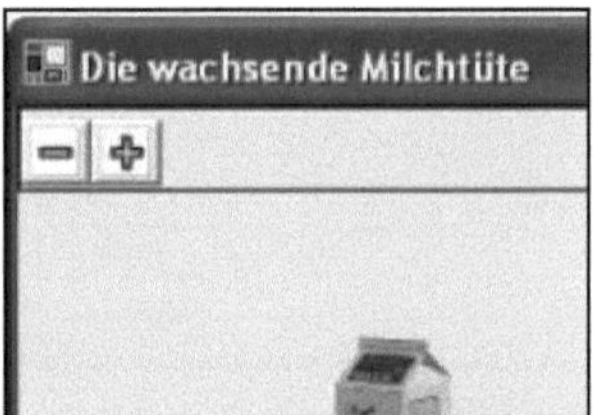

Ein Druck auf diese Buttons soll dieselbe Wirkung haben wie der Druck auf die beiden Push Buttons, also die Milchtüte wachsen und schrumpfen lassen.

Um dies zu erstellen, brauchen wir gleich 2 Elemente aus der Toolbox: Ein Toolbar-Control und ein ImageList-Control:

Das Toolbar-Control ist hierbei das Control für die Toolbar selbst, während wir die ImageList für die Bildchen brauchen, die auf den Buttons dargestellt werden.

Wenn wir diese Controls auswählen, nimmt die ImageList unterhalb des Formulars Platz, während für die Toolbar ein eigener Bereich am oberen Rand des Formulars geschaffen wird.

Kümmern wir uns zunächst um die ImageList. Bei ihren Eigenschaften finden wir die „Images“ Eigenschaft; hier klicken wir auf die drei Punkte...

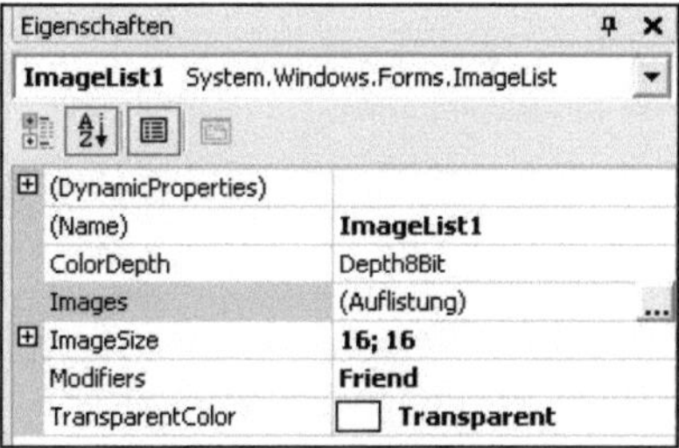

…worauf sich eine Dialogbox öffnet. Hier Klicken wir auf den „Hinzufügen"-Button, und wählen die Bilddatei für das Minuszeichen aus. Du findest sie unter

...\Programme\Microsoft Visual Studio .Net\Common7\Graphics\Bitmap\Outline\Minus.bmp

Verfahre ebenso für das Pluszeichen, die Datei heißt Plus.bmp (wer hätte das gedacht).

So sieht danach die Dialogbox aus:

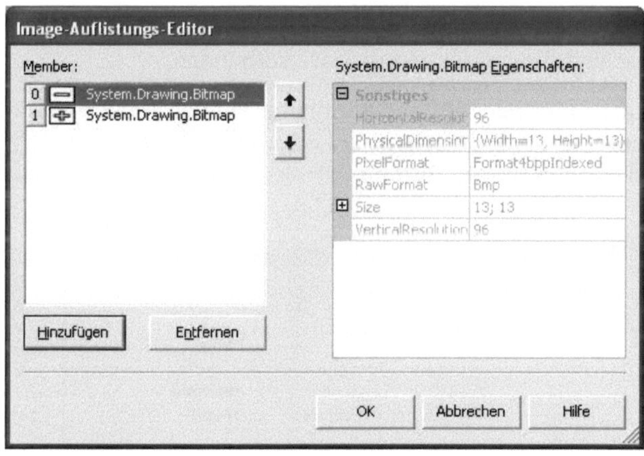

Klicke auf „OK". Damit ist die ImageList fertig.

Kümmern wir uns jetzt um die Toolbar. Bei ihren Eigenschaften stellen wir folgendes ein:

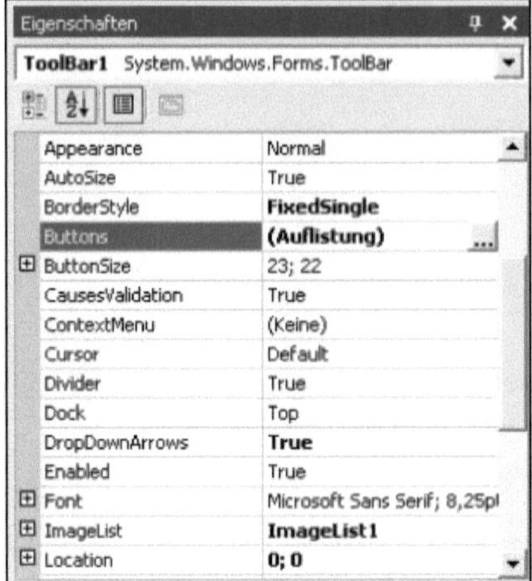

- BorderStyle: FixedSingle
- ImageList: Der Name unseres ImageList Controls, also ImageList1.

Hierdurch sind nun Toolbar und ImageList miteinander verbunden.

Jetzt müssen wir uns um die einzelnen Buttons kümmern. Hierzu klicken wir auf die drei Punkte neben der „Buttons"-Eigenschaft, und es öffnet sich eine ähnliche Dialogbox wie gerade bei der ImageList. Hier definieren wir nun unsere Buttons.

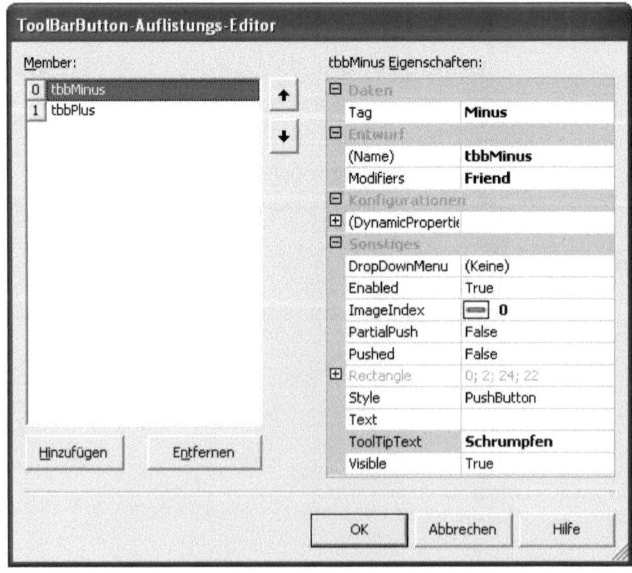

Durch Klicken auf „Hinzufügen“ fügen wir zwei neue Buttons hinzu. Im rechten Teil sehen wir die Eigenschaften des gerade selektierten Buttons. Wir geben ihnen folgende Eigenschaften:

- Name: tbbPlus bzw. tbbMinus
- ImageIndex: Hier tragen wir 0 bzw. 1 ein: Dies bezeichnet die Nummer des Bildes in der ImageListe
- ToolTipText: Hier geben wir „Schrumpfen“ bzw. „Wachsen“ ein, und erhalten auf diese Weise auch gleich ToolTip-Texte für unsere Buttons (das sind die kleinen gelben Hilfstexte, die erscheinen, wenn man mit der Maus auf das Control zeigt).

Fertig! Jetzt müssen wir nur noch dafür sorgen, dass beim Druck auf die Buttons auch tatsächlich etwas passiert, aber das ist für uns mittlerweile Routine: Wir machen einen Doppelklick auf die Toolbar, und erhalten den Rumpf für einen EventHandler für den Click-Event. Es gibt nur einen EventHandler für die ganze Toolbar, sodass wir selbst herausfinden müssen, auf welchen Button denn nun gedrückt wurde. Dieser wird uns im Parameter e, in der Eigenschaft „Button“, übergeben. Um herauszufinden, welcher Button das denn nun ist, vergleichen wir ihn mit „tbbPlus“, denn das istd er eine Button in der Symbolleiste. Die Aktionen, die dann folgen, sind dieselben wie bei den bisherigen „normalen“ Buttons. Hier ist der Code:

```
    Private Sub ToolBar1_ButtonClick(ByVal sender As System.Object, _
ByVal e As System.Windows.Forms.ToolBarButtonClickEventArgs) Handles _
ToolBar1.ButtonClick
        Dim tb As ToolBarButton
        tb = e.Button
        If tb Is tbbPlus Then
            tmr.Enabled = True
            wachsen = True
        Else
            tmr.Enabled = True
            wachsen = False
        End If
    End Sub
```

Das Schlüsselwort „Is“ muss ich noch erläutern: Wenn man zwei Objektvariablen vergleicht, verwendet man „Is“. Bei einer Zuweisung verwendet man also das Gleichheitszeichen, bei einem Vergleich (meist in einer If-Abfrage) dieses „Is“:

```
        Dim a, b As Button
        '...
        a = b   ' Zuweisung durch Gleichheitszeichen
```

aber:

```
        Dim a, b As Button
        '...
        If a Is b Then   ' Vergleich durch Is
```

Für „Ungleich“ gibt es kein spezielles Schlüsselwort, sondern man hängt ein „Not“ davor:

```
Dim a, b As Button
'...
If Not a Is b Then  ' Vergleich durch Is
```

Dies ist etwas ungewohnt, vor allem, weil dies anders ist als bei den Basistypen, wo es diesen Unterschied zwischen „Zuweisung“ und „Vergleich“ nicht gibt:

```
Dim a, b As Integer
'...
a = b  ' Zuweisung durch Gleichheitszeichen
```

und:

```
Dim a, b As Integer
'...
If a = b Then  ' Vergleich durch Gleichheitszeichen
```

8. Anwendung: Das Laufende Männchen

Das gibt es Neues in diesem Kapitel:

- Der Grafik-Editor
- Tastatur-Events
- Die Select Case Anweisung
- Konstanten

Der Grafik-Editor

Das ist der Franz:

Ihn wollen wir in diesem Kapitel durch das Fenster laufen lassen. Franz hat keinen Nachnamen, du kannst ihm ja selbst einen geben (Franz Hose? Franz Iska?).

Zunächst mal müssen wir den kleinen Kerl malen. Um solche kleinen Bildchen zu erstellen, gibt es ein kleines, in das Visual Studio eingebautes Malprogramm, den „Grafik-Editor".

Leg also zunächst mal wieder ein neues Projekt an, dem du den Namen „LaufendesMännchen" gibst. Wenn das geschehen ist, klickst du mit der rechten Maustaste im Projektmappen-Explorer auf den Projektnamen (also „LaufendesMännchen") und wählst aus dem Menü „Hinzufügen…Neues Element hinzufügen":

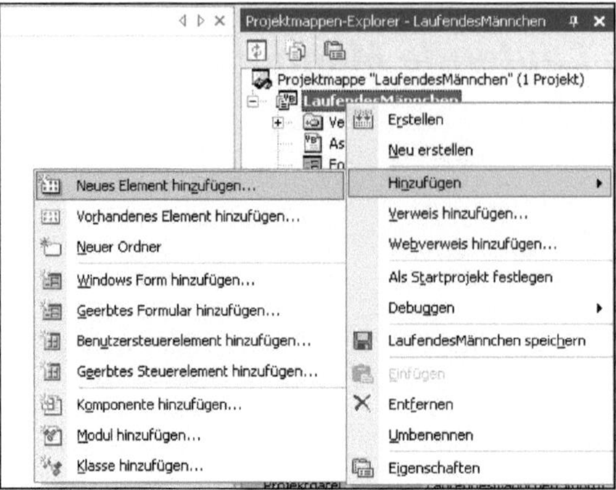

Im folgenden Fenster wählst du „Symboldatei“ aus und trägst unten „Name:“ „Franz1.ico“ ein:

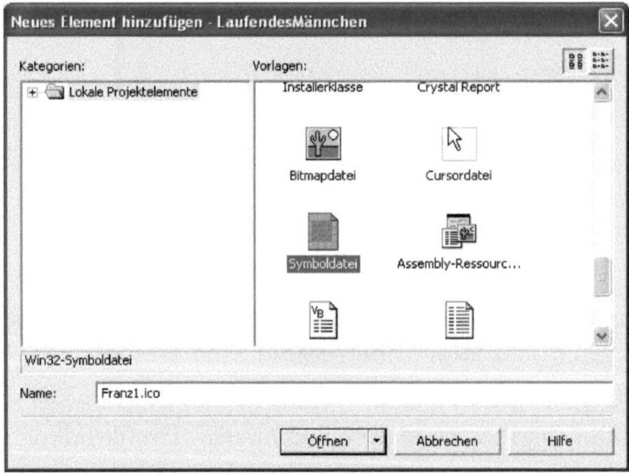

Es erscheint der Grafik-Editor. In der großen grünen Fläche kann man nun malen; dies geschieht, indem man in dem Gitter einzelne Bildpunkte setzt; diese Malfläche stellt die einzelnen Bildpunkte auf dem Bildschirm stark vergrößert dar. Wie das Bild in realer Größe dann aussieht, sieht man in dem kleinen Fenster links neben dem Großen.

Zum Malen stehen verschiedene Werkzeuge bereit, die man oben in der Symbolleiste auswählen kann:

Wie du siehst, gibt es einen Stift, einen Pinsel, eine Linie, Rechecke, Kreise, etc.

Diese Werkzeuge kennst du vielleicht schon aus dem Programm „Paint“.

Aus der linken Farbpalette kannst du die Zeichenfarbe auswählen.

Probier mal ein bisschen herum, was sich tut, wenn du mit den verschiedenen Werkzeugen zeichnest, und achte dabei auch immer auf das kleine Bild:

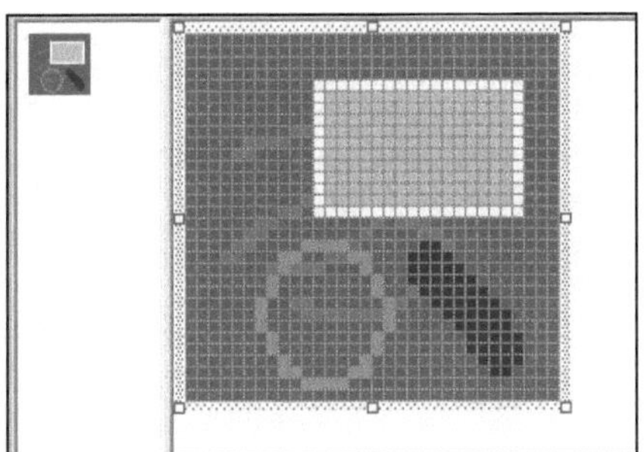

Mit dem Radiergummi kannst du immer wieder Teile ausradieren, oder auch über den Menüpunkt „Bearbeiten..Löschen“ alles wieder löschen.

Das gestrichelte Rechteck in der Symbolleiste ganz links ist kein Zeichenwerkzeug, sondern dient zum Markieren eines Rechtecks. Den markierten Bereich kann man dann bspw. kopieren („Bearbeiten..Kopieren“ und „Bearbeiten..Einfügen“).

Der grüne Hintergrund bedeutet übrigens nicht, dass der Hintergrund grün wird, sondern diese Farbe steht für „durchsichtig“. In diesem Bereich wird also der Hintergrund immer die Farbe des Fensters haben, auf dem du deine Zeichnung dann ablegst.

Wenn du genug herumprobiert hast (sehr nützlich ist immer „Bearbeiten..Rückgängig“), kannst du ja mal daran gehen, den Franz zu zeichnen. Er muss natürlich nicht ganz genauso aussehen wie meiner, Hauptsache, es kommt dabei etwas Männchen-ähnliches heraus.

Vorher wollen wir aber das Bild noch etwas größer machen: Wähle den Menüpunkt „Bild..Neuer Bildtyp“ aus und dann in der Dialogbox „64 x 64, 256 Farben“. Hierdurch haben wir einen neuen Bildtyp bekannt gegeben, den wir dann immer wieder über „Bild..Aktuelle Symbolbildtypen“ auswählen können.

Viel Spaß beim Malen! Irgendwann wirst du mit deinem Franz zufrieden sein. Speichere dann dein Bild (auf das Speichern-Symbol drücken).

Anmerkungen:
Es gibt 3 verschiedene Arten von „Bildchen“, die mit dem Grafikeditor bearbeitet wercen können: Symboldateien (die wir verwendet haben), Bitmapdateien und Cursordateien. Diese werden zu unterschiedlichen Zwecken verwendet:

- *Symboldateien werden links oben in der Titelleiste dargestellt, oder sie repräsentieren das Programm auf dem Desktop*

- *Mit Cursordateien kann man eigene Cursor erstellen und damit z.B. den standardmäßigen Pfeil ersetzen*
- *In Bitmapdateien erstellt man kleine Bildchen für beliebige Zwecke.*

Warum haben wir unseren Franz dann als Symboldatei erstellt, eigentlich wäre eine Bitmapdatei doch das geeignete? Wir haben hier die Symboldatei aus folgendem Grund „zweckentfremdet": Im Gegensatz zu Bitmapdateien gibt es hier auch eine „Hintergrundfarbe durchsichtig". Es ist auf diese Weise möglich, dass sich Franz automatisch an den grauen Formularhintergrund anpasst. Wenn wir die Hintergrundfarbe des Formulars und der PictureBox (die wir gleich verwenden werden) bspw. auf „Gelb" ändern, würde alles außer dem Franz selbst in gelb dargestellt. Mit einer Bitmap wäre dies nicht möglich: Man müsste hier explizit den Hintergrund gelb malen.

*Noch eine kleine Erläuterung zu dieser Sache mit den „Bildtypen", denn das ist etwas verwirrend: Bei Symboldateien kann ich gleich mehrere Bilder in einer Symboldatei unterbringen: Eine bspw. im Format 16*16, eine im Format 32*32, u.s.w.. Durch Auswahl eines „Bildtyps" schalte ich zwischen diesen Bildern hin- und her. Sinn der Sache ist, dass ich für verschiedene Zwecke verschiedene Formate desselben Symbols brauche.*

Tastatur-Events

Um Franz nun auf das Formular zu bekommen, brauchen wir wieder das PictureBox Control.

Wir müssen in diesem PictureBox Control unter „Image" nur den Namen der Bilddatei eingeben, also „Franz1.ico", wobei wir diese Datei im selben Verzeichnis finden, in dem unser ganzes Projekt abgelegt ist.

Wir wollen die Bilddatei erst im Programm in die PictureBox laden, das können wir ja mittlerweile. Wir legen also nur ein leeres PictureBox Control mit Namen „picFranz" auf dem Formular ab; in der „Size"-Eigenschaft tragen wir „64;64" (Pixel) ein, denn das ist die Größe unseres Bildes. Die Eigenschaft SizeMode lassen wir auf normal.

So sieht der Code aus:

```
Public Class Form1
    Inherits System.Windows.Forms.Form

    Dim img1 As Image

    Private Sub Form1_Load(ByVal sender As System.Object, ByVal e As _
System.EventArgs) Handles MyBase.Load
        img1 = Image.FromFile("..\Franz1.ico")
        picFranz.Image() = img1
    End Sub
End Class
```

Dass wir als Pfad zur Bilddatei `"..\Franz1.ico"` *angeben hat folgenden Grund: Unser Programm befindet sich im Unterverzeichnis „bin" unseres Projektordners. Um zur Bilddatei zu gelangen, müssen wir also ein Verzeichnis „nach oben" gehen, was man durch die zwei Punkte ausdrückt.*

Franz soll sich bewegen, wenn wir die „Pfeil-nach-rechts"-Taste drücken. Jeder Tastendruck erzeugt einen Event. Genauer gesagt, nicht nur einen, sondern mehrere:

- Den `KeyDown`-Event, wenn eine beliebige Taste gedrückt wird
- Den `KeyUp`-Event, wenn die Taste wieder losgelassen wird.
- Ferner noch einen `KeyPress`-Event.

Schauen wir uns zunächst mal den KeyDown und den KeyUpEvent an: Hier bekommen wir über den Parameter „e" der Subroutine mit, welche Taste gedrückt wurde, und zwar über seine Methode „KeyCode". Jede Taste hat hierbei eine eigene Konstante. Hier prüfen wir, ob die Pfeil-nach-rechts-Taste gedrückt wurde, und lassen die PictureBox um ein Pixel nach rechts wandern:

```
    Private Sub Form1_KeyDown(ByVal sender As Object, ByVal e As _
System.Windows.Forms.KeyEventArgs) Handles MyBase.KeyDown
        If e.KeyCode = Keys.Right Then
            picFranz.Left += 1
        End If
    End Sub
```

`Keys.Right` ist hierbei die "Pfeil-nach-rechts-Taste". `Keys.A` wäre die A-Taste, `Keys.Shift` die Shift-Taste, usw., Intellisense hilft uns bei der Auswahl.

Der KeyUp-Event funktioniert genauso.

Der KeyPressed-Event arbeitet hingegen ein bisschen anders: Über seinen „e"-Parameter kann ich nicht die einzelne Taste abfragen, sondern das „Zeichen":

Wo ist der Unterschied? Nimm mal an, der Anwender tippt die Tastenkombination „Shift-A", um ein großes A zu produzieren. Dann bekämen wir zwei KeyDown-Events: Einen für die Taste „Shift", und einen für die Taste „A". Dagegen bekommen wir nur einen „KeyPressed"-Event, der uns sagt, dass ein Zeichen „A" eingegeben wurde (und kein kleines „a").

Die KeyUp/KeyDown-Events reagieren also auf einzelne Tastendrücke, während der KeyPressed-Event uns Zeichen liefert, die auch aus einer Kombination von Tastendrücken entstanden sein können.

Tastendrücke auf solche Tasten wie „F2", „Caps Lock" oder auch die Pfeiltasten führen immer nur zu KeyUp/KeyDown-Events, aber nicht zu KeyPressed-Events.

Schauen wir uns mal im Detail die Reihenfolge der Events an, wenn wir die Tastenkombination „Shift-A" drücken:

1.) KeyDown-Event für die Shift-Taste
2.) KeyDown-Event für die A-Taste

3.) KeyPressed-Event für das Zeichen „A“
4.) KeyUp-Event für die A-Taste
5.) KeyUp-Event für die Shift-Taste

Ganz praktisch ist es ferner, dass man bei jedem KeyUp/KeyDown-Event über den „e“-Parameter (vom Typ KeyEventArgs) Zusatzinformation abrufen kann, bspw. ob gerade die Shift-Taste gedrückt ist:

```
        If e.Shift = True Then
            .....
```

Man kann also direkt beim KeyDown-Event für die A-Taste abfragen, ob zusätzlich die Shift-Taste gedrückt ist, und muß sich dies also nicht beim vorangehenden Event für die Shift-Taste merken. Analoges gilt für die Alt- und die Ctrl-Taste, auch deren Zustand lässt sich abfragen.

Wenn du den KeyDown-Event wie oben behandelst, bewegt sich Franz um ein Pixel nach rechts, solange ich die Taste gedrückt halte. Es wird nämlich nicht nur ein KeyDown-Event gefeuert, sondern ständig weitere, so lange ich die Taste gedrückt halte. Wir brauchen also tatsächlich nur diese eine Zeile Code, um Franz laufen zu lassen und wieder anzuhalten.

Die Geschwindigkeit, mit der Franz sich bewegt, ist also abhängig davon, in welchem Abstand die Events gefeuert werden. Dies hängt auch davon ab, wie schnell mein PC ist: Auf einem schnellen PC bekomme ich die Events schneller als auf einer alten „Kiste“, und Franz wird schneller laufen.

Ich kann aber auch für eine einheitliche Geschwindigkeit sorgen, indem ich einen Timer verwende. Hierbei verlagere ich die eigentliche Bewegung in den Tick-Event des Timers. Im KeyDown-Event schalte ich den Timer an, im KeyUp Event wieder aus:

```
    Private Sub Form1_KeyDown(ByVal sender As Object, ByVal e As _
System.Windows.Forms.KeyEventArgs) Handles MyBase.KeyDown
        If e.KeyCode = Keys.Right Then
            tmrLauf.Enabled = True
        End If
    End Sub

    Private Sub Form1_KeyUp(ByVal sender As Object, ByVal e As _
System.Windows.Forms.KeyEventArgs) Handles MyBase.KeyUp
        If e.KeyCode = Keys.Right Then
            tmrLauf.Enabled = False
        End If
    End Sub

    Private Sub tmrLauf_Tick(ByVal sender As Object, ByVal e As _
System.EventArgs) Handles tmrLauf.Tick
        picFranz.Left += 1
    End Sub
```

Meinem Timer-Control habe ich hier den Namen tmrLauf gegeben. Jetzt kann ich über die „Interval"-Eigenschaft steuern, wie schnell Franz laufen soll. Beachte, dass natürlich nach wie vor die KeyDown-Events ständig gefeuert werden, und ich dadurch ständig den Timer immer wieder einschalte – aber das schadet ja nichts. Anders als im richtigen Leben: Wenn ich ständig auf den Startknopf einer Stoppuhr hauen würde, wäre sie irgendwann kaputt.

Die Select Case Anweisung

Bisher ist Franz eher gefahren als gelaufen. Damit er sich schöner bewegt, brauchen wir zwei zusätzliche Bilder:

Also: erst einmal wieder malen. Die Bilder sollen „Franz2.ico" und „Franz3.ico" heißen.

Diese Bilder müssen sich mit dem ersten Bild abwechseln, also:

Grundstellung – links vor – Grundstellung – rechts vor-…

Wir brauchen also 3 Image Objekte, und müssen uns die jeweilige Phase der Bewegung merken. Die Phase hat vier Werte 0 bis 3, die den obigen Ablauf wiedergeben. In der Timer-Routine wechseln wir dann immer die Phase:

```
Public Class Form1
    Inherits System.Windows.Forms.Form

    Dim img1 As Image
    Dim img2 As Image
    Dim img3 As Image
    Dim phase As Integer

    Private Sub Form1_Load(ByVal sender As System.Object, ByVal e As _
System.EventArgs) Handles MyBase.Load
        img1 = Image.FromFile("..\Franz1.ico")
        img2 = Image.FromFile("..\Franz2.ico")
        img3 = Image.FromFile("..\Franz3.ico")
        picFranz.Image() = img1
        phase = 0
    End Sub

    Private Sub Form1_KeyDown(ByVal sender As Object, ByVal e As _
System.Windows.Forms.KeyEventArgs) Handles MyBase.KeyDown
        If e.KeyCode = Keys.Right Then
            tmrLauf.Enabled = True
        End If
```

```
    End Sub

    Private Sub Form1_KeyUp(ByVal sender As Object, ByVal e As _
System.Windows.Forms.KeyEventArgs) Handles MyBase.KeyUp
        If e.KeyCode = Keys.Right Then
            tmrLauf.Enabled = False
        End If
    End Sub

    Private Sub tmrLauf_Tick(ByVal sender As Object, ByVal e As _
System.EventArgs) Handles tmrLauf.Tick
        picFranz.Left += 1
        phase += 1
        If phase > 3 Then
            phase = 0
        End If
        If phase = 0 Then
            picFranz.Image() = img1
        End If
        If phase = 1 Then
            picFranz.Image() = img2
        End If
        If phase = 2 Then
            picFranz.Image() = img1
        End If
        If phase = 3 Then
            picFranz.Image() = img3
        End If
    End Sub
End Class
```

Diese vielen `If's` kann man auch vermeiden. Eine Stufe einfacher geht es, wenn man den `ElseIf`-Befehl verwendet, den wir hiermit neu einführen:

```
            If phase = 0 Then
                picFranz.Image() = img1
            ElseIf phase = 1 Then
                picFranz.Image() = img2
            ElseIf phase = 2 Then
                picFranz.Image() = img1
            ElseIf phase = 3 Then
                picFranz.Image() = img3
            End If
```

Noch einfacher geht es mit den `Select Case`, das man immer dann verwenden kann, wenn man eine Variable gegen mehrere Werte vergleicht:

```
            Select Case phase
                Case 0
                    picFranz.Image() = img1
                Case 1
                    picFranz.Image() = img2
                Case 2
                    picFranz.Image() = img1
                Case 3
                    picFranz.Image() = img3
            End Select
```

Je nachdem, ob `phase` den Wert 0,1,2 oder 3 hat, wird die Anweisung ausgeführt, die auf das entsprechende `Case` folgt.

Zusätzlich zur Abprüfung auf bestimmte Werte gibt es auch noch eine Anweisung für den „Rest" der Fälle, nämlich `Case Else`:

```
            Select Case phase
                Case 0
                    picFranz.Image() = img1
                Case 1
                    picFranz.Image() = img2
                Case 2
                    picFranz.Image() = img1
                Case 3
                    picFranz.Image() = img3
                Case Else
                    MessageBox.Show("Da habe ich wohl einen " & _
"Programmierfehler gemacht")
            End Select
```

Man kann auch mehrere Abprüfungen zusammenfassen, indem man die Konstanten per Komma trennt:

```
            Select Case phase
                Case 0, 2
                    picFranz.Image() = img1
                Case 1
                    picFranz.Image() = img2
                Case 3
                    picFranz.Image() = img3
                Case Else
                    MessageBox.Show("Da habe ich wohl einen " & _
"Programmierfehler gemacht")
            End Select
```

Eine kleine Sache kann man noch verbessern: Die Anweisung

```
            phase += 1
            If phase > 3 Then
                phase = 0
            End If
```

kann man noch „eleganter“ machen:

```
            phase = (phase + 1) mod 4
```

Der „mod“-Operator ist, wie früher schon erwähnt, der Rest-Operator. „mod 4“ ist immer der Rest, der bei der Division durch 4 entsteht. Prüfe für die Zahlen 0 bis 3 nach, dass diese eine Zeile tatsächlich die vier andern Zeilen ersetzt. Andererseits: Die 4 Zeilen sind sicher leichter zu verstehen als diese eine Rechenoperation.

Den Timer habe ich auf 10 Millisekunden eingestellt.

Richtig schön läuft Franz allerdings noch nicht, er bewegt seine Beine etwas zu schnell. Wir sollten den Bildwechsel noch etwas verlangsamen: Nur bei jedem zehnten Timer-Tick soll sich das Bild ändern:

```
Public Class Form1
    Inherits System.Windows.Forms.Form

    Dim img1 As Image
    Dim img2 As Image
    Dim img3 As Image

    Dim phase As Integer
    Dim wechsel As Integer

    Private Sub Form1_Load(ByVal sender As System.Object, ByVal e As _
System.EventArgs) Handles MyBase.Load
        img1 = Image.FromFile("..\Franz1.ico")
        img2 = Image.FromFile("..\Franz2.ico")
        img3 = Image.FromFile("..\Franz3.ico")
        picFranz.Image() = img1
        phase = 0
        wechsel = 0
    End Sub

    Private Sub Form1_KeyDown(ByVal sender As Object, ByVal e As _
System.Windows.Forms.KeyEventArgs) Handles MyBase.KeyDown
        If e.KeyCode = Keys.Right Then
            tmrLauf.Enabled = True
        End If
    End Sub

    Private Sub Form1_KeyUp(ByVal sender As Object, ByVal e As _
System.Windows.Forms.KeyEventArgs) Handles MyBase.KeyUp
```

```
        If e.KeyCode = Keys.Right Then
            tmrLauf.Enabled = False
        End If
    End Sub

    Private Sub tmrLauf_Tick(ByVal sender As Object, ByVal e As _
System.EventArgs) Handles tmrLauf.Tick
        picFranz.Left += 1
        wechsel += 1
        If wechsel > 10 Then
            wechsel = 0
        End If
        If wechsel = 0 Then
            phase = (phase + 1) Mod 4
            Select Case phase
                Case 0
                    picFranz.Image() = img1
                Case 1
                    picFranz.Image() = img2
                Case 2
                    picFranz.Image() = img1
                Case 3
                    picFranz.Image() = img3
                Case Else
                    MessageBox.Show("Da habe ich wohl einen " & _
"Programmierfehler gemacht")
            End Select
        End If
    End Sub
End Class
```

Jetzt bewegt sich, jedenfalls auf meinem Rechner, der Franz ganz vernünftig. Probier ein wenig herum, bis es Dir gefällt.

Konstanten

Nun wollen wir den Franz auch noch springen lassen: Immer, wenn die Leertaste gedrückt wird, springt der Franz hoch, immer eine bestimmte Höhe, unabhängig davon, wie lange man die Taste drückt. Wenn er gerade nicht läuft, soll er auf der Stelle springen, ansonsten springt er im Laufen. Wenn man während eines Sprungs die Pfeiltaste los lässt, soll der Sprung weiter gehen (und Franz nicht etwa wie ein Stein zur Erde fallen).

Weil wir nun waagerechte und senkrechte Bewegungen miteinander abstimmen müssen, bauen wir zunächst mal unser bisheriges Programm etwas um: Den Timer starten wir von Anfang an. Wenn die Pfeil-nach-rechts-Taste gedrückt wird, setzen wir eine boolesche Variable `läuft` auf `True`, wenn sie losgelassen wird, wieder auf `False`. Im Timer-Event Handler bewegen wir den Franz dann nur weiter, wenn `läuft` `True` ist.

Ob gesprungen werden soll, und ob wir uns gerade auf dem Weg nach oben oder nach unten befinden, drücken wir durch eine Variable `jump` aus:

`jump = 0:` Es wird gerade gar nicht gesprungen
`jump = 1:` Franz befindet sich auf dem Weg nach oben, ohne waagerechte Bewegung
`jump = 2:` Franz befindet sich auf dem Weg nach oben und bewegt sich auch waagerecht
`jump = -1:` Franz befindet sich auf dem Weg nach unten, ohne waagerechte Bewegung
`jump = -2:` Franz befindet sich auf dem Weg nach unten und bewegt sich auch waagerecht

Wenn man Zahlen für solche konstanten Zwecke benutzt, ist es üblich, hierfür Konstanten zu definieren:

```
Const KEIN_SPRUNG = 0
Const HOCH = 1
Const HOCH_VORWÄRTS = 2
Const RUNTER = -1
Const RUNTER_VORWÄRTS = -2
```

Überall dort, wo wir jetzt die Sprungart abfragen, schreiben wir jetzt diese Konstanten statt der Zahl:

```
jump = RUNTER
```

ist nur eine andere Schreibweise für

```
jump = -1
```

Konstanten sind etwas anderes als Variablen, denn sie können ihren Wert nicht verändern. Genau wie Variablen haben sie aber einen Typ, und auch hinsichtlich des Gültigkeitsbereichs gelten dieselben Regeln. Dadurch, dass ich meinen Konstanten Zahlenwerte zugewiesen habe, haben sie den Typ Integer bekommen. Man sollte den Typ aber immer angeben, ich sollte also besser schreiben:

```
Const KEIN_SPRUNG As Integer = 0
Const HOCH As Integer = 1
Const HOCH_VORWÄRTS As Integer = 2
Const RUNTER As Integer = -1
Const RUNTER_VORWÄRTS As Integer = -2
```

Beachte, dass das „`= 0`“ erst nach dem `As Integer` folgt.

Genauso kann man auch String-Konstanten definieren:

```
Const SPORTSCHAU_AUSRUF As String = "Tooooor"
```

Wozu sind Konstanten gut? Zahlen sind doch viel kürzer zu schreiben?

2 Gründe für die Verwendung von Konstanten:

- Das Programm ist leichter zu verstehen, wenn da `If jump = HOCH` steht statt `If jump = 1`
- Es ist leichter änderbar, wenn man sich mal entschließt, eine andere Zahl zu verwenden: Ich muß nur an der Definitionsstelle ändern und nicht an 17 Stellen im Code

Um Konstanten leichter von Variablen zu unterscheiden, habe ich mir angewöhnt, Konstanten immer in Großbuchstaben zu schreiben.

Zurück zu unserm Programm:

Die Leertaste fangen wir jetzt mal im Event KeyPressed ab. Beim Drücken der Leertaste wird Jump auf HOCH gesetzt, oder auf HOCH_VORWÄRTS (wenn gleichzeitig eine waagerechte Bewegung stattfindet), es sei denn, wir sind gerade in der Flugphase: Dann hat die Taste keine Wirkung.

Im Timer Event finden dann die Aktionen statt:

Wenn wir gerade springen, egal ob hoch oder runter, verändern wir die Top-Eigenschaft des Controls (beachte wieder, dass die y-Koordinate von oben nach unten läuft). Sind wir in einem Sprung, der auch noch vorwärts geht, verändern wir auch die Left-Eigenschaft. Springen wir hingegen gerade nicht, laufen aber, dann verändern wir die Left-Eigenschaft und ändern bei jedem zehnten Mal auch noch das Bild.

So sieht das fertige Programm aus:

```
Public Class Form1
    Inherits System.Windows.Forms.Form

    Const KEIN_SPRUNG As Integer = 0
    Const HOCH As Integer = 1
    Const HOCH_VORWÄRTS As Integer = 2
    Const RUNTER As Integer = -1
    Const RUNTER_VORWÄRTS As Integer = -2

    Dim img1 As Image
    Dim img2 As Image
    Dim img3 As Image

    Dim jump As Integer       ' Art des Sprungs
    Dim läuft As Boolean   ' Kennzeichen, ob Franz sich waagerecht bewegt
    Dim phase As Integer      ' Bewegungsphase
    Dim wechsel As Integer    ' Zähler, nach wieviel Ticks ein Bildwechsel
                         ' erfolgen soll
    Dim startTop As Integer
    Dim maxTop As Integer

    Private Sub Form1_Load(ByVal sender As System.Object, ByVal e As _
System.EventArgs) Handles MyBase.Load
        img1 = Image.FromFile("..\Franz1.ico")
        img2 = Image.FromFile("..\Franz2.ico")
```

```
        img3 = Image.FromFile("..\Franz3.ico")
        picFranz.Image() = img1
        phase = 0
        wechsel = 0
        läuft = False
        jump = KEIN_SPRUNG
        startTop = picFranz.Top
        maxTop = startTop - 50
        tmrLauf.Enabled = True
    End Sub

    Private Sub Form1_KeyDown(ByVal sender As Object, ByVal e As _
System.Windows.Forms.KeyEventArgs) Handles MyBase.KeyDown
        If e.KeyCode = Keys.Right Then
            läuft = True
        End If
    End Sub

    Private Sub Form1_KeyUp(ByVal sender As Object, ByVal e As _
System.Windows.Forms.KeyEventArgs) Handles MyBase.KeyUp
        If e.KeyCode = Keys.Right Then
            läuft = False
        End If
    End Sub

    Private Sub tmrLauf_Tick(ByVal sender As Object, ByVal e As _
System.EventArgs) Handles tmrLauf.Tick
        Select Case jump
            Case HOCH
                picFranz.Top -= 1
                If picFranz.Top <= maxTop Then   ' Wir sind am
                                                 ' höchstmöglichen Punkt
                    jump = RUNTER       ' Ab jetzt geht's wieder runter
                End If
            Case HOCH_VORWÄRTS
                picFranz.Top -= 1 ' Wir springen nach oben und waagerecht
                If picFranz.Top <= maxTop Then   ' Wir sind am
                                               ' höchstmöglichen Punkt
                    jump = RUNTER_VORWÄRTS     ' Ab jetzt wieder runter
                End If
                picFranz.Left += 1   ' Waagerechte Bewegung beibehalten
            Case RUNTER                      ' Wir fallen gerade nach unten
                picFranz.Top += 1
                If picFranz.Top >= startTop Then  ' Unten angekommen
                    jump = KEIN_SPRUNG        ' Schluß mit Springen
                End If
            Case RUNTER_VORWÄRTS
                picFranz.Top += 1
                picFranz.Left += 1 ' Die waagerechte Bewegung beibehalten
                If picFranz.Top >= startTop Then  ' Unten angekommen
```

```
                jump = KEIN_SPRUNG         ' Schluß mit Springen
            End If
        Case KEIN_SPRUNG
            If läuft Then
                picFranz.Left += 1
                wechsel = (wechsel + 1) Mod 10
                If wechsel = 0 Then
                    phase = (phase + 1) Mod 4
                    Select Case phase
                        Case 0
                            picFranz.Image() = img1
                        Case 1
                            picFranz.Image() = img2
                        Case 2
                            picFranz.Image() = img1
                        Case 3
                            picFranz.Image() = img3
                        Case Else
                            MessageBox.Show("Da habe ich wohl " & _
"einen Programmierfehler gemacht")
                    End Select
                End If
            End If
    End Select
End Sub

Private Sub Form1_KeyPress(ByVal sender As Object, ByVal e As _
System.Windows.Forms.KeyPressEventArgs) Handles MyBase.KeyPress
    If jump <> KEIN_SPRUNG Then Exit Sub ' wir springen schon!
    If e.KeyChar = " "c Then    ' ein leeres Zeichen: Leertaste
        If läuft Then
            jump = HOCH_VORWÄRTS
        Else
            jump = HOCH
        End If
    End If
End Sub
End Class
```

Ich habe hier wieder etwas Neues hereingeschummelt: Die Anweisung

```
If läuft Then
```

ist dasselbe wie

```
If läuft = True Then
```

Warum funktioniert das? Was man zwischen ein If und das Then schreibt, ist immer ein Ausdruck, der "Wahr" oder "Falsch" ergibt. Bei einem Ausdruck wie

```
If a = 5 Then
```

wird überprüft, ob `a = 5` ist; das Ergebnis ist entweder `True` oder `False`. Da unsere Variable `läuft` selbst schon vom Typ `Boolean` ist, ist sie selbst bereits `True` oder `False`, und die `If`-Anweisung ist völlig zufrieden gestellt. Die vollständige Abfrage

```
If läuft = True Then
```

ist also eigentlich „doppelt gemoppelt".

Eines will ich jetzt noch tun, nämlich wieder eine Toolbar mit ein paar PushButtons hinzufügen, über die man den Franz laufen lassen und stoppen kann. Denn hier ergibt sich ein neuer Aspekt.

Die folgenden Buttons will ich hinzufügen:

Da ich keine passenden Bilddateien gefunden habe, habe ich die Symbole mit Hilfe des Grafikeditors selbst gezeichenet.

Die kleine Lücke nach den ersten beiden Buttons erreicht man dadurch, dass man einen „Button" definiert, dessen Style-Eigenschaft man auf „Separator" setzt:

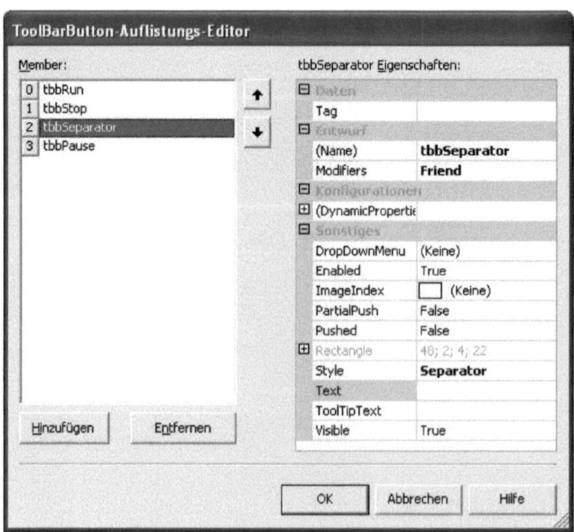

Dadurch wird eben kein Button eingefügt, sondern nur eine Lücke.

Der Pause-Button hat auch eine Besonderheit, denn seinen „Style“ habe ich auf „ToggleButton“ gesetzt. Dies ist ein Button, den man eindrücken kann, und der dann eingedrückt bleibt, bis man ihn erneut drückt – genau wie die Pause-Taste am Kasettenrecorder.

Hier ist der Code für den Eventhandler der Toolbar:

```
    Private Sub ToolBar1_ButtonClick(ByVal sender As System.Object, _
ByVal e As System.Windows.Forms.ToolBarButtonClickEventArgs) Handles _
ToolBar1.ButtonClick
        Dim tb As ToolBarButton
        tb = e.Button()
        If tb Is tbbRun Then
            läuft = True
            tbbPause.Enabled = True
        ElseIf tb Is tbbStop Then
            läuft = False
            tbbPause.Enabled = False
        ElseIf tb Is tbbPause Then
            läuft = Not läuft
            If tbbPause.Pushed Then
                tbbRun.Enabled = False
                tbbStop.Enabled = False
            Else
                tbbRun.Enabled = True
                tbbStop.Enabled = True
            End If
        End If
    End Sub
```

Nicht viel Überraschendes, man muß nur etwas aufpassen, die “Enabled”-Eigenschaften der 3 Buttons richtig zu setzen. Die Enabled-Eigenschaft von „tbbPause“ sollten wir von vorn herein auf „False“ setzen. Ob der Pause-Button gedrückt ist, erfährt man über seine „Pushed“-Eigenschaft.

Das „Läuft = Not Läuft“ bewirkt, dass diese boolsche Variable in ihr Gegenteil umgewandelt wird: Aus „True“ wird „False“, aus „False“ wird „True“.

So weit so gut, die Buttons funktionieren auch, wie sie sollen. Aber: Franz lässt sich plötzlich nicht mehr mit den Pfeiltasten bewegen! Sie scheinen keine Wirkung mehr zu haben.

Was ist hier passiert? Der Grund liegt darin, dass ein Druck auf eine Pfeiltaste nun an die Statuszeile geleitet wird. Diese kann aber nichts damit anfangen, also „versandet“ dieser Tastendruck.

Die Abhilfe ist einfach: Wir müssen bei den Eigenschaften des Formulars die Eigenschaft „KeyPreview“ auf „True“ setzen. Dies bewirkt, dass alle Tastendrücke zunächst mal an das Formular gehen.

Und schon bewegt sich Franz wieder…

Wir wollen Franz jetzt in Ruhe lassen, er hat fürs Erste genug gelernt. Wenn du magst, kannst du ihm ja noch mehr beibringen, z.B.:

- Bei einem Tastendruck auf die Pfeil-nach-links-Taste dreht er um und geht in die andere Richtung zurück (Tipp für das Erstellen der Bilder: Benutze den Menüpunkt „Bild...Horizontal kippen")
- Er soll anhalten, wenn er am rechten oder linken Bildrand angekommen ist
- Wenn er stehen bleibt, soll das immer in der Grundstellung erfolgen, und nicht mit gespreizten Beinen
- Hingegen soll er immer nur in Schrittstellung springen
- du kannst ihm auch Hindernisse in den Weg stellen, über die er springen muss. Die einfachste Art, solche Hindernisse zu erzeugen, ist, ein Label-Control zu nehmen, den Text darin zu löschen, es auf die gewünschte Größe zu ziehen, und als Hintergrundfarbe „schwarz" zu setzen:

9. Anwendung: Zahlen zusammenzählen

Das gibt es Neues in diesem Kapitel:

- Programmschleifen
- Das NumericUpDown Control
- Weiteres zum Thema Debugging

Schleifen

Ein sehr beliebtes Programmelement sind Schleifen. Schleifen sind Programmteile, die wiederholt ausgeführt werden.

Schleifen gibt es gleich in mehreren Varianten, die wir nacheinander betrachten werden.

1.) Die For…Next-Schleife

Als erstes haben wir da die `For...Next` Schleife. Betrachte folgenden Code:

```
Dim i As Integer
For i = 1 To 3
    MessageBox.Show("i hat jetzt den Wert: " & i)
Next
```

Die For-Anweisung besagt: Wiederhole alles, was zwischen der `For`-Zeile und der `Next`-Zeile steht, wobei i nacheinander die Werte 1 bis 3 annimmt. Wir erhalten somit 3 MessageBoxen.

Hinter dem `For` steht immer eine Variable mit einem Anfangswert, auf das `To` folgt der Endwert. Ferner kann man mit dem Schlüsselwort `Step` auch noch eine Schrittweite angeben:

```
Dim i As Integer
For i = 0 To 8 Step 2
    MessageBox.Show("i hat jetzt den Wert: " & i)
Next
```

Jetzt nimmt i nacheinander die Werte 0, 2, 4, 6 und 8 an.

Schleifen können auch rückwärts laufen:

```
Dim i As Integer
For i = 8 To 0 Step -2
    MessageBox.Show("i hat jetzt den Wert: " & i)
Next
```

2.) Die Do...Loop-Schleife

Während bei der For...Next-Schleife eine genau festgelegte Anzahl von Wiederholungen stattfindet, wiederholt die Do...Loop-Schleife solange die Anweisungen, bis eine bestimmte Bedingung erfüllt ist:

```
Dim i As Integer
i = 1
Do While i <= 3
    MessageBox.Show("i hat jetzt den Wert: " & i)
    i += 1
Loop
```

Die Schleife wird so lange durchlaufen, bis die Bedingung `i <= 3` nicht mehr erfüllt ist. Wichtig ist, dass man den „Schleifenzähler" i in der Schleife um eins erhöht, sonst läuft die Schleife für immer und ewig!

Das Numeric UpDown Control

Wir wollen jetzt eine Schleife benutzen, um Zahlen zusammenzuzählen. So soll es aussehen:

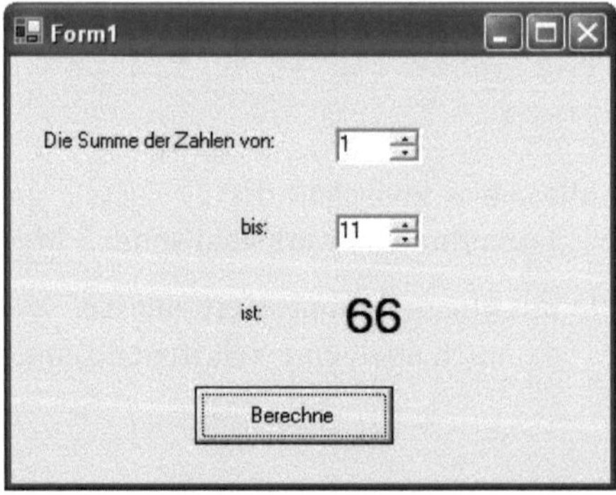

Hierbei lernen wir auch gleich wieder ein neues Control kennen, das „Numeric UpDown Control".

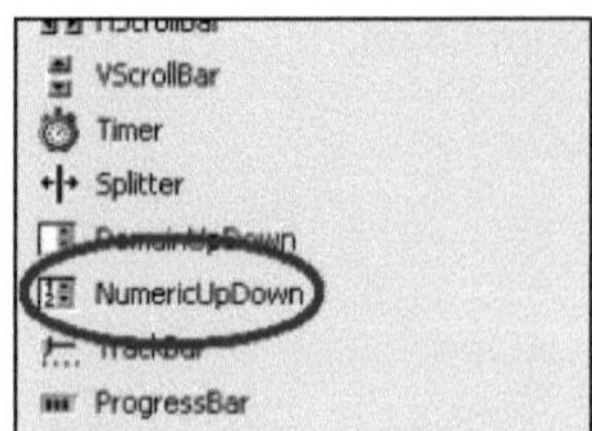

Dies ist dasselbe wie eine TextBox, die mit zwei kleinen Pfeilen verbunden ist. Der Anwender kann entweder direkt in die TextBox eine Zahl eingeben, oder aber die Pfeile benutzen, die die vorhandene Zahl erhöhen oder erniedrigen.

Der Benutzer kann nur Zahlen eingeben (hiermit entfallen auch die lästigen Überprüfungen, ob tatsächlich eine Zahl eingegeben wurde). Die wichtigsten Eigenschaften des Controls sind:

Value:	Der Wert, der im Feld steht
Minimum:	Der kleinste Wert, den der Benutzer eingeben kann
Maximum:	Der größte Wert, den der Benutzer eingeben kann
Increment:	Die Schrittweite, um die sich die Zahlen bei Benutzung der Pfeiltasten erhöhen/erniedrigen sollen (Standardwert ist 1)

Meine Controls habe ich wie folgt benannt:

nudVon:	Das erste Numeric UpDown Control
nudBis:	Das zweite Numeric UpDown Control
lblSumme:	Das Label für das Ergebnis
btnBerechne:	Der Button

Das Programm:

```
Public Class Form1
    Inherits System.Windows.Forms.Form

    Private Sub btnBerechne_Click(ByVal sender As System.Object, ByVal _
e As System.EventArgs) Handles btnBerechne.Click
        lblSumme.Text = Summe(nudVon.Value, nudBis.Value)
    End Sub

    Private Function Summe(ByVal von As Integer, ByVal bis As Integer) _
As Integer
        Dim i, sum As Integer
        sum = 0
        For i = von To bis
            sum = sum + i
        Next
        Return sum
    End Function
End Class
```

Zu Übungszwecken habe ich die Berechnung in eine Funktion verpackt. Aus Gründen der Übersichtlichkeit fehlt auch eine ordentliche Fehlerbehandlung (bspw. sollte man sicherstellen, dass die von-Angabe kleiner ist als die bis-Angabe).

Die Schleife selbst läuft hier nicht mit konstanten Werten (wie „von 1 bis 3"), sondern verwendet die vom Benutzer eingegeben Werte als Grenzen.

Nochmal: Debugging

Kommen wir noch mal zurück zum Thema „Debugging“, denn da gibt es noch viel mehr Möglichkeiten, außer einfach nur Breakpunkte zu setzen. Insbesondere kann man sich zu jedem Zeitpunkt den Inhalt der Variablen anzeigen lassen.

Probieren wir es aus: Setzen wir einen Breakpunkt auf die folgende Zeile:

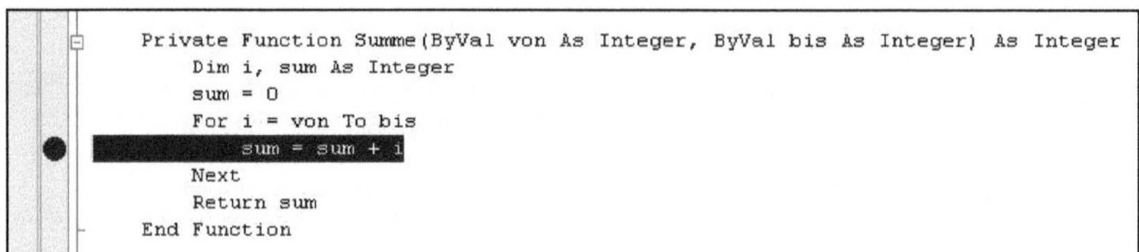

```
Private Function Summe(ByVal von As Integer, ByVal bis As Integer) As Integer
    Dim i, sum As Integer
    sum = 0
    For i = von To bis
        sum = sum + i
    Next
    Return sum
End Function
```

Wir lassen das Programm bis zu diesem Punkt laufen, und blenden dann das „Lokal“-Fenster ein (sofern es noch nicht sichtbar ist): Menü Debuggen..Fenster..Lokal:

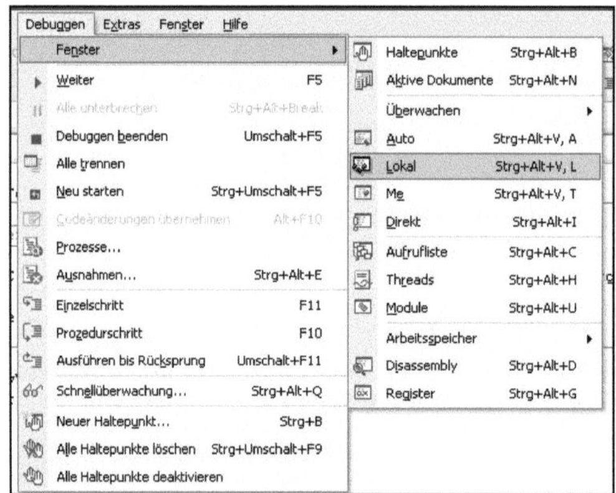

In diesem „Lokal“-Fenster sehen wir jetzt alle „lokalen“ Variablen aufgelistet, d.h. alle Variablen der Subroutine, in der wir uns gerade befinden:

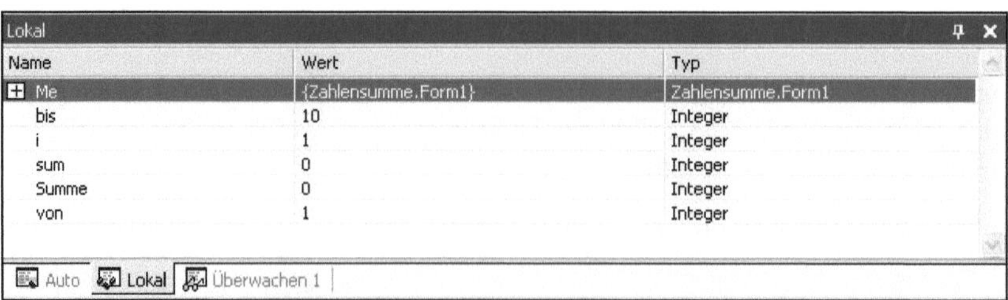

Lokal

Name	Wert	Typ
⊞ Me	{Zahlensumme.Form1}	Zahlensumme.Form1
bis	10	Integer
i	1	Integer
sum	0	Integer
Summe	0	Integer
von	1	Integer

Auto | Lokal | Überwachen 1

Wenn wir jetzt im Einzelschritt durch die Routine gehen, sehen wir, wie sich die Variablen verändern. „Me“ bezeichnet das Formular selbst; wenn wir das Pluszeichen aufklappen, sehen wir alle Variablen des Formulars (die uns hier aber nicht weiterhelfen).

Im „Überwachen“-Fenster können wir selbst Variablen definieren, die wir überwachen wollen:

Ferner ist auch noch das Fenster „Aufrufliste“ interessant, denn hier können wir sehen, aus welchen Subroutinen wir in die augenblickliche Subroutine gelangt sind:

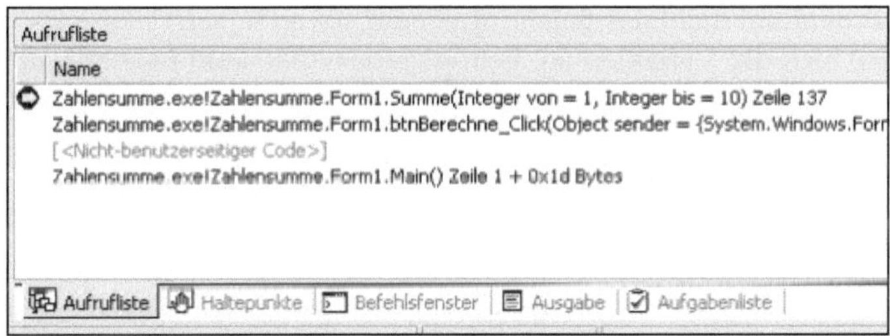

Der gelbe Zeiger zeigt auf die augenblickliche Subroutine („Summe“ – ignorieren wir mal das, was davor steht). Darunter steht, wo wir hergekommen sind: Aus „btnBerechne_Click“). Wir können diese Zeile auch anklicken, dann wird sie grün markiert, und im Code sehen wir die entsprechende Stelle, ebenfalls in grün:

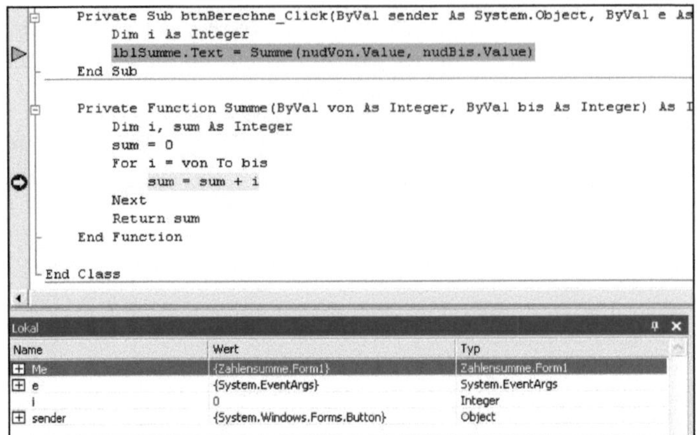

Im Lokal-Fenster sehen wir jetzt die lokalen Variablen dieser Routine.

Dieses Ansehen von Variablen-Inhalten ist praktisch das wichtigste Mittel, um Programmfehler zu finden. Wenn ein Programm nicht das macht, was man erwartet, setzt man sich an geeigneter Stelle Haltepunkte, sieht sich die Variablen an, geht gegebenenfalls ein paar Schritte weiter, überprüft wieder die Variablen, usw.

10. Anwendung: Fische versenken

Das gibt es Neues in diesem Kapitel:

- Das Verankern von Controls
- Die InputBox
- Arrays
- Ein weiteres Formular anzeigen
- Das ListBox Control
- Speichern in Dateien

Das Spiel

Wir wollen in diesem Kapitel ein Spiel erstellen, das ich „Fische versenken" genannt habe:

Innerhalb von 60 Sekunden sollen mit der Maus so viele Fische wie möglich „versenkt" werden. Dies soll dadurch geschehen, dass man mit der Maus auf den Fisch klickt. Sobald das erfolgt ist, verschwindet der Fisch, und ein neuer taucht an zufällig ausgewählter anderer Stelle wieder auf.

So sieht unser Spielfeld in der Entwurfsansicht aus:

Ich habe den Fisch gefunden unter

C:\Programme\Microsoft Visual Studio .NET 2003\Common7\Graphics\Bitmaps\Gemischt\fish.bmp

und diese Datei in der PictureBox untergebracht.

Folgende Controls habe ich definiert:

PictureBox **picFisch**:
Unter den Eigenschaften habe ich Visible auf **False** gesetzt, da der Fisch erst beim Drücken von Start sichtbar werden soll. Ferner ist SizeMode auf **StretchImage** eingestellt.

Button btnStart

Label **lblZeit**:
Dient zur Anzeige der Restzeit. Als Text habe ich die „60“ voreingestellt. Die Schriftgröße ist entsprechend groß. Ferner habe ich unter TextAlign MiddleRight eingestellt, dies führt dazu, dass die Zahl immer rechtsbündig dargestellt wird.

Label **lblAnzahl**:
Dient zur Anzeige der Trefferzahl. Als Text habe ich die „0“ voreingestellt. Sonst wie lblZeit.

Timer **tmrStart**:
Da die restliche Zeit jede Sekunde aktualisiert werden soll, ist Interval auf 1000 eingestellt.

Weitere 2 Label für die Anzeige der statischen Texte „Zeit:“ und „Anzahl:“

Beim Formular selbst habe ich auch ein paar Eigenschaften umgestellt: „MinimizeBox“ und „MaximizeBox“ habe ich beide auf **False** gesetzt, sodaß die entsprechenden Schaltflächen in der Titelzeile fehlen. Ferner habe ich „FormBorderStyle“ auf FixedDialog gestellt; dies verhindert, dass der Benutzer das Fenster vergrößern oder verkleinern kann, indem er am Rahmen zieht.

Das Programm selbst ist erstaunlich einfach, und es ist immer wieder schön, zu sehen, mit wie wenig Code man in VB.Net schon funktionierende Programme erstellen kann. Die einzige echte Herausforderung stellt das Problem dar, den Fisch bei einem Klick auf die PictureBox verschwinden und an anderer, zufälliger Stelle wieder auftauchen zu lassen.

Dieses Problem lösen wir nicht etwa so, dass wir unendlich viele PictureBoxen auf dem Formular erstellen, alle unsichtbar machen, und davon immer mal eine sichtbar machen – das wäre viel zu umständlich.

Nein, wir erstellen nur eine einzige PictureBox. Wenn der Benutzer darauf geklickt hat, verschieben wir sie einfach an eine andere Stelle! Dies sieht für den Benutzer genauso aus, als würde der angeklickte Fisch verschwinden, und ein neuer an anderer Stelle wieder auftauchen.

Dies ist immer die Herausforderung beim Programmieren: Man braucht eine gute Idee, wie man das Problem löst. Das ist in etwa so wie im Mathematikunterricht: Wenn man erst mal eine Idee hat, wie eine Aufgabe zu lösen ist, ist die größte Hürde schon überwunden, und der Rest ist Routine.

Das Verschieben der PictureBox ist einfach: Man setzt einfach die Eigenschaften „Left“ und „Top“ um: Diese geben, in Pixeln gemessen, den Abstand der PictureBox von der linken oberen Ecke des Formulars an.

Hier ist das Programm:

```
Public Class Form1
    Inherits System.Windows.Forms.Form

    Dim m_zeit As Integer
    Dim m_anzahl As Integer
    Dim m_rnd As New Random
```

```
    Private Sub Form1_Load(ByVal sender As System.Object, ByVal e As _
System.EventArgs) Handles MyBase.Load
    End Sub

    Private Sub btnStart_Click(ByVal sender As System.Object, ByVal e _
As System.EventArgs) Handles btnStart.Click
        m_zeit = 60
        m_anzahl = 0
        picFisch.Visible = True
        tmrStart.Start()
        ZeitAnzeigen()
        AnzahlAnzeigen()
        FischBewegen()
    End Sub

    Private Sub tmrStart_Tick(ByVal sender As System.Object, ByVal e As _
System.EventArgs) Handles tmrStart.Tick
        m_zeit -= 1
        ZeitAnzeigen()
        If m_zeit = 0 Then
            tmrStart.Stop()
        End If
    End Sub

    Private Sub picFisch_Click(ByVal sender As System.Object, ByVal e _
As System.EventArgs) Handles picFisch.Click
        If m_zeit = 0 Then Exit Sub ' Spiel schon beendet
        m_anzahl += 1
        AnzahlAnzeigen()
        FischBewegen()
    End Sub

    Private Sub ZeitAnzeigen()
        lblZeit.Text = m_zeit
    End Sub

    Private Sub AnzahlAnzeigen()
        lblAnzahl.Text = m_anzahl
    End Sub

    Private Sub FischBewegen()
        Dim maxLeft, maxTop As Integer
        maxLeft = Width - picFisch.Width
        maxTop = btnStart.Top - picFisch.Height
        picFisch.Left = m_rnd.Next(1, maxLeft)
        picFisch.Top = m_rnd.Next(1, maxTop)
    End Sub
End Class
```

Ein paar Erläuterungen:

- Es gibt wieder ein paar Variablen, die ich in verschiedenen Subroutinen brauche. Daher werden diese wieder außerhalb aller Subroutinen, im Kopf der Klasse Form1 definiert. Es ist üblich, solchen Variablen einen Namen zu geben, der mit „m_" beginnt. Das „m" steht hierbei für **Mitglied** oder **Member**. m_Zeit ist also eine Membervariable.
- In der Routine „FischBewegen" wird die neue „Left" und „Top" Eigenschaft der PictureBox gesetzt, als zufälliger Wert zwischen 1 und der maximal möglichen Position. Diese ergibt sich für die „Left"-Eigenschaft aus der Breite des Formulars (`Width`), abzüglich der Breite der PictureBox selbst, denn wir müssen sicherstellen, dass der Fisch vollständig sichtbar ist. Bei der „Top"-Eigenschaft müssen wir berücksichtigen, dass der Fisch nicht in den unteren Anzeigebereich hineinragen soll, daher verwenden wir hier die „Top"-Eigenschaft des btnStart statt der Höhe des Formulars.
- Ob es übertrieben ist, dass ich für das Anzeigen der Zeit und der Anzahl jeweils eine eigene Subroutine geschrieben habe, die jeweils nur aus einer Zeile besteht, mag jeder selbst beurteilen.

Das Verankern von Controls

Ich hatte vorgegeben, dass die Eigenschaft für den Stil des Formularrands (FormBorderStyle) auf „FixedDialog" eingestellt werden sollte. Warum kann man diese nicht bei „Sizeable" lassen?

Sieh dir an, was passiert, wenn der Stil „Sizeable" ist und der Anwender am Rand des Formulars zieht und es vergrößert: Der Button und die Anzeigelabels bleiben an Ort und Stelle, sodass sie sich dann mitten im Formular befinden. Schlimmer noch, wenn das Fenster verkleinert wird, verschwinden sie sogar.

Kann man nicht dafür sorgen, dass sich die Controls mit dem Rand des Formulars mitbewegen, also immer ihre Position zum unteren Rand beibehalten?

Doch, man kann, und zwar ganz einfach. Du musst bei den Controls einfach die „Anchor"-Eigenschaft verändern. Diese Eigenschaft sagt aus, an welchem Rand das Control „verankert" ist. Der Abstand zu diesem Rand bleibt dann immer gleich.

Standardmäßig ist diese Eigenschaft immer auf „Top,Left" eingestellt, d.h. der Abstand zum linken und zum oberen Rand ist immer konstant. Wenn du diese Eigenschaft verändern willst, wird ein kleines Bild angezeigt:

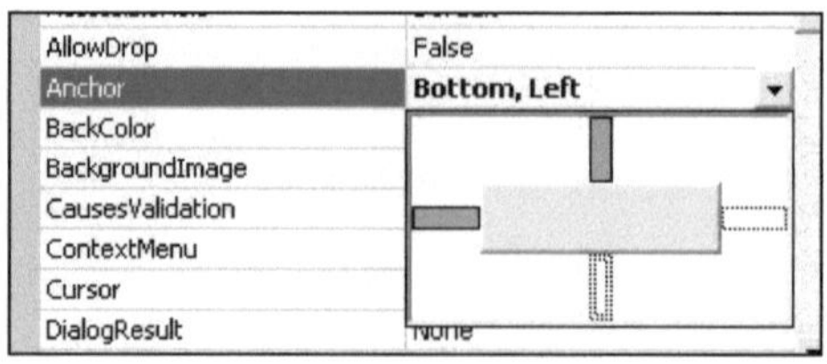

Dieses Bild soll das Formular darstellen, mit einem Control in der Mitte. Die beiden grau markierten Rechtecke geben an, an welchen Seiten das Control verankert ist. Durch Klicken auf diese Rechtecke kannst du die Verankerungen setzen und lösen.

Bei unserm Formular wäre es sinnvoll, den Button links und unten zu verankern und die anderen Labels rechts und unten.

Ob du das Formular nun „Sizeable“ machst oder nicht überlasse ich dir; es schafft natürlich ungleiche Voraussetzungen, wenn ein Spieler auf einem kleinen Formular spielt und der nächste dann auf einem großen. Ich wollte dieses Verankern einfach nur an dieser Stelle vorstellen.

Die InputBox

Was wäre ein solches Spiel ohne eine Bestenliste, auch „Highscore“ genannt? Eine solche Bestenliste wollen wir jetzt zu unserem Programm hinzufügen. In diesem Highscore wollen wir die 10 besten Fischfänger speichern und anzeigen.

Hierbei werden wir eine ganze Reihe neuer Dinge lernen, nämlich:

- Arrays
- Anzeigen eines weiteren Formulars
- Speichern von Informationen in einer Datei
- Das ListBox Control

Also, dieses Beispielprogramm wird uns jetzt lange begleiten, und es gibt viel zu lernen. Fangen wir mit etwas Einfachem an: Der InputBox.

Eine InputBox ist im Prinzip eine MessageBox, in der der Benutzer zusätzlich etwas eingeben kann. Wir wollen sie dazu benutzen, dass der Benutzer seinen Namen eingeben kann:

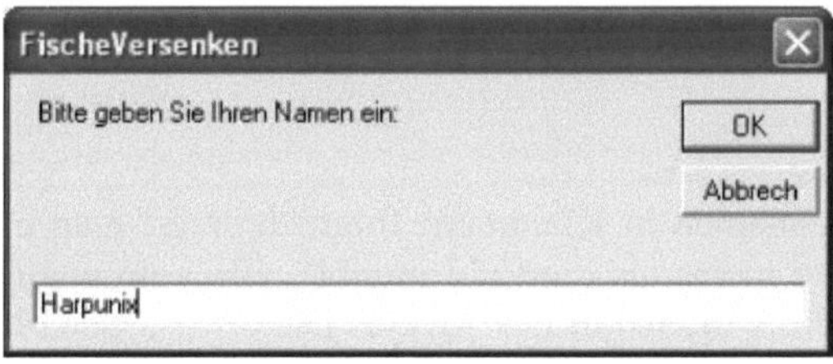

Diese InputBox soll jetzt aufgerufen werden, wenn die Zeit abgelaufen ist. Dies geht wie folgt:

```
    Private Sub tmrStart_Tick(ByVal sender As System.Object, ByVal e As _
System.EventArgs) Handles tmrStart.Tick
        Dim name As String
        m_zeit -= 1
        ZeitAnzeigen()
        If m_zeit = 0 Then
```

```
            tmrStart.Stop()
            name = InputBox("Bitte geben Sie Ihren Namen ein:")
        End If
    End Sub
```

Eine InputBox bekommt man angezeigt, wenn man die Funktion `InputBox` aufruft. Als erster Parameter wird hierbei der Text angegeben, der angezeigt werden soll. Als weitere mögliche Parameter folgen die Überschrift, ein Standardtext, der im Eingabefeld stehen soll, sowie die Position der Box, die ich hier aber alle weggelassen habe.

`InputBox` liefert als Ergebnis den String zurück, den der Anwender eingegeben hat, bzw. einen leeren String, wenn er die Box mit „Abbrechen“ geschlossen hat. Diesen String speichere ich in der Variablen `name` (mit der ich vorerst nichts weiter anfange).

Wie man sieht, ist auch Microsoft nicht perfekt: In der InputBox ist die Beschriftung des Buttons „Abbrechen“ zu „Abbrech“ verstümmelt. Hier hat jemand nicht daran gedacht, dass das deutsche „Abbrechen“ länger ist als das englische „Cancel“.

Arrays

Wir haben uns vorgenommen, eine Highscore-Liste mit den besten 10 Ergebnissen zu erstellen. Hierzu müssen wir zwei Angaben verwalten:

- Die Namen der 10 besten Spieler
- Ihre Punktzahlen

Um hierfür nun nicht 10 String-Variablen und 10 Integer-Variablen anlegen zu müssen, hat man die „Arrays“, zu deutsch „Reihen“, erfunden. Hiermit können wir 10 Variablen auf einen Schlag definieren:

```
    Dim m_spName(9) As String
    Dim m_spFische(9) As Integer
```

Durch die Zahl, die dem Variablennamen in Klammern folgt, definiert man eine entsprechende Anzahl von Variablen (immer eine mehr, als die Zahl angibt), alle vom angegebenen Typ. Die Anzahl der Elemente nennt man die **Dimension** des Arrays. Die Arrays oben haben also die Dimension 10.

Die einzelnen „Elemente“ der Reihe, also die einzelnen Variablen, spricht man wiederum an, indem man hinter den Variablennamen in Klammern eine Zahl von 0 bis 9 angibt:

```
        m_spName(0) = "Harpunix"
        m_spFische(0) = 50
        m_spName(1) = "Fischers Fritze"
        m_spFische(1) = 55
        m_spName(2) = "Rollmops"
```

```
        m_spFische(2) = 20
             u.s.w.
```

Die Zahl in Klammern nennt man den **Index** des Arrays. Beachte, dass der Index immer mit 0 beginnt und höchstens um eins kleiner sein kann als die „Dimension" des Arrays.

Statt eine „absolute Zahl" als Index hinzuschreiben, kann man auch eine Integer-Variable verwenden:

```
        Dim i As Integer
        i = 0
        m_spName(i) = "Harpunix"
        m_spFische(i) = 50
        i += 1
        m_spName(i) = "Fischers Fritze"
        m_spFische(i) = 55
        i += 1
        m_spName(i) = "Rollmops"
        m_spFische(i) = 20
```

Reihen treten meist in Kombination mit Schleifen auf. Hier erstellen wir eine Reihe, die alle Quadratzahlen der Zahlen von 1 bis 100 beinhaltet:

```
        Dim i As Integer
        Dim quadratzahl(100) As Integer
        For i = 1 To 100
            quadratzahl(i) = i * i
        Next
```

Nun können wir schon mal anfangen, unsere Bestenliste zu füllen. Vorweg: Dies ist noch mangelhaft, da wir zunächst mal nur Namen und Punkte sammeln, ohne Rücksicht darauf, an welcher Stelle derjenige in der Bestenliste stehen müsste. Dazu kommen wir später.

Wir müssen an 3 Stellen unser Programm ändern:

1.) Wir brauchen neue Membervariablen für die beiden Reihen; ferner eine Integer-Variable, die die Anzahl der Einträge speichert:

```
    Dim m_spName(9) As String
    Dim m_spFische(9) As Integer
    Dim m_anzEinträge As Integer
```

2.) Wenn das Programm startet, wird für das Formular der Load-Event durchlaufen. Hier setzen wir die Anzahl der Einträge zunächst mal auf 0. Dies ist zwar nicht zwingend notwendig, da alle Integer-Variablen beim Start immer den Wert 0 haben, aber trotzdem gute Programmierpraxis:

```
    Private Sub Form1_Load(ByVal sender As System.Object, ByVal e As _
System.EventArgs) Handles MyBase.Load
```

```
        m_anzEinträge = 0
    End Sub
```

3.) Wenn die Zeit abgelaufen ist, fragen wir den Namen des Benutzers ab, und tragen diesen Namen sowie die Anzahl der erlegten Fische unter dem aktuellen Index in die Arrays ein. Danach erhöhen wir den Index um eins:

```
    Private Sub tmrStart_Tick(ByVal sender As System.Object, ByVal e As _
System.EventArgs) Handles tmrStart.Tick
        Dim name As String
        m_zeit -= 1
        ZeitAnzeigen()
        If m_zeit = 0 Then
            tmrStart.Stop()
            If m_anzEinträge < 10 Then
                name = InputBox("Bitte geben Sie Ihren Namen ein: ")
                If name <> "" Then
                    m_spName(m_anzEinträge) = name
                    m_spFische(m_anzEinträge) = m_anzahl
                    m_anzEinträge += 1
                End If
            End If
        End If
    End Sub
```

Das Problem, die richtigen Personen in der richtigen Reihenfolge in der Liste unterzubringen, verschieben wir auf später, jetzt wollen wir unsere Liste erst einmal sichtbar machen. Dieses wollen wir in einem weiteren Formular machen.

Ein weiteres Formular anzeigen

Wir wollen unseren Highscore in einem eigenen Fenster sichtbar machen. Um ein weiteres Formular zu unserm Projekt hinzuzufügen, gehen wir wie folgt vor:

- Im Projektmappen-Explorer klicken wir unser Projekt mit der rechten Maustaste an und wählen: „Hinzufügen…WindowsForm Hinzufügen“
- In der folgenden Dialogbox selektieren wir „Windows Form“ und geben als Namen „frmHighscore.vb“ an:

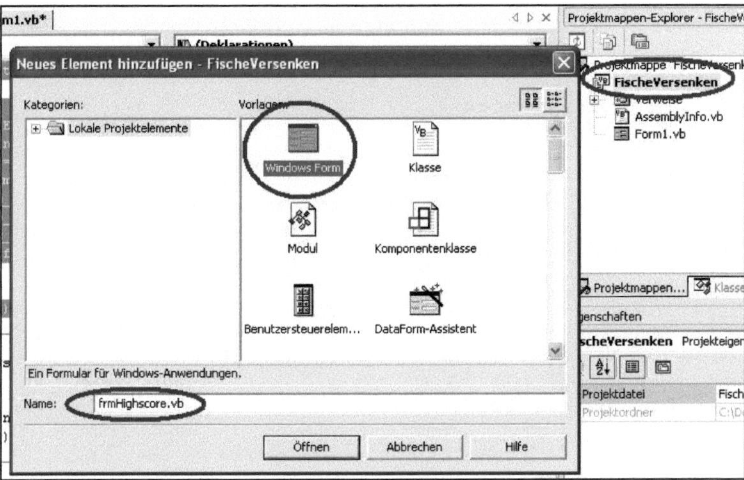

So soll unser Formular für den Highscore aussehen:

In der Bestenliste werden in einem ListBox Control bis zu 10 Namen aufgeführt. Wird ein Name der Liste angeklickt, erscheint rechts die Punktzahl des Spielers.

Zeichne das Formular entsprechend. Die Controls sollen die Namen btnOK, lstNamen und lblFische haben.

Das Formular aus dem Programm heraus zu öffnen, ist eine einfache Sache. Folgendes ist zu tun:

- eine Variable vom Typ frmHighscore anlegen. Da es sich bei Formularen um Klassen handelt, brauchen wir hier wieder das `New`
- mittels frm.ShowDialog das Formular zur Anzeige bringen

```
    Private Sub tmrStart_Tick(ByVal sender As System.Object, ByVal e As _
System.EventArgs) Handles tmrStart.Tick
        Dim name As String
        Dim frm As New frmHighscore
        m_zeit -= 1
        ZeitAnzeigen()
        If m_zeit = 0 Then
            tmrStart.Stop()
            If m_anzEinträge < 10 Then
                name = InputBox("Bitte geben Sie Ihren Namen ein: ")
                If name <> "" Then
                    m_spName(m_anzEinträge) = name
                    m_spFische(m_anzEinträge) = m_anzahl
                    m_anzEinträge += 1
                    frm.ShowDialog()
                End If
            End If
        End If
    End Sub
```

Dann müssen wir innerhalb des Highscore-Formulars noch dafür sorgen, dass beim Klicken auf OK sich das Fenster wieder schließt. Öffne also das neue Code-Fenster für das frmHighscore, und wähle den Click-Event des btnOK aus. Dort musst du nur die Subroutine Hide() aufrufen. Diese Methode bewirkt, dass sich das Fenster wieder schließt.

```
    Private Sub btnOK_Click(ByVal sender As System.Object, ByVal e As _
System.EventArgs) Handles btnOK.Click
        Hide()
    End Sub
```

Jetzt öffnet sich bereits das Formular, die Liste hat aber noch keinen Inhalt. Hier haben wir jetzt ein Problem: Die Arrays mit den Namen und Punkten sind im Hauptformular definiert, und daher auch nur dort bekannt. Wir müssen sie zunächst an unser Highscore-Formular übergeben, damit dieses sie dann darstellen kann.

Hierzu definieren wir eine Subroutine „SetzeListen“ im frmHighscore. Diese hat als Parameter die beiden Arrays und den aktuellen Index. Im frmHighscore wiederum heben wir uns diese Werte wieder in Membervariablen auf:

```
Public Class frmHighscore
    Inherits System.Windows.Forms.Form
    Dim m_spName(9) As String
    Dim m_spFische(9) As Integer
    Dim m_anzEinträge As Integer

    Public Sub SetzeListen(ByVal namen() As String, ByVal fische() As _
Integer, ByVal anzahl As Integer)
        m_spName = namen
```

```
        m_spFische = fische
        m_anzEinträge = anzahl
    End Sub

    Private Sub btnOK_Click(ByVal sender As System.Object, ByVal e As _
System.EventArgs) Handles btnOK.Click
        Hide()
    End Sub
End Class
```

Bei der Subroutine fallen 2 Dinge auf:

- Bisher hatten Subroutinen immer nur „normale“ Parameter, hier erstmals ein ganzes Array. Dies machen wir dadurch kenntlich, dass wir an die Parameternamen öffnende und schließende Klammern anfügen, und zwar ohne die Dimension (also hier die „9“) einzufügen
- Wir verwenden hier ein neues Schlüsselwort: Statt `Private` schreiben wir hier `Public`. Dies hat folgenden Hintergrund: Methoden, die als Private gekennzeichnet sind, können nur innerhalb des Formulars selber benutzt werden, also hier innerhalb von frmHighscore. Public ermöglicht es, dass sie auch von außerhalb aufgerufen werden. Dies werden wir jetzt tun, denn bevor wir das Highscore-Formular öffnen, übergeben wir jetzt die Parameter:

```
    Private Sub tmrStart_Tick(ByVal sender As System.Object, ByVal e As _
System.EventArgs) Handles tmrStart.Tick
        Dim name As String
        Dim frm As New frmHighscore
        m_zeit -= 1
        ZeitAnzeigen()
        If m_zeit = 0 Then
            tmrStart.Stop()
            If m_anzEinträge < 10 Then
                name = InputBox("Bitte geben Sie Ihren Namen ein: ")
                If name <> "" Then
                    m_spName(m_anzEinträge) = name
                    m_spFische(m_anzEinträge) = m_anzahl
                    frm.SetzeListen(m_spName, m_spFische, m_anzEinträge)
                    m_anzEinträge += 1
                    frm.ShowDialog()
                End If
            End If
        End If
    End Sub
```

Als Parameter übergeben wir unsere Arrays; dies ist einfach nur `m_spName` und `m_spFische`, ohne irgendwelche Klammern.

Beachte bitte, dass das Highscore-Formular sofort existiert, sobald ich eine Variable vom Typ frmHighscore mittels

```
        Dim frm As New frmHighscore
```

anlege. Es existiert also insbesondere, bevor ich es durch ShowDialog sichtbar mache. Deshalb kann ich auch schon vorher die Methode „SetzeListen“ aufrufen.

Nun haben wir zwar die Listen glücklich an das Highscore-Formular übergeben, aber angezeigt werden sie noch nicht. Hierfür müssen wir uns noch das ListBox Control näher ansehen.

Das ListBox Control

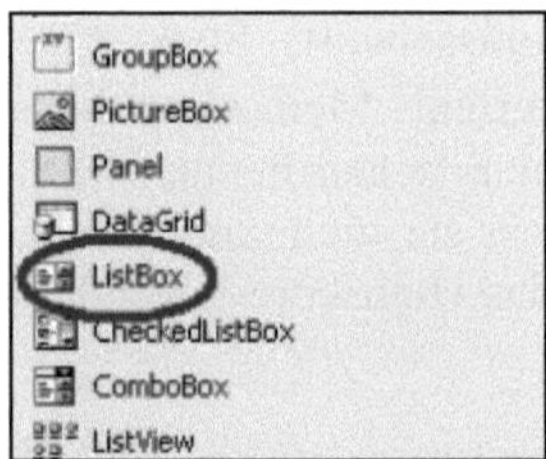

Das ListBox Control listet beliebig viele Einträge auf. Der Anwender kann davon einen oder mehrere auswählen („selektieren“).

Ob der Anwender einen oder mehrere Einträge selektieren darf, wird über die Eigenschaft „SelectionMode“ geregelt. Die Voreinstellung ist hier „One“, d.h. es darf nur ein Eintrag selektiert werden.

Welcher Eintrag selektiert ist, erfährt man über die Funktion SelectedItem. Hier wird als Zahl zurückgeliefert, der wievielte Eintrag selektiert ist (wobei die Zählung wieder mit 0 beginnt).

Genauso kann man per Programm setzen, welcher Eintrag selektiert sein soll:

```
        lstNamen.SelectedIndex = 2
```

Dieser Befehl selektiert den, aufgepasst, dritten Eintrag in der Liste (wie gesagt, die Zählung beginnt mit 0).

Über die „Items“ Eigenschaft hat man Zugriff auf die Liste der Einträge. Über eine Add-Methode dieses Items lässt sich ein Eintrag hinzufügen, über „Remove“ ein einzelner Eintrag wieder löschen, mittels „Clear“ löscht man alle Einträge.

Wir wollen unsere ListBox direkt im Load-Event des Highscore-Formulars füllen. Dieser wird dann durchlaufen, wenn im Hauptprogramm das „ShowDialog“ aufgerufen wird. Unsere Listen haben wir also schon vorher übergeben:

```
    Private Sub frmHighscore_Load(ByVal sender As Object, ByVal e As _
System.EventArgs) Handles MyBase.Load
        Dim i As Integer
        lstNamen.Items.Clear()
        For i = 0 To m_anzEinträge - 1
            lstNamen.Items.Add(m_spName(i))
        Next
        lstNamen.SelectedIndex = 0
    End Sub
```

Als erstes löschen wir vorsorglich alle vorhandenen Einträge in der ListBox. Danach füllen wir in einer Schleife die Liste mit allen Namen aus dem Array. Wenn wir damit fertig sind, selektieren wir den ersten Eintrag der ListBox.

Hier verwenden wir erstmals einen Ausdruck, in dem gleich mehrere Punkte vorkommen:

```
lstNamen.Items.Clear()
```

Wie funktioniert das? Arbeiten wir es von links nach rechts ab: „Items“ ist eine Eigenschaft der Listbox und liefert uns ein Objekt vom Typ „ListItemsCollection“ zurück (was auch immer das für ein Typ ist, wir kommen gleich darauf zurück). „lstNamen.Items“ liefert uns also so ein Objekt. Dieses wiederum hat eine „Clear“-Methode, die wir aufrufen. Ausführlich könnte man schreiben:

```
Dim lic as ListItemsCollection
lic = lstNamen.Items
lic.Clear()
```

Diese „Zwischenvariable“ kann man sich aber sparen und gleich alles hintereinander hängen.

Was jetzt nur noch fehlt, ist, dass rechts auch der zugehörige Wert angezeigt wird. Hierzu nutzen wir den Event SelectedIndexChanged der ListBox, der immer dann gefeuert wird, wenn ein Eintrag in der Liste ausgewählt wird:

```
    Private Sub lstNamen_SelectedIndexChanged(ByVal sender As _
System.Object, ByVal e As System.EventArgs) Handles _
lstNamen.SelectedIndexChanged
        Dim i As Integer
        i = lstNamen.SelectedIndex
        lblFische.Text = m_spFische(i)
    End Sub
```

Wir erfragen hier den augenblicklich selektierten Index und holen uns aus dem zweiten Array die Anzahl Fische, die wir im Label anzeigen.

Speichern in Dateien

Etwas ist an unserm Highscore noch völlig unbefriedigend: Sobald wir unser Programm beenden, sind alle Daten weg. Bei einem Neustart ist unsere Personenliste immer wieder leer. Wir müssen also einen Weg finden, Daten auch über das Programmende hinweg aufzuheben, um sie beim nächsten Start wieder zur Verfügung zu haben.

Dies macht man mit Hilfe einer Datei: Beim Beenden des Programms schreibt man alle Daten in eine eigene Datei, die man „irgendwo" auf der Festplatte ablegt. Beim nächsten Start liest man dann als erstes die Daten aus dieser Datei wieder ein. Auf diese Weise „überlebt" unser Highscore auch ein Aus- und Einschalten des PCs.

Fangen wir mit dem Speichern an: Dies soll automatisch bei Programmende erfolgen. Hierfür verwenden wir den „Closed" Event des Formulars, der bei Programmende gefeuert wird.

Zum Speichern von Daten in einer Datei gibt es die Klasse „StreamWriter", von der wir eine Variable anlegen:

```
Dim writer As New StreamWriter("c:\FischHighscore.txt")
```

Da StreamWriter eine Klasse ist, müssen wir das `new` verwenden, das wissen wir bereits. Neu ist allerdings, dass wir hinter den Klassennamen etwas in Klammern schreiben, und zwar den Namen der Datei, in die wir schreiben wollen. Dies ist etwas, was wir noch gar nicht kennen und jetzt auch noch nicht behandeln wollen, ich will die Erklärung auf später verschieben. Vorerst merken wir uns einfach: Den Namen der Datei schreibe ich in Klammern hinter den Klassennamen.

Und noch etwas muss ich jetzt ohne Erklärung einführen (sie kommt aber später, großes Indianerehrenwort!): Ganz an den Anfang der Datei, noch vor das „Public Class Form1", schreibe bitte folgende Zeile hin:

```
Imports System.IO
```

Jetzt brauchen wir nur noch eine Methode, die tatsächlich etwas in die Datei schreibt. Hier verwenden wir das WriteLine („SchreibeZeile"). Diese Methode erhält als Parameter einen String, der als eigene Zeile in die Datei geschrieben wird. So sieht dann die Routine vollständig aus:

```
    Private Sub Form1_Closed(ByVal sender As Object, ByVal e As _
System.EventArgs) Handles MyBase.Closed
        Dim i As Integer
        Dim writer As New StreamWriter("c:\FischHighscore.txt")
        writer.WriteLine(m_anzEinträge)
        For i = 0 To m_anzEinträge - 1
            writer.WriteLine(m_spName(i))
            writer.WriteLine(m_spFische(i))
        Next
        writer.Close()
    End Sub
```

Wir schreiben also am Anfang die aktuelle Anzahl in die Datei, danach die Namen und die Anzahl der Fische für jeden Spieler, der in der Highscore-Liste ist. Am Ende folgt noch ein Befehl writer.Close(), der das Schreiben in die Datei beendet.

Wenn du die Datei mit dem Notepad oder einem ähnlichen Programm öffnest, siehst du, dass jede Angabe in einer eigenen Zeile steht. Hätten wir statt der Methode WriteLine die Methode Write benutzt, würden alle Angaben unmittelbar hintereinander stehen. Probier es aus! Diese Form wäre für unsere Zwecke aber schlechter, da wir es schwerer wieder einlesen könnten.

Beim Start des Programms müssen wir die Daten wieder einlesen. Dies machen wir im Load Event des Formulars. Hier sollten wir nur als erstes überprüfen, ob unsere Datei überhaupt existiert. Dieses machen wir mit der Methode File.Exists:

```
    Private Sub Form1_Load(ByVal sender As System.Object, ByVal e As _
System.EventArgs) Handles MyBase.Load
        m_anzEinträge = 0
        If Not File.Exists("c:\FischHighscore.txt") Then Exit Sub
        Dim reader As New StreamReader("c:\FischHighscore.txt")
        Dim i As Integer
        m_anzEinträge = reader.ReadLine
        For i = 0 To m_anzEinträge - 1
            m_spName(i) = reader.ReadLine
            m_spFische(i) = reader.ReadLine
        Next
        reader.Close()
    End Sub
```

Für das Einlesen gibt es die Klasse StreamReader, die analog zum StreamWriter funktioniert. Die Methode zum Einlesen einer Zeile heißt ReadLine, sie liest immer eine komplette Zeile und liefert diese als String zurück.

Es ist natürlich klar, dass wir alles in derselben Reihenfolge wieder einlesen, in der wir es in die Datei geschrieben haben. Hierfür müssen wir selbst sorgen! In der Datei stehen nur die „nackten" Werte, was sie bedeuten sollen, weiß nur unser Programm selbst.

Warum war es für uns zweckmäßiger, WriteLine/ReadLine zu verwenden statt Write/Read? Bei Write/Read hätten wir das Problem, dass wir eine lange Zeile („3Hugo48Moritz62….") hätten, die wir beim Einlesen selbst „zerhacken" müssten, um an die einzelnen Angaben zu kommen. Wo hört ein Name auf und fängt die Punktzahl an? Um dies sicher sagen zu können, hätten wir vielleicht ein spezielles Trennzeichen zwischen die einzelnen Angaben beim Speichern setzen können, beliebt ist hier z.B. das Semikolon: „3;Hugo;48;Moritz;62….". Beim Wiedereinlesen könnte man dann den String an Hand des Semikolons wieder zerhacken (hierfür gibt es spezielle String-Zerlegungs-Funktionen). Dann müssten wir aber darauf achten, dass kein Schlaumeier in seinen Namen ein Semikolon einfügt, das würde alles durcheinander bringen. Du siehst: So war alles einfacher.

Hier können wir übrigens auch unser Wissen wieder anwenden: ReadLine ist eine Funktion, da sie einen Rückgabewert liefert. WriteLine hingegen ist eine Subroutine.

Das Füllen der Liste

Jetzt wollen wir uns noch darum kümmern, dass nur die 10 besten Ergebnisse in unsere Liste aufgenommen werden, und das auch noch in der richtigen Reihenfolge.

Zunächst mal stellen wir fest, ob der Spieler, der sein Spiel gerade beendet hat, unter den 10 besten ist. Hierzu schreiben wir eine Funktion. Diese nennen wir „TopErgebnis". Sie soll als Rückgabewert ein Boolean liefern: „True", wenn der Wert in den Top Ten ist, andernfalls „False". Wenn es ein Topergebnis ist, soll ein neuer Eintrag an der richtigen Stelle in der Liste erfolgen. Kümmern wir uns zunächst um die erste Routine. Wir befinden uns jetzt wieder im Load-Event des Hauptformulars:

```
    Private Sub tmrStart_Tick(ByVal sender As System.Object, _
ByVal e As System.EventArgs) Handles tmrStart.Tick
        Dim name As String
        Dim frm As New frmHighscore
        m_zeit -= 1
        ZeitAnzeigen()
        If m_zeit = 0 Then
            tmrStart.Stop()
            If TopErgebnis() = True Then
                name = InputBox("Bitte geben Sie Ihren Namen ein: ")
                If name <> "" Then
                    NeuerEintrag(name)
                    If m_anzEinträge < 10 Then
                        m_anzEinträge += 1
                    End If
                    frm.SetzeListen(m_spName, m_spFische, m_anzEinträge)
                    frm.ShowDialog()
                End If
            End If
        End If
    End Sub

    Private Function TopErgebnis() As Boolean
        Dim i As Integer
        ' Wenn weniger als 10 Einträge da sind, ist dies immer "Top"
        If m_anzEinträge < 10 Then Return True
        ' Wenn ein alter Eintrag schlechter ist, ist der neue auch "Top"
        For i = 0 To m_anzEinträge - 1
            If m_spFische(i) < m_anzahl Then
                Return True
            End If
        Next
        Return False
    End Function

    Private Sub NeuerEintrag(ByVal Name As String) ' Kommt gleich dran!
    End Sub
```

Alle Änderungen sind wieder fett gedruckt:

Bevor wir ein Ergebnis zu unserer Liste hinzufügen, stellen wir erstmal fest, ob es ein Top-Ergebnis ist. Hierzu rufen wir unsere Funktion auf. In unserm Fall haben wir also an mehreren Stellen ein `Return False` oder `Return True`. Beachte, dass durch das `Return` die Funktion sofort verlassen wird.

Beachte auch, dass wir den Aufruf der Funktion wieder direkt in die If-Abfrage gesteckt haben, das spart uns eine Boolesche Variable, die wir extra definieren müssten.

Jetzt müssen wir noch für die richtige Reihenfolge sorgen, also die Subroutine „NeuerEintrag" mit Leben füllen. Der Beste soll oben in der Liste stehen, dahinter soll die Liste nach Punktzahlen geordnet sein. Die Routine geht wie folgt vor:

Sie geht von hinten durch die Liste und schiebt den jeweiligen Eintrag um noch eine Position weiter nach hinten, sofern dieser schlechter ist als der neu aufzunehmende Eintrag. Sobald ein bestehender Eintrag besser ist, wird damit aufgehört.

```
Private Sub NeuerEintrag(ByVal Name As String)
    Dim i As Integer
    i = m_anzEinträge - 1
    Do While i >= 0
        If m_spFische(i) < m_anzahl Then
            ' Der neue Eintrag ist besser. Schiebe den alten nach
             ' hinten
            ' Aber dies nur, wenn er nicht schon der letzte war,
            ' dann fällt er raus aus der Liste
            If i < 9 Then
                m_spFische(i + 1) = m_spFische(i)
                m_spName(i + 1) = m_spName(i)
            End If
            i -= 1
        Else
            Exit Do      ' verlasse die Schleife
        End If
    Loop
    i += 1
    ' i steht jetzt an der Stelle, an der der neue Eintrag hingehört
    If i < 10 Then
        m_spFische(i) = m_anzahl
        m_spName(i) = Name
    End If
End Sub
```

Ich habe hier wieder einen neuen Befehl verwendet, nämlich das `Exit Do`: Hierdurch wird die Schleife sofort verlassen, und die Programmausführung hinter dem `Loop` fortgesetzt.

Frage:
Warum sind wir nicht von vorne durch die Liste durchgegangen, um den neuen Eintrag einzufügen? Also etwa so:

```
i = 0
Do While i < m_anzEinträge
    If m_spFische(i) < m_anzahl Then
        If i < 9 Then
            m_spFische(i + 1) = m_spFische(i)
            m_spName(i + 1) = m_spName(i)
        End If
    Else
        Exit Do     ' verlasse die Schleife
    End If
    i += 1
Loop
m_spFische(i) = m_anzahl
m_spName(i) = Name
```

Antwort:
Das „Verschieben nach hinten" würde dann so nicht funktionieren. Betrachte die Anweisung

```
m_spFische(i + 1) = m_spFische(i)
```

Wenn wir jetzt von vorne durchgehen, stellen wir vielleicht fest, dass wir ab dem 3. Eintrag die Einträge nach hinten verschieben müssten. Durch den Ausdruck oben würde dann also, für i = 3, der dritte Eintrag in den vierten kopiert. Dann würde i auf 4 erhöht, und jetzt der vierte Eintrag in den fünften kopiert. Aber halt! Der vierte Eintrag ist nicht mehr der ursprüngliche vierte Eintrag, sondern wir haben ihn ja gerade vorher mit dem dritten Eintrag überschrieben!

Folge: Wir hätten ab dem dritten Eintrag nur noch identische Einträge in der Liste.

Wenn wir von hinten anfangen, haben wir das Problem nicht, dass wir Einträge, die wir erst noch kopieren wollen, vorher schon überschrieben haben.

Es ist wichtig, dass du dieses Problem verstehst, mach es Dir notfalls mit Papier und Bleistift klar. Zeichne 10 Kästchen für die Punktzahlen, und „kopiere" mal vorwärts, mal rückwärts, indem du die Inhalte der Kästchen gemäß der Schleife ersetzt.

So, nun hat unser Programm auch einen Highscore. Der Code hierfür war viel umfangreicher als das eigentliche Programm, dafür haben wir aber auch viel Neues gelernt. So langsam werden unsere Programme immer länger.

11. Anwendung: Memory

Das gibt es Neues in diesem Kapitel:

- Collections
- Die For-Each-Schleife
- Controls dynamisch erzeugen
- Das RadioButton Control
- Das GroupBox Control
- Menüs

Dieses wird wieder ein längeres Kapitel. Wir werden ein Memory-Spiel erstellen. So soll es aussehen:

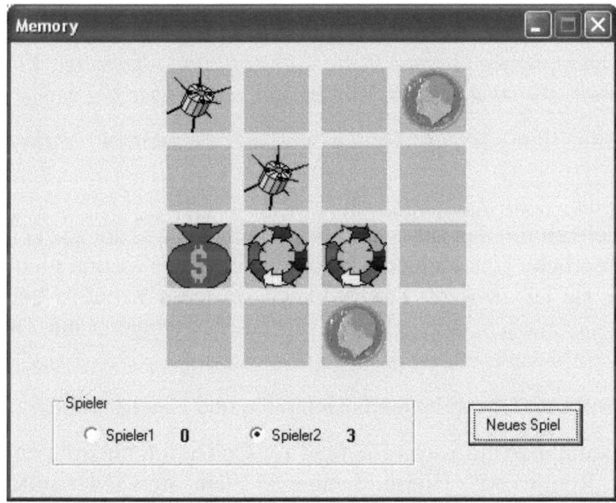

Hierfür müssen wir einiges an Neuem lernen, und das Programm wird das bisher längste, das wir erstellt haben.

Vorab die Bemerkung, dass es, wie immer beim Programmieren, verschiedene Wege gibt, das Ziel zu erreichen. Keine 2 Programme, die ein Memory-Spiel erzeugen, werden gleich aussehen. Es ist sicher sinnvoll, wenn du selbst mal ein bisschen überlegst und ausprobierst, bevor du meine Lösung nachvollziehst.

Collections und die For-Each-Schleife

Vergessen wir erstmal kurz unser Ziel „Memory“, um etwas Neues zu behandeln: Collections.

Collections sind Sammlungen, in denen man Dinge sammelt. Hierbei handelt es sich meistens um gleichartige Dinge (dies ist aber nicht zwingend). Im richtigen Leben zum Beispiel eine Briefmarkensammlung: Diese enthält auch nur Briefmarken und keine Bierdeckel.

Was macht man mit einer Sammlung? Man fügt neue „Elemente“ hinzu, entfernt manche wieder, und schaut die Sammlung immer mal wieder durch. Charakteristisch ist auch, dass man von vorn herein nie weiß, wie groß die Sammlung einmal werden wird.

Nun gibt es in VB.Net nicht nur eine Art von Collections, sondern gleich mehrere, die jede ihre spezielle Berechtigung hat. Zwei davon wollen wir gleich näher betrachten. „Collection“ ist also nur ein Sammelbegriff für mehrere verschiedene Arten von Sammlungen, es gibt kein Objekt von Typ „Collection“:

Falsch! Gibt es doch! Nur ist dieser „veraltet“. Man hat diesen Typ in VB.Net noch beibehalten, weil es ihn in der Vorgängersprache (Visual Basic 6.0) gab, und ehemalige VB 6.0 Programmierer ihn lieb gewonnen haben. Wer neu mit VB.Net anfängt, sollte aber die neuen Klassen benutzen.

Die folgenden beiden Collection-Klassen werden wir jetzt betrachten: „ArrayList“ und „HashTable“.

Eine Collection hat Ähnlichkeit mit den uns schon bekannten Arrays, die auch eine Sammlung von Dingen darstellt. Der wesentliche Unterschied ist, dass bei einer Collection nicht vorher feststehen muß, wie viele Elemente sie haben wird. Ferner bieten sie mehr Komfort beim Zugriff auf die einzelnen Elemente, und sie müssen, wie schon gesagt, nicht zwingend nur Objekte vom selben Typ enthalten.

Allen Collections gemeinsam sind die folgenden Methoden und Eigenschaften:

- „Add“: Hiermit kann man ein neues Element zur Collection hinzufügen.
- „Remove“ bzw. „RemoveAt“: Hiermit kann man Elemente wieder entfernen
- „Count“: Liefert die Anzahl der Elemente in der Collection
- „Clear“: Löscht alle Elemente auf einen Schlag

Ferner ist eine besondere Art von Schleife auf Collections anwendbar, und dies macht den Umgang mit ihnen besonders bequem: Die For-Each-Schleife.

Sehen wir uns die beiden Collections also im Detail an: Die „ArrayList“ und die „HashTable“

1.) ArrayList

Machen wir an einem Beispiel deutlich, was man mit einer ArrayList machen kann:

- Wir erzeugen ein neues Objekt vom Typ ArrayList
- Und fügen dann Elemente hinzu:

```
        Dim briefmarkenSammlung As New ArrayList
        briefmarkenSammlung.Add("Posthorn 10 Pf.")
        briefmarkenSammlung.Add("Posthorn 20 Pf.")
        briefmarkenSammlung.Add("Blaue Mauritius")
        briefmarkenSammlung.Add("Posthorn 20 Pf.")
```

(die „Posthorn 20Pf." haben wir doppelt)

Wie du am Schlüsselwort `New` gleich erkannt hast, sind Collections Klassen und keine Basistypen.

Wir füllen unsere Collection also mit Strings (und nicht etwa mit Objekten vom Typ „Briefmarke"!). Es ist eher selten, eine Collection dazu zu verwenden, Basistypen wie Strings aufzusammeln, aber für unser Beispiel ist dies jetzt mal ausreichend. Im richtigen Programmiererleben sammelt man hier eher Klassenobjekte (also z.B. PictureBoxen).

Die „Count"-Eigenschaft sagt uns jederzeit, wie viele Elemente unsere Collection enthält:

```
MessageBox.Show("Die Sammlung enthält " & briefmarkenSammlung.Count & _
"Briefmarken")
```

Auf die einzelnen Elemente greifen wir, wie bei Arrays, mit einem Index zu (dessen Zählung mit 0 beginnt):

```
        Dim i As Integer
        For i = 0 To briefmarkenSammlung.Count - 1
            MessageBox.Show("Dies ist die Marke: " & _
briefmarkenSammlung(i))
        Next
```

Nun gibt es noch eine zweite Schleife, nämlich die For..Each-Schleife:

```
        Dim str As String
        For Each str In briefmarkenSammlung
            MessageBox.Show("Dies ist die Marke: " & str)
        Next
```

Statt einen Index zu verwenden, definieren wir hier eine Variable vom selben Typ, den auch die Elemente in der ArrayList haben, hier also String. Diesen verwenden wir in der For..Each-Anweisung, und erhalten direkt das jeweilige Element aus der Liste.

Ohne extra einen Index definieren zu müssen, kommen wir also sofort an das Element heran.

Der Vorteil dieser Schleife wird noch deutlicher, wenn man tatsächlich Objekte in seiner Sammlung hat. Stellen wir uns nur mal kurz eine Sammlung „picCollection“ von PictureBoxen vor, dann könnten wir bspw. schreiben:

```
Dim pic As PictureBox
For Each pic In picCollection
    MessageBox.Show("Die x-Position ist: " & pic.Left)
Next
```

Elemente lassen sich löschen mit der RemoveAt-Methode, der ich den Index des Elements mitgebe, das zu löschen ist, wobei dieser Index auch wieder mit 0 beginnt:

```
briefmarkenSammlung.RemoveAt(2)
```

Dies entfernt die „Blaue Mauritius“ aus unserer Sammlung (schade eigentlich).

Alternativ kann man auch die Remove-Methode verwenden, der man statt eines Index das zu löschende Element übergibt. Dieses muss man sich allerdings erstmal besorgen:

```
Dim str As String
str = briefmarkenSammlung(1)
briefmarkenSammlung.Remove(str)
```

Dies löscht die erste „Posthorn 20Pf.“

Beim Löschen eines Elements rutschen die nachfolgenden Elemente automatisch nach vorn, und die ArrayList enthält ein Element weniger.

Mit Hilfe der Insert-Methode kann man an beliebiger Stelle ein neues Element einfügen. Als ersten Parameter gibt man den Index an, an dem das Element eingefügt werden soll, als zweiten Parameter das einzufügende Objekt:

```
briefmarkenSammlung.Insert(1, "Wohlfahrtsmarke")
```

Dies fügt die Wohlfahrtsmarke zwischen die „Posthorn 10 Pf.“ und die „Posthorn 20 Pf.“ ein.

Um dies zu erreichen, mussten wir vorhin bei der Bestenliste, die wir mit einem Array erstellt hatten, einen erheblichen Aufwand treiben. Wir sehen: Für flexible Listen sind Collections geeigneter!

2.) HashTable

Die HashTable hat nichts mit Drogenkonsum zu tun, auch wenn es sich so anhört. „Hashing“ ist ein spezielles Sortierverfahren, und der Name hat sich in dieser Tabelle nieder geschlagen.

Der wesentliche Unterschied zwischen der ArrayList und der HashTable ist der Zugriff auf die Elemente: Dieser geschieht bei der HashTable nicht durch einen Index, sondern durch einen Schlüssel („Key“), den ich beim Hinzufügen der Elemente angebe.

Das beliebteste Beispiel hierfür ist das Wörterbuch: Ich nehme englische Wörter in meine HashTable auf. Hierbei ordne ich ihnen das jeweilige deutsche Wort als Schlüssel zu:

```
        Dim wörterbuch As New Hashtable
        wörterbuch.Add("Wenn", "If")
        wörterbuch.Add("Funktion", "Function")
        wörterbuch.Add("Dann", "Then")
```

Das „Add“ hat also 2 Parameter, wobei der zweite (!) das ist, was in die Liste soll, und der erste der zugehörige Schlüssel. Es sei ausdrücklich darauf hingewiesen, dass sowohl Key als auch Value von beliebigem Typ sein können; wir verwenden in diesem Beispiel für beides Strings.

Der Zugriff auf die Elemente erfolgt jetzt nicht über eine Indexzahl, sondern über den Schlüssel:

```
        MessageBox.Show("Das englische Wort für Wenn ist: " & _
wörterbuch("Wenn"))
```

Der Schlüssel muss natürlich beim Hinzufügen der Elemente verwendet worden sein, sonst gibt es einen fehlerhaften Zugriff. Aber dies ist bei der ArrayList und ihrem Zugriff per Index ebenso: Auch der Index muss eine gültige Zahl innerhalb der Anzahl der Elemente sein.

Beim Hinzufügen von Elementen ist zu beachten, dass kein Schlüssel doppelt verwendet wird.

Für das Löschen kennt die HashTable nur ein „Remove“. Diesem gebe ich den Schlüssel als Parameter mit:

```
        wörterbuch.Remove("Dann")
```

Collections, egal ob HashTable oder ArrayList, sind ein sehr schönes Sprachelement in VB.Net, das man immer wieder braucht – häufiger als Arrays.

Controls dynamisch erzeugen

Zurück zu unserm Memory-Spiel:

Jetzt wollen wir Controls dynamisch zu erzeugen. Was heißt das?

Bisher haben wir unsere Controls immer dadurch erstellt, dass wir sie auf dem Formular eingezeichnet haben. Beim Memory hätten wir da viel zu tun: 16 PictureBox Controls müssen erstellt werden. Stell dir vor, wir würden sogar ein Spielfeld mit 10 mal 10 Kärtchen erstellen, dann wären wir damit lange beschäftigt.

Wir werden jetzt also unsere Controls per Programm erstellen, statt sie auf dem Formular einzuzeichnen. Dies funktioniert mit allen Controls, nicht nur mit PictureBoxen.

Es geschieht in folgenden Schritten:

1.) Man erzeugt im Programm ein Objekt vom entsprechenden Typ:

```
Dim pic As PictureBox
pic = New PictureBox
```

2.) Man setzt für dieses Objekt alle gewünschten Eigenschaften. Unter anderem wird man meistens die Top/Left/Width/Height-Eigenschaft setzen. Diese wurden bisher immer dadurch besetzt, dass man das Control irgendwo auf dem Formular ablegte, aber das machen wir jetzt ja nicht mehr:

```
pic.Width = 50
pic.Height = 50
pic.Left = 100
pic.Top = 20
pic.SizeMode = PictureBoxSizeMode.StretchImage
pic.Image = Image.FromFile("..\Franz.ico")
```

3.) Man fügt das Control zur Liste der Controls des Formulars hinzu: Jedes Formular hat eine Eigenschaft „Controls“, die die Liste aller Controls des Formulars als Collection liefert (und zwar in der „Abart“ „ControlCollection“. Diese bietet die von der ArrayList bekannten Methoden „Add“, „Remove“, usw. an. Mittels „Add“ fügen wir unser neues Control hinzu:

```
Controls.Add(pic)
```

Probier jetzt diesen Code aus („Franz.ico“ muss ev. noch an die richtige Stelle kopiert werden) , indem du ihn bspw. in den Load-Event des Formulars einfügst. Oder als Reaktion auf einen Button-Click.

Jetzt haben wir zwar ein Control dynamisch erzeugt, aber stoßen gleich auf ein Problem: Wie sollen wir jetzt Event-Handler Routinen für dieses Control erstellen? Bisher hatten wir, nachdem wir das Control gemalt hatten, den Namen des Controls in der linken oberen ComboBox des Codefensters verfügbar, konnten rechts bequem den Event auswählen, und schon wurde die Event-Subroutine erstellt.

Jetzt hingegen hat unser Control nicht mal einen Namen! Denn wir haben die „Name“-Eigenschaft nicht besetzt (und müssen dies auch nicht).

Einen Event-Handler, bspw. für das „Click“-Ereignis, fügen wir wie folgt hinzu:

- Wir definieren selbst eine Subroutine, mit einem beliebigen Namen, die genau dieselben Parameter hat wie die Event-Routine, die wir bekommen würden, wenn wir sie auf die gewohnte Art und Weise erzeugen:

```
    Private Sub Bild_Click(ByVal sender As System.Object, ByVal e As _
System.EventArgs)

    End Sub
```

Den Namen „Bild_Click“ habe ich selbst gewählt. Beachte, dass kein `Handles...` hinter der Klammer folgt.

Damit man nicht alles Tippen muß, ist es am einfachsten, wenn man ein Control mal eben auf dem Formular erzeugt, sich die Routine erstellen lässt, und dann das Control wieder entfernt. Dann kann man noch den Namen ändern und muß die `Handles`-Geschichte löschen.

- Dann verbinden wir unser im Programm erzeugtes Control mit dieser Subroutine:

```
        pic.Width = 50
        ...
        pic.SizeMode = PictureBoxSizeMode.StretchImage
        pic.Image = Image.FromFile("..\Franz.ico")
        AddHandler pic.Click, AddressOf Bild_Click
```

Dieser `AddHandler`-Befehl verbindet den Event `pic.Click` mit der von uns erstellten Subroutine „Bild_Click“. Von der Schreibweise (der „Syntax“) her ist es ein etwas ungewöhnlicher Befehl, denn er sieht aus wie ein Subroutinen-Aufruf mit zwei Parametern. Diese werden allerdings nicht, wie bei einer Subroutine, in Klammern geschrieben. Ferner gibt man als zweiten Parameter auch nicht einfach nur den Namen der gewünschten Subroutine an, sondern setzt noch ein `AddressOf` davor.

Jetzt können wir auf diese Weise leicht unser „Spielfeld“ mit Karten füllen, die wir in 4 Zeilen und 4 Spalten anordnen:

```
    Private Sub BilderErzeugen()
        Dim i, j As Integer
        Dim pic As PictureBox
        For i = 0 To 3
            For j = 0 To 3
                pic = New PictureBox
```

```
                pic.Width = 50
                pic.Height = 50
                pic.Left = 120 + i * 60
                pic.Top = 20 + j * 60
                pic.SizeMode = PictureBoxSizeMode.StretchImage
                pic.BackColor = Color.LightSteelBlue
                AddHandler pic.Click, AddressOf Bild_Click
                Controls.Add(pic)
            Next
        Next
    End Sub
```

Wir verwenden hier zwei ineinander geschachtelte Schleifen, weil wir auf diese Weise die „Left“ und die „Top“-Eigenschaft schön besetzen können. Ferner habe ich die Zuweisung eines Bildes vorerst wieder entfernt, und stattdessen nur die BackColor-Eigenschaft gesetzt.

Wenn einer PictureBox nämlich kein Bild zugewiesen ist, sieht man nur die Hintergrundfarbe des Controls – für uns hat das den Effekt, als würde man die „Rückseite“ der Karte sehen.

Auch hier gilt wieder: Man braucht immer eine gute Idee, wie man ein Problem löst.

Diese „BilderErzeugen“-Routine kann man nun im Load-Event des Formulars aufrufen.

Ein Detail der Routine müssen wir noch näher betrachten: Obwohl wir 16 PictureBoxen erzeugen, verwenden wir nur eine einzige Variable `pic`. Gehen dadurch nicht die gerade erzeugten PictureBoxen immer wieder verloren, und am Ende bleibt nur eine übrig?

Dies wäre tatsächlich so, wenn wir die Box nicht in die Liste der Controls hängen würden. Ohne den Befehl `Controls.Add(pic)` würden die gerade erzeugten Boxen immer gleich wieder verschwinden, denn VB.Net würde „merken“, dass keiner sie mehr braucht. Dadurch, dass sie aber in die Liste gehängt werden, bleiben sie dauerhaft erhalten. Allerdings kann man natürlich nicht mehr mit der Variable pic auf sie zugreifen, sondern sie sind nur noch zugreifbar über die Liste der Controls am Formular.

Nun stellt sich gleich die nächste Frage: Alle 16 PictureBoxen benutzen dieselbe Routine als Event Handler. Wie kann man dann im Event Handler unterscheiden, auf welche PictureBox geklickt wurde?

Der erste Parameter der Event Handler Subroutine ist der „sender“, also das Objekt, auf das geklickt wurde, in unserm Fall also die jeweilige PictureBox. Diese `sender`-Variable ist vom Typ `Object`. Diese Variable müssen wir zunächst in eine PictureBox wandeln. Dies geschieht durch eine einfache Zuweisung:

```
    Private Sub Bild_Click(ByVal sender As System.Object, ByVal e As _
System.EventArgs)
        Dim pic As PictureBox
        pic = sender
    End Sub
```

Jetzt haben wir zwar die PictureBox in den Fingern, wissen aber immer noch nicht, welche. Hierzu nutzen wir nun die Eigenschaft „Tag" (das ist nicht das Gegenteil vom Nacht, sondern das englische Wort für „Marke"). Beim Erzeugen werden wir (gleich, nur Geduld) die PictureBoxen mit unterschiedlichen Tags versehen, und können dann im Event-Handler abfragen, wie das Tag besetzt ist. Auf diese Weise finden wir heraus, welche PictureBox denn nun den Event gefeuert hat.

Was wollen wir denn nun eigentlich machen, wenn auf eine Karte geklickt wurde? Wir wollen sie „umdrehen". Das heißt einfach nur, dass wir jetzt ein Bild, das zu der Karte gehört, auf der PictureBox darstellen. Zunächst mal müssen wir also dafür sorgen, dass zu jeder Karte ein Bild gehört (das wir aber, wie gesagt, erst im Event-Handler einblenden werden).

Kümmern wir uns also zunächst mal darum, den Karten Bilder zuzuordnen. Die Bilder selbst habe ich im Verzeichnis

„C.\Programme\Microsoft Visual Studio .Net 2003\Common7\Graphics\Metafile\Business"

bzw. „...\arrows" gefunden. Dort finden sich einige Bilddateien vom Typ "WMF", die sich als Memorybilder eignen. Du kannst aber beliebige Bilddateien verwenden.

Welches Bild einer Karte zugeordnet ist, merken wir uns in der „Tag"-Eigenschaft der PictureBox. Dort hinein schreiben wir den Namen des Bildes. Auf diese Weise erfahren wir dann auch im EventHandler, auf welches Bild geklickt wurde.

Das Mischen und das Zuordnen der Bilder erledigen wir in einem Schritt: Wir ordnen nicht von vorn herein die Bilder den Karten zu und mischen diese dann, sondern gehen anders herum vor: Die PictureBoxen liegen unverrückbar auf dem Bildschirm, und das Mischen besteht darin, zufällig die Bilder diesen PictureBoxen zuzuordnen.

Fangen wir mit dem Mischen an. Hierzu erstellen wir eine Liste mit allen Bildnamen. Wir gehen dann alle PictureBoxen durch, wählen zufällig einen Bildnamen aus der Liste aus und ordnen ihn der PictureBox zu. Danach löschen wir den Namen aus der Liste der Bildnamen.

Zunächst also die Bildliste. Hier benutzen wir eine ArrayList, da wir Elemente hinzufügen und entfernen wollen.

```
Public Class Form1
    Inherits System.Windows.Forms.Form

    Dim m_bildnamen As New ArrayList

    Private Sub Form1_Load(ByVal sender As System.Object, ByVal e As _
System.EventArgs) Handles MyBase.Load
        NamenslisteFüllen()
        BilderErzeugen()
    End Sub

    Private Sub NamenslisteFüllen()
        m_bildnamen.Add("Moneybag")
        m_bildnamen.Add("Coins")
        m_bildnamen.Add("Dime")
```

```
        m_bildnamen.Add("Disk35")
        m_bildnamen.Add("Satelit1")
        m_bildnamen.Add("2DArrow4")
        m_bildnamen.Add("3DArrow1")
        m_bildnamen.Add("Micrchip")
        m_bildnamen.Add("Moneybag")
        m_bildnamen.Add("Coins")
        m_bildnamen.Add("Dime")
        m_bildnamen.Add("Disk35")
        m_bildnamen.Add("Satelit1")
        m_bildnamen.Add("2DArrow4")
        m_bildnamen.Add("3DArrow1")
        m_bildnamen.Add("Micrchip")
    End Sub

    Private Sub BilderErzeugen()
        Dim i, j As Integer
        Dim pic As PictureBox
        For i = 0 To 3
            For j = 0 To 3
                pic = New PictureBox
                pic.Width = 50
                pic.Height = 50
                pic.Left = 120 + i * 60
                pic.Top = 20 + j * 60
                pic.SizeMode = PictureBoxSizeMode.StretchImage
                pic.BackColor = Color.LightSteelBlue
                AddHandler pic.Click, AddressOf Bild_Click
                Controls.Add(pic)
            Next
        Next
    End Sub
End Class
```

In die Liste nehmen wir also die Namen der Bilddateien auf (8 Namen, jeden doppelt). Jetzt folgt das „Bekleben“ der Karten: Wir ordnen jeder der PictureBoxen einen Bildnamen zu:

```
    Dim m_rnd As New Random

    Private Sub BilderErzeugen()
        Dim i, j As Integer
        Dim pic As PictureBox
        For i = 0 To 3
            For j = 0 To 3
                pic = New PictureBox
                pic.Width = 50
                pic.Height = 50
                pic.Left = 120 + i * 60
                pic.Top = 20 + j * 60
```

```
                pic.SizeMode = PictureBoxSizeMode.StretchImage
                pic.BackColor = Color.LightSteelBlue
                AddHandler pic.Click, AddressOf Bild_Click
                BildBekleben(pic)
                Controls.Add(pic)
            Next
        Next
    End Sub

    Private Sub BildBekleben(ByVal pic As PictureBox)
        Dim anz As Integer
        Dim bildNr As Integer
        Dim bildname As String

        anz = m_bildnamen.Count
        bildNr = m_rnd.Next(0, anz)
        bildname = m_bildnamen(bildNr)
        pic.Tag = bildname
        m_bildnamen.RemoveAt(bildNr)
    End Sub
```

In der neuen Subroutine wählen wir also eine Zufallszahl zwischen 0 und der Anzahl (minus 1) der Bilder in der Bilderliste. Den Bildnamen mit dieser Nummer nehmen wir aus der Liste und speichern ihn als Tag an der PictureBox. Beachte: Wir setzen noch nicht die „Image"-Eigenschaft der PictureBox. Auf diese Weise hat nun die PictureBox ihr Bild bekommen. Nachdem wir dies getan haben, entfernen wir diesen Namen aus der Liste (denn er ist nun „verbraucht"). Die Liste ist nun ein Element kürzer, und wir fahren so fort, bis jede PictureBox ihr Tag hat.

Jetzt wollen wir noch das „Umdrehen" der Bilder im Event-Handler programmieren:

```
    Private Sub Bild_Click(ByVal sender As System.Object, ByVal e As _
System.EventArgs)
        Dim pic As PictureBox
        Dim bilddatei As String

        pic = sender
        If pic.Image Is Nothing Then
            bilddatei = "..\" & pic.Tag & ".wmf"
            pic.Image = Image.FromFile(bilddatei)
        End If
    End Sub
```

(die Bilddateien habe ich ins Projektverzeichnis kopiert).

Die Abfrage `pic.Image Is Nothing` ist interessant: Solange bei einer PictureBox die Image-Eigenschaft nicht besetzt wurde, ist sie `Nothing`. Auch der Vergleich, ob ein Objekt `Nothing` ist, findet immer mit `Is` statt und nicht mit dem Gleichheitszeichen. Die Abfrage selbst ist deshalb da, weil es wenig Sinn macht, auf eine bereits aufgedeckte Karte noch mal zu klicken.

Unser Memory ist jetzt schon zu einem gewissen Teil funktionsfähig: Die Karten werden erzeugt, Bilder darauf geklebt, und beim Anklicken werden sie umgedreht.

Als nächstes kümmern wir uns um den Button „Neues Spiel". Ihn erstellen wir wie bisher, indem wir ihn auf das Formular zeichnen. Ich habe ihn btnNeu genannt.

Was soll hier passieren?

- wir löschen die bisher vorhandenen Controls
- wir füllen die Namensliste wieder neu
- wir erzeugen die Bilder neu

Für den zweiten und dritten Punkt haben wir bereits Subroutinen, die wir nur aufrufen müssen, es fehlt nur noch das Löschen der alten PictureBoxen. Dies ist schwieriger, als es zunächst mal scheint:

Versuchen wir es mal. Wir haben ja gerade die schöne For..Each-Schleife kennen gelernt, also gehen wir die „Controls" Collection des Formulars durch und löschen alle PictureBoxen:

```
    Private Sub btnNeu_Click(ByVal sender As System.Object, ByVal e As
System.EventArgs) Handles btnNeu.Click
        ControlsLöschen()
        NamenslisteFüllen()
        BilderErzeugen()
    End Sub

    Private Sub ControlsLöschen()
        Dim ctrl As Control
        For Each ctrl In Controls
            If ctrl.GetType.Name = "PictureBox" Then
                Controls.Remove(ctrl)
            End If
        Next
    End Sub
```

Wir müssen natürlich aufpassen, dass wir nur die PictureBoxen löschen: Auch der Button taucht in der Liste der Controls auf, denn auch die Controls, die man auf dem Formular zeichnet, finden sich in dieser Collection wieder. Um den Typ des Controls herauszufinden, benutzt man die „GetType"-Methode, über die jedes Control verfügt, und von Ergebnis wiederum die „Name"-Eigenschaft (wieder so ein Ausdruck mit zwei Punkten; ich denke du siehst, wie praktisch das ist, wir müssen gar nicht wissen, von welchem Typ das „Zwischenergebnis" `Ctrl.GetType` ist).

Jedoch, wenn wir diese Routine laufen lassen, geschieht Unerfreuliches: Nur jedes zweite Control verschwindet von Bildschirm, und danach stürzt unser Programm ab.

Woran liegt es?

Hierzu muss man verstehen, wie diese For..Each-Schleife intern arbeitet: Sie beginnt mit dem ersten Element der Collection, und macht danach mit dem zweiten weiter. In der Schleife selbst entfernen wir aber das erste Element, und das bisherige zweite wird das erste. Davon bekommt der

Schleifenzähler aber nichts mit, und er macht brav mit dem zweiten Element weiter. Dies ist inzwischen aber das ehemalige dritte Element. Die Folge: Das ursprüngliche zweite Element bleibt ungelöscht, und irgendwann versucht die Schleife das 9.Element zu löschen, dass es aber gar nicht mehr gibt.

Also: Vorsicht mit dem Löschen von Elementen innerhalb von Schleifen!

Wie geht es denn aber nun?

Zum Beispiel so:

```
    Private Sub btnNeu_Click(ByVal sender As System.Object, ByVal e As _
System.EventArgs) Handles btnNeu.Click
        ControlsLöschen()
        NamenslisteFüllen()
        BilderErzeugen()
    End Sub

    Private Sub ControlsLöschen()
        Dim ctrl As Control
        Dim i, anz As Integer
        anz = Controls.Count
        i = 0
        Do While i < anz
            ctrl = Controls(i)
            If ctrl.GetType.Name = "PictureBox" Then
                Controls.RemoveAt(i)
                anz -= 1
            Else
                i += 1
            End If
        Loop
    End Sub
```

Wir haben hier selbst den Zähler und den Index auf die Listenelemente in der Hand und aktualisieren diese selbst: Wenn wir ein Element löschen, verringern wir die Variable `anz`, die die Anzahl der Elemente ausdrückt, um 1. Den Index lassen wir unverändert: Wir löschen also z.B. mehrfach das Element Nr. 2: Dadurch, das vorher ein Element entfernt wurde, ist es aber immer ein anderes, denn die nachfolgenden Elemente sind durch das Löschen nach vorne gerutscht. Wenn wir hingegen auf ein Element treffen, das wir nicht löschen müssen, lassen wir dieses Element in der Liste und erhöhen den Index um 1.

Der Rest des Spiels findet unter einer neuen Überschrift statt, denn wir lernen wieder neue Controls kennen, und wollen ihnen auch ein eigenes Unterkapitel gönnen:

Der RadioButton und die GroupBox

Das RadioButton Control ist dieser kleine Runde Knopf, neben dem sich immer eine Beschriftung befindet. Wir finden ihn, wie gewohnt, in der Toolbox:

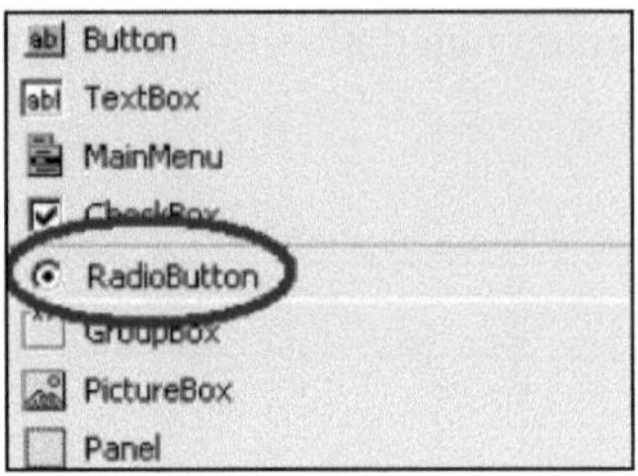

Die Beschriftung gehört direkt zum Control dazu (Eigenschaft „Text"), anders als bspw. bei der TextBox, bei der man ein zusätzliches Label Control für die Beschriftung brauchte.

Statt einer „Value"-Eigenschaft hat der Button die „Checked" –Eigenschaft. Diese ist entweder True (der Button ist gedrückt) oder False (nicht gedrückt).

RadioButtons treten immer in Gruppen von mindestens zwei auf. Bspw. haben wir in der folgenden Dialogbox eine Gruppe mit drei und eine Gruppe mit 2 Buttons:

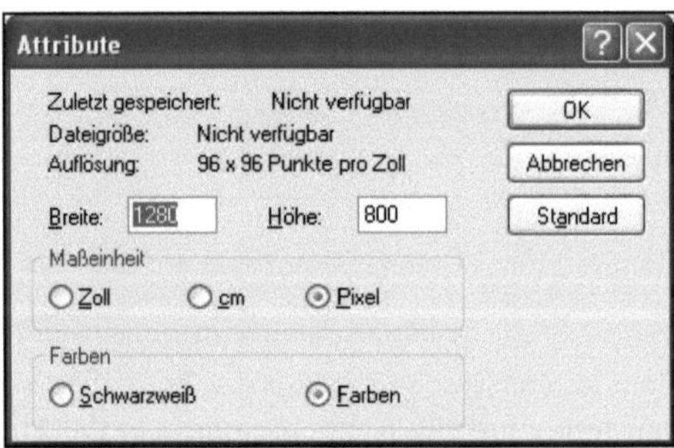

Aus einer Gruppe von RadioButtons kann immer nur einer ausgewählt sein: Klickt man auf einen andern, ist dieser nun ausgewählt, und der bisherige nicht mehr.

Der Button hat seinen Namen von alten Radios, bei denen man den Sender über Drucktasten auswählte. Wenn man eine der Tasten drückte, sprang die bisher gedrückte wieder heraus.

Eine Gruppe von Buttons bildet man in der Regel dadurch, dass man sie mit einem Rahmen umgibt. Hierfür verwendet man bspw. eine GroupBox, die wir in der ToolBox gleich unter dem RadioButton finden:

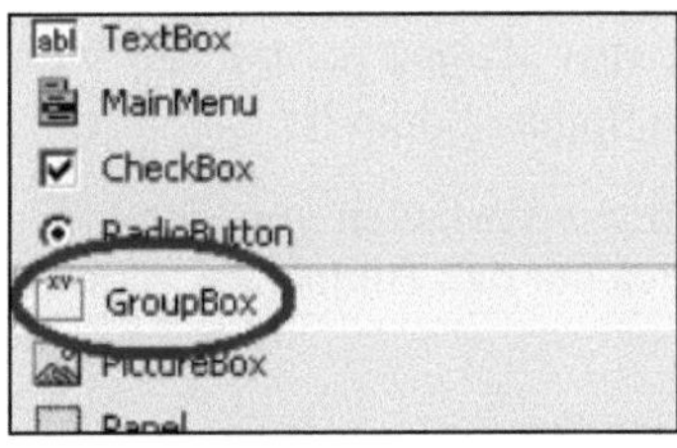

Solch eine GroupBox ist nicht sonderlich spannend, sie dient nur dazu, Controls optisch (und im Falle der RadioButtons auch logisch) zusammenzufassen. Sie hat keine Value-Eigenschaft, und ihre Events braucht man auch nie. Meistens setzt man lediglich ihre Text-Eigenschaft; dieser erscheint dann als Beschriftung oben am Rahmen.

Bevor (!) man also RadioButtons einzeichnet, zeichnet man eine GroupBox, und in diese GroupBox zeichnet man dann die RadioButtons. Nur in dieser Reihenfolge weiß VB.Net hinterher auch, dass die Buttons eine Gruppe bilden sollen.

Bei unserem Memory-Spiel zeichnen wir also jetzt eine GroupBox, und in diese nebeneinander 2 RadioButtons, die ich rbSpieler1 und rbSpieler2 genannt habe. Neben jedes platzieren wir noch ein kleines Label für die Anzeige der Punkte, mit Namen lblPunkte1 und lblPunkte2:

So, jetzt fehlt uns nur noch die eigentliche Logik eines Memory-Spiels: Wenn 2 gleiche Karten aufgedeckt wurden, erhält der Spieler einen Punkt. Wenn nicht, werden die Karten wieder zurück gedreht, und der nächste Spieler ist dran.

Kümmern wir uns zunächst um den ersten Fall: Zwei gleiche Karten wurden umgedreht. Was brauchen wir dafür alles?

Vor allem eine Variable, die mitzählt, wie viel Karten umgedreht sind: Keine, eine oder zwei. Außerdem müssen wir uns auch die erste umgedrehte Karte selbst merken, damit wir beim Klick auf die zweite dann vergleichen können, ob sie gleich sind. Weil wir später auch noch eine Variable für die zweite Karte brauchen werden, erzeugen wir diese gleich mit. Dann müssen wir natürlich wissen, welcher Spieler dran ist, um ihm auch den Punkt gutschreiben zu können.

Also: 4 neue Membervariablen:

```
    Dim m_anzahlUmgedreht As Integer
    Dim m_erstesBild As PictureBox
    Dim m_zweitesBild As PictureBox
    Dim m_spieler1Dran As Boolean
```

Welcher Spieler dran ist, merken wir uns also in einer booleschen Variablen: Wenn Spieler1 dran ist, ist `m_spieler1Dran True`, wenn Spieler2 dran ist, `False`.

Zum Merken der Bilder selbst verwenden wir Variablen vom Typ „PictureBox". Wir merken uns also die „ganze" PictureBox, und nicht etwa nur den Bildnamen. Wie schon gesagt: Auch dies sind ganz „normale" Variablen!

Jetzt erweitern wir unseren Click-Event-Handler:

```
    Private Sub Bild_Click(ByVal sender As System.Object, ByVal e As _
System.EventArgs)
        Dim pic As PictureBox
        Dim bilddatei As String

        pic = sender
        If pic.Image Is Nothing Then     ' Nur verdeckte Bilder
                                          ' interessieren
            bilddatei = "..\" & pic.Tag & ".wmf"
            pic.Image = Image.FromFile(bilddatei)
            m_anzahlUmgedreht += 1
            If m_anzahlUmgedreht = 1 Then    ' dies ist das erste Bild
                m_erstesBild = pic           ' wir merken es uns
            End If
            If m_anzahlUmgedreht = 2 Then    ' dies ist das zweite Bild
                If m_erstesBild.Tag = pic.Tag Then ' Zwei gleiche!
                    If m_spieler1Dran Then
                        lblPunkte1.Text = lblPunkte1.Text + 1
                    Else
                        lblPunkte2.Text = lblPunkte2.Text + 1
                    End If
                    m_anzahlUmgedreht = 0
                Else                             ' Keine 2 gleichen
                      ' Kommt gleich dran!
                End If
            End If
        End If
    End Sub
```

- Wir erhöhen als erstes den Zähler für die Anzahl der umgedrehten Bilder
- Wenn er 1 ist, merken wir uns nur das Bild
- Wenn er 2 ist, überprüfen wir, ob die jetzige PictureBox dasselbe Bild zeigt wie die gespeicherte. Hierfür müssen wir nur die Tags vergleichen.
- Wenn sie gleich sind, erhöhen wir beim aktiven Spieler die Punkte um 1 (dies mache ich hier direkt mal mit der Text-Eigenschaft des Label Controls)

Fehlt nur noch das Zurückdrehen der Bilder, wenn sie nicht gleich sind. Dies wollen wir aber nicht sofort an Ort und Stelle machen, denn dann würde der Spieler kaum sehen, was er gerade umgedreht hat: Es würde sofort wieder zurückgedreht. Wir sollten also eine Zeitverzögerung einbauen.

Mittlerweile wissen wir, dass, wenn es um Zeiten geht, ein Timer Control benötigt wird. Wir fügen also ein Timer-Control zum Formular hinzu, dem wir den Namen „tmrUmdrehen“ geben. Statt die Karten nun direkt zurückzudrehen, merken wir uns auch noch die zweite Karte und starten den Timer. Wenn der Timer abgelaufen ist, drehen wir dann die Karten zurück. Als Timerwert habe ich 2000 (= 2s) eingestellt, dies reicht aus, um das Bild ausgiebig zu betrachten.

So sieht der EventHandler Code aus:

```
    Private Sub Bild_Click(ByVal sender As System.Object, ByVal e As _
System.EventArgs)
        Dim pic As PictureBox
        Dim bilddatei As String

        If m_anzahlUmgedreht = 2 Then Exit Sub ' Jetzt bitte nicht
                                                ' klicken!
        pic = sender
        If pic.Image Is Nothing Then           ' Nur verdeckte Bilder
   ' interessieren
            bilddatei = "..\" & pic.Tag & ".wmf"
            pic.Image = Image.FromFile(bilddatei)
            m_anzahlUmgedreht += 1
            If m_anzahlUmgedreht = 1 Then      ' dies ist das erste Bild
                m_erstesBild = pic             ' wir merken es uns
            End If
            If m_anzahlUmgedreht = 2 Then      ' dies ist das zweite Bild
                If m_erstesBild.Tag = pic.Tag Then ' Zwei gleiche!
                    If m_spieler1Dran Then
                        lblPunkte1.Text = lblPunkte1.Text + 1
                    Else
                        lblPunkte2.Text = lblPunkte2.Text + 1
                    End If
                    m_anzahlUmgedreht = 0
                Else                               ' Keine 2 gleichen
                    m_zweitesBild = pic            ' zweites Bild merken
                    tmrUmdrehen.Start()            ' Timer anschalten
                End If
            End If
        End If
    End Sub
```

Während der Timer läuft, ignorieren wir weitere Clicks auf Karten, was durch die Abfrage

```
        If m_anzahlUmgedreht = 2 Then Exit Sub
```

erreicht wird. (Ich hätte auch auf `tmrUmdrehen.Enabled = True` prüfen können)

Schließlich noch der Event-Handler des Timers:

```
    Private Sub tmrUmdrehen_Tick(ByVal sender As System.Object, ByVal e _
As System.EventArgs) Handles tmrUmdrehen.Tick
        tmrUmdrehen.Stop()                          ' Timer ausschalten
        m_erstesBild.Image = Nothing                ' Bild löschen
        m_zweitesBild.Image = Nothing
        m_anzahlUmgedreht = 0
        m_spieler1Dran = Not m_spieler1Dran
        If m_spieler1Dran Then
            rbSpieler1.Checked = True
        Else
            rbSpieler2.Checked = True
        End If
    End Sub
```

- Als erstes schalten wir den Timer wieder ab
- Dann drehen wir die Karten zurück, einfach dadurch, dass wir der Image-Eigenschaft wieder „nichts" zuweisen
- Wir setzen den Zähler für die umgedrehten Karten wieder zurück
- Wir verkehren durch das `Not` die `m_spieler1Dran`-Variable in ihr Gegenteil
- Schließlich „drücken" wir noch den richtigen RadioButton, indem wir seine Checked-Eigenschaft auf True setzen. Beachte, dass wir die Checked-Eigenschaft des jeweils anderen Buttons nicht extra auf False setzen müssen. Dies erledigt VB.Net selbständig für uns, da immer nur einer der beiden True sein kann.

Eine Kleinigkeit müssen wir noch machen: Wenn ein neues Spiel startet, müssen wir verschiedene Variablen wieder auf einen definierten Anfangswert zurücksetzen. Dies machen wir in einer eigenen Subroutine „Rücksetzen", die wir beim „Button Neu" wie auch beim Start des Programms aufrufen:

```
    Private Sub Form1_Load(ByVal sender As System.Object, ByVal e As _
System.EventArgs) Handles MyBase.Load
        NamenslisteFüllen()
        BilderErzeugen()
        Rücksetzen()
    End Sub

    Private Sub btnNeu_Click(ByVal sender As System.Object, ByVal e As _
System.EventArgs) Handles btnNeu.Click
        ControlsLöschen()
        NamenslisteFüllen()
        BilderErzeugen()
        Rücksetzen()
    End Sub

    Private Sub Rücksetzen()
        lblPunkte1.Text = 0
        lblPunkte2.Text = 0
        m_anzahlUmgedreht = 0
```

```
        m_spieler1Dran = True
        rbSpieler1.Checked = True
    End Sub
```

So, fertig, alles funktioniert! Bei dir hoffentlich auch…

Ein kleiner Gag noch zum Schluß: Wir wollen natürlich nicht, dass ein Spieler selbst auf den RadioButton klickt, um selbst ans Spiel zu kommen. Daher fangen wir noch den „Click"-Event der RadioButtons ab:

```
    Private Sub rbSpieler1_Click(ByVal sender As Object, ByVal e As _
System.EventArgs) Handles rbSpieler1.Click
        If Not m_spieler1Dran Then
            MessageBox.Show("Hey, bitte nicht ändern, wer dran ist!")
            rbSpieler2.Checked = True
        End If
    End Sub

    Private Sub rbSpieler2_Click(ByVal sender As Object, ByVal e As _
System.EventArgs) Handles rbSpieler2.Click
        If m_spieler1Dran Then
            MessageBox.Show("Hey, bitte nicht ändern, wer dran ist!")
            rbSpieler1.Checked = True
        End If
    End Sub
```

Zur besseren Übersicht hier noch mal der gesamte Code. Ca. 150 Zeilen sind es geworden, dies ist zwar nicht wenig, aber andererseits haben wir ein voll funktionsfähiges Memory!

```
Public Class Form1
    Inherits System.Windows.Forms.Form

    Dim m_bildnamen As New ArrayList
    Dim m_rnd As New Random
    Dim m_anzahlUmgedreht As Integer
    Dim m_erstesBild As PictureBox
    Dim m_zweitesBild As PictureBox
    Dim m_spieler1Dran As Boolean
    Private Sub Form1_Load(ByVal sender As System.Object, ByVal e As _
System.EventArgs) Handles MyBase.Load
        NamenslisteFüllen()
        BilderErzeugen()
        Rücksetzen()
    End Sub

    Private Sub NamenslisteFüllen()
        m_bildnamen.Add("Moneybag")
        m_bildnamen.Add("Coins")
        m_bildnamen.Add("Dime")
```

```
        m_bildnamen.Add("Disk35")
        m_bildnamen.Add("Satelit1")
        m_bildnamen.Add("2DArrow4")
        m_bildnamen.Add("3DArrow1")
        m_bildnamen.Add("Micrchip")
        m_bildnamen.Add("Moneybag")
        m_bildnamen.Add("Coins")
        m_bildnamen.Add("Dime")
        m_bildnamen.Add("Disk35")
        m_bildnamen.Add("Satelit1")
        m_bildnamen.Add("2DArrow4")
        m_bildnamen.Add("3DArrow1")
        m_bildnamen.Add("Micrchip")
    End Sub

    Private Sub BilderErzeugen()
        Dim i, j As Integer
        Dim pic As PictureBox

        For i = 0 To 3
            For j = 0 To 3
                pic = New PictureBox
                pic.Width = 50
                pic.Height = 50
                pic.Left = 120 + i * 60
                pic.Top = 20 + j * 60
                pic.SizeMode = PictureBoxSizeMode.StretchImage
                pic.BackColor = Color.LightSteelBlue
                AddHandler pic.Click, AddressOf Bild_Click
                BildBekleben(pic)
                Controls.Add(pic)
            Next
        Next
    End Sub

    Private Sub BildBekleben(ByVal pic As PictureBox)
        Dim anz As Integer
        Dim bildNr As Integer
        Dim bildname As String

        anz = m_bildnamen.Count
        bildNr = m_rnd.Next(0, anz)
        bildname = m_bildnamen(bildNr)
        pic.Tag = bildname
        m_bildnamen.RemoveAt(bildNr)
    End Sub
    Private Sub Bild_Click(ByVal sender As System.Object, ByVal e As _
System.EventArgs)
        Dim pic As PictureBox
        Dim bilddatei As String
```

```
        If m_anzahlUmgedreht = 2 Then Exit Sub ' Jetzt bitte nicht
                                                ' klicken!
        pic = sender
        If pic.Image Is Nothing Then     ' Nur verdeckte Bilder
                                         ' interessieren
            bilddatei = "..\" & pic.Tag & ".wmf"
            pic.Image = Image.FromFile(bilddatei)
            m_anzahlUmgedreht += 1
            If m_anzahlUmgedreht = 1 Then     ' dies ist das erste Bild
                m_erstesBild = pic            ' wir merken es uns
            End If
            If m_anzahlUmgedreht = 2 Then     ' dies ist das zweite Bild
                If m_erstesBild.Tag = pic.Tag Then ' Zwei gleiche!
                    If m_spieler1Dran Then
                        lblPunkte1.Text = lblPunkte1.Text + 1
                    Else
                        lblPunkte2.Text = lblPunkte2.Text + 1
                    End If
                    m_anzahlUmgedreht = 0
                Else                          ' Keine 2 gleichen
                    m_zweitesBild = pic       ' zweites Bild merken
                    tmrUmdrehen.Start()       ' Timer anschalten
                End If
            End If
        End If
    End Sub

    Private Sub btnNeu_Click(ByVal sender As System.Object, ByVal e As _
System.EventArgs) Handles btnNeu.Click
        ControlsLöschen()
        NamenslisteFüllen()
        BilderErzeugen()
        Rücksetzen()
    End Sub

    Private Sub ControlsLöschen()
        Dim ctrl As Control
        Dim i, anz As Integer
        anz = Controls.Count
        i = 0
        Do While i < anz
            ctrl = Controls(i)
            If ctrl.GetType.Name = "PictureBox" Then
                Controls.RemoveAt(i)
                anz -= 1
            Else
                i += 1
            End If
        Loop
```

```
    End Sub

    Private Sub Rücksetzen()
        lblPunkte1.Text = 0
        lblPunkte2.Text = 0
        m_anzahlUmgedreht = 0
        m_spieler1Dran = True
        rbSpieler1.Checked = True
    End Sub

    Private Sub tmrUmdrehen_Tick(ByVal sender As System.Object, ByVal e _
As System.EventArgs) Handles tmrUmdrehen.Tick
        tmrUmdrehen.Stop()                          ' Timer ausschalten
        m_erstesBild.Image = Nothing                ' Bild löschen
        m_zweitesBild.Image = Nothing
        m_anzahlUmgedreht = 0
        m_spieler1Dran = Not m_spieler1Dran
        If m_spieler1Dran Then
            rbSpieler1.Checked = True
        Else
            rbSpieler2.Checked = True
        End If
    End Sub

    Private Sub rbSpieler1_Click(ByVal sender As Object, ByVal e As _
System.EventArgs) Handles rbSpieler1.Click
        If Not m_spieler1Dran Then
            MessageBox.Show("Hey, bitte nicht ändern, wer dran ist!")
            rbSpieler2.Checked = True
        End If
    End Sub

    Private Sub rbSpieler2_Click(ByVal sender As Object, ByVal e As _
System.EventArgs) Handles rbSpieler2.Click
        If m_spieler1Dran Then
            MessageBox.Show("Hey, bitte nicht ändern, wer dran ist!")
            rbSpieler1.Checked = True
        End If
    End Sub
End Class
```

Menüs

Praktisch jedes Programm hat „Menüs". Diese befinden sich in der obersten Zeile des Fensters und bestehen aus „Hauptmenüpunkten" und „Untermenüs". Das Hauptmenü ist die Zeile mit Menüpunkten, die man ständig sieht, während die Untermenüs aufgeklappt werden, wenn man einen Hauptmenüpunkt auswählt.

Im Bild unten gibt es die 2 Hauptmenüpunkte „Datei" und „Einstellungen". Klappt man sie auf, werden die Untermenüs sichtbar.

Ein Formular mit Menüs zu versehen, ist einfach: Wähle in der Toolbox das „MainMenu" Control aus:

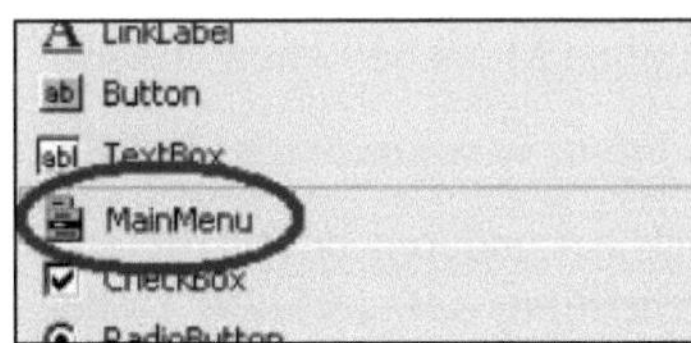

Dieses ordnet sich, wie das Timer Control, unterhalb des Formulars an. Ferner erscheint im Kopf des Formulars eine Aufforderung „Hier eingeben":

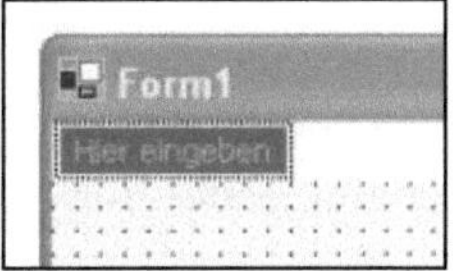

Also gut, seien wir folgsam, und geben dort etwas ein: Den Text des ersten Hauptmenüpunktes. Hierzu in diesem Bereich klicken und dann „&Datei" eingeben:

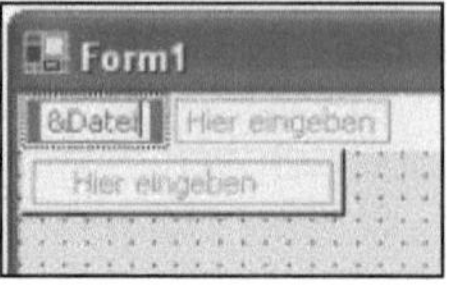

Sobald du das getan hast, tauchen unter und neben deiner Eingabe neue Eingabeaufforderungen auf. Hier erstellst du die Untermenüpunkte von „Datei“ bzw. weitere Hauptmenüpunkte. Als Hauptmenüpunkt „&Einstellungen“, als Untermenüpunkte von „Datei“ „&Öffnen“ und „&Schließen“.

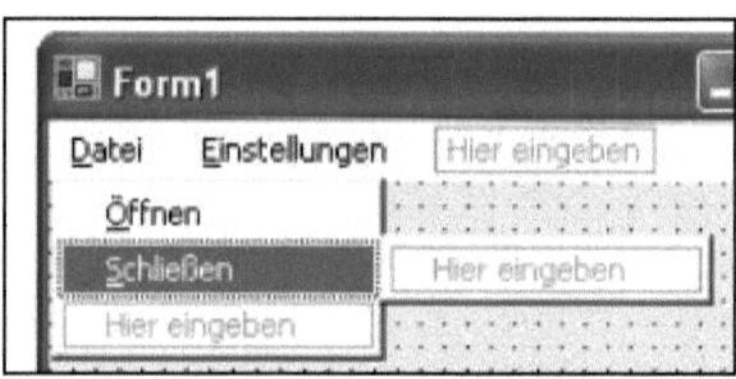

Wie du siehst, tauchen immer neue Eingabeaufforderungen auf: Auch neben den Untermenüpunkten gibt es welche. Denn: Auch ein Untermenüpunkt selbst kann weitere Untermenüs haben. Im .Net Design Studio selbst gibt es das z.B. beim Menü „Datei..Öffnen“, dieser Menüpunkt hat weitere Untermenüs.

Was soll dieses komische „&“-Zeichen (es heißt übrigens „Ampersand“) vor den Texten?

Dieses Zeichen bewirkt, daß der darauf folgende Buchstabe im Menü unterstrichen dargestellt wird (also „Datei“). Dies wiederum bewirkt, dass der Benutzer den Menüpunkt mit der Tastenkombination „Alt+D“ auswählen kann. Dies ist wichtig, damit der Benutzer auch ohne Maus arbeiten kann (jedes gute Programm sollte sich auch ohne Maus bedienen lassen).

Die Unterstriche werden zur Laufzeit erst dann sichtbar, wenn man die Alt-Taste drückt!

Solche Ampersands können in gleicher Weise auch bei anderen beschrifteten Controls verwendet werden, z.B. bei Buttons. Auch dort kann als Beschriftung z.B. „&Start“ stehen, und der Benutzer kann den Button durch „Alt+S“ aktivieren.

Der Ampersand muss nicht immer vor dem ersten Buchstaben stehen, sondern kann auch irgendwo im Text stehen (z.B. Ö&ffnen). Es wird immer der Buchstabe unterstrichen, der auf das Ampersand-Zeichen folgt. Du bist selbst dafür verantwortlich, innerhalb einer Menüebene keine gleichen Zeichen zu unterstreichen.

Auf diese Weise füllt sich die Liste der Menüpunkte. Irgendwann wirst du alle gewünschten Einträge erstellt haben und leistest dann einfach den weiteren „Hier eingeben“-Aufforderungen keine Folge mehr.

Es ist kein Problem, nachträglich Beschriftungen zu ändern, vergessene Punkte einzufügen, oder vorhandene Punkte umzusortieren:

- Beschriftung ändern: Einfach auch den Text klicken und ändern
- Neue Punkte einfügen: Auf einen vorhandenen Menüpunkt gehen, rechte Maustaste, „Neue einfügen"
- Umsortieren: Einen vorhandenen Menüpunkt anklicken und bei gedrückter linker Maustaste an eine andere Position ziehen

Mit Hilfe der rechten Maustaste kannst du auch ein „Trennzeichen einfügen": Dadurch wird eine Trennlinie zwischen zwei Menüpunkte eingefügt.

Im Eigenschaftsfenster kannst du einem Menüpunkt einen „Shortcut" zuordnen. Dies ist eine Tastenkombination, die den Menüpunkt sofort aufruft. Beispielsweise hat der Menüpunkt „Datei..Öffnen" für gewöhnlich den Shortcut „Ctrl+O". Wählen wir also „CtrlO" aus der Shortcut-Liste aus. Zur Laufzeit wird dann der Shortcut neben dem Menütext angezeigt:

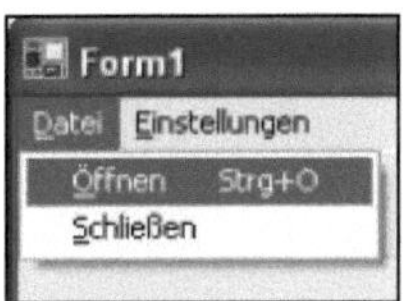

Jeder Menüpunkt erhält einen fortlaufenden Namen („MenuItem1", „MenuItem2", ...), egal, ob es sich um einen Hauptmenüpunkt oder einen Untermenüpunkt handelt.

Ob ein Formular über ein Menü verfügt, lässt sich auch an dessen Eigenschaften ablesen:

Bei den Formulareigenschaften gibt es eine Eigenschaft „Menu". Hier taucht der Name des Menu-Controls auf, sobald dem Formular ein Menü zugeordnet wird.

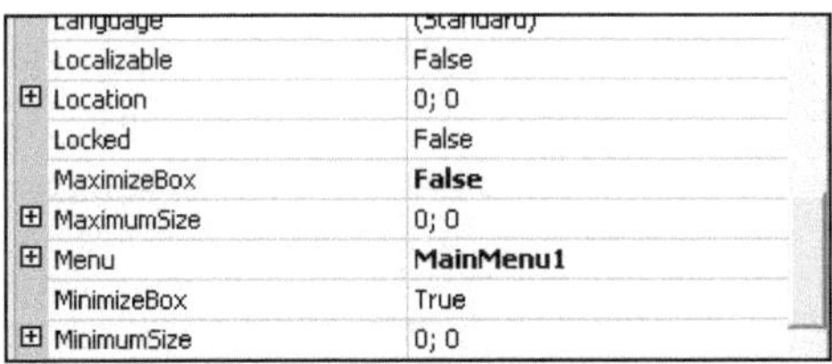

Das, was passieren soll, wenn der Benutzer einen Menüpunkt auswählt, lässt sich leicht definieren. Mache einfach einen Doppelklick auf den Menüpunkt, dann wird ein Eventhandler angelegt:

```
    Private Sub MenuItem2_Click(ByVal sender As System.Object, ByVal e _
As System.EventArgs) Handles MenuItem2.Click
    End Sub
```

Dies kennen wir ja nun mittlerweile.

So, nachdem wir wissen, wie das mit den Menüs funktioniert, wollen wir unserem Memoryspiel ein paar Menüpunkte hinzufügen, und zwar:

und

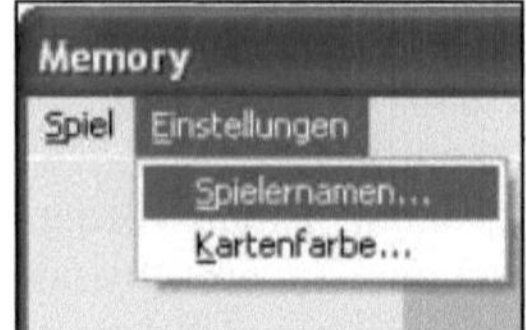

- Spiel..Neu ersetzt unseren bisherigen Button
- Spiel..Beenden beendet das Programm
- Einstellungen..Spielernamen: Es wird eine weitere Dialogbox angezeigt, in der die Namen der Spieler eingetragen werden können
- Einstellungen..Kartenfarbe: Es wird eine Dialogbox eingeblendet, in der die Farbe der Kartenrückseite ausgewählt werden kann.

Erstelle also die Menüs, wie in den Bildern angezeigt. Gib den einzelnen Untermenüpunkten bessere Namen, also nicht „MenuItem2", sondern:

- mnSpielNeu
- mnSpielBeenden
- mnEinstellungenSpielernamen
- mnEinstellungenKartenfarbe

Übrigens: Es schadet nichts, dass sowohl bei Spiel wie auch bei Spielernamen das " S" unterstrichen ist: Da sie in verschiedenen Menüebenen liegen (Hauptmenü/Untermenü), kommen sie sich nicht in die Quere.

Was sollen die drei Punkte hinter „Spielernamen..." und „Kartenfarbe..."? Es ist so üblich, dass man diese Punkte hinter den Menüeintrag macht, wenn durch den Menüpunkt sich ein weiteres Fenster öffnet. Und das wollen wir bei diesen beiden Menüpunkten ja machen.

Nun wollen wir die Menüs mit Leben füllen. Das ist bei „Spiel..Neu" einfach, denn wir müssen nur den Code, der sich bisher hinter dem „Neues Spiel"-Button befand, in den Menü-Eventhandler verlagern. Also:

- Lösch den „Neues Spiel"-Button von der Oberfläche
- Kopiere den Code aus dem Button-Eventhandler in den Menü-Eventhandler:

```
    Private Sub mnSpielNeu_Click(ByVal sender As System.Object, ByVal e _
As System.EventArgs) Handles mnSpielNeu.Click
        ControlsLöschen()
        NamenslisteFüllen()
        BilderErzeugen()
        Rücksetzen()
    End Sub
```

- Lösche danach den Button-Eventhandler

Den Platz, den wir durch das Löschen des Buttons auf dem Formular gewonnen haben, nutzen wir dazu, den Platz für die Spielernamen ein wenig zu verbreitern:

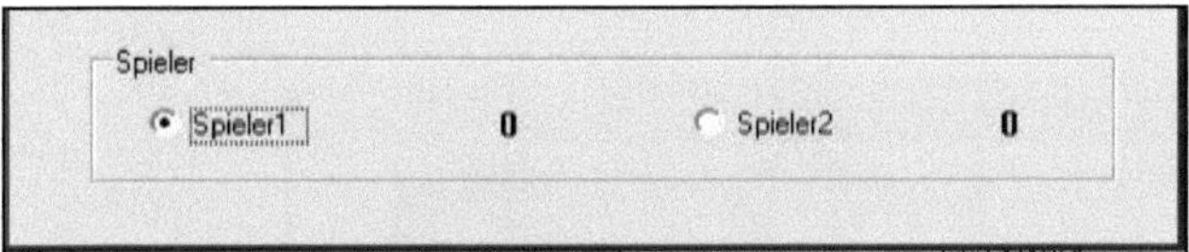

Noch einfacher ist der Code für den Menüpunkt „Spiel..Beenden", denn wir brauchen nur einen einzigen Befehl:

```
    Private Sub mnSpielBeenden_Click(ByVal sender As System.Object, _
ByVal e As System.EventArgs) Handles mnSpielBeenden.Click
        End
    End Sub
```

Der `End` Befehl beendet das Programm sofort.

Aufgabe: Füge hier noch mit Hilfe einer MessageBox eine Abfrage ein: „Wollen Sie das Spiel wirklich beenden?", mit einem „Ja"- und einem „Nein"-Button. Nur beim Klicken auf „Ja" wird das Spiel beendet.

Kümmern wir uns als nächstes um die Kartenfarbe, denn auch dies ist erstaunlich einfach. Es gibt nämlich bereits ein vorgefertigtes Control zur Auswahl einer Farbe. Dies bekommt wieder eine eigene Überschrift:

Das ColorDialog Control

Das ColorDialog Control ist ein mächtiges Control, das gleich aus einem ganzen Dialog besteht, nämlich einem Dialog zur Farbauswahl:

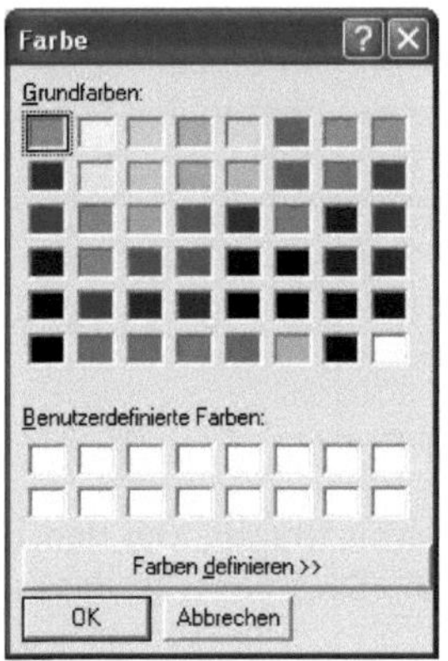

Der Benutzer klickt eine der Farben an, klickt auf „OK“, und hat damit eine Farbe ausgewählt. Wenn ihm die Auswahl an Grundfarben nicht reicht, klickt er auf „Farben definieren“, und es eröffnen sich ihm weitere Möglichkeiten:

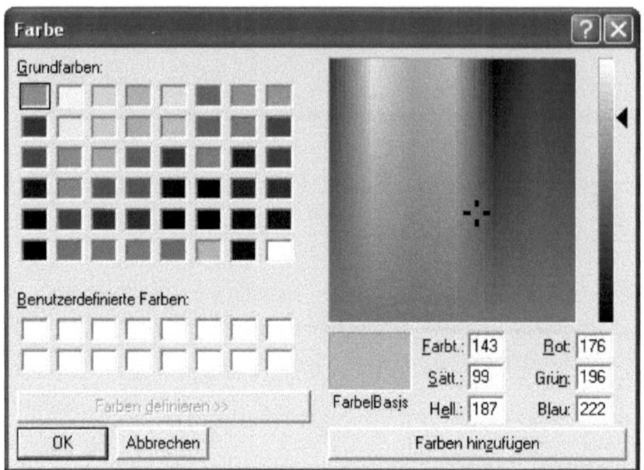

Hier hat er nun unbegrenzte Möglichkeiten, seine Wunschfarbe auszuwählen. Wir sehen rechts Eingabefelder für den Rot/Grün/Blau-Anteil der Farbe. Darüber hinaus gibt es noch Eingabefelder für „Farbton“, „Sättigung“ und „Helligkeit“. Das Rechteck links neben diesen Eingabefeldern gibt die augenblicklich eingestellte Farbe wieder.

Die Farben lassen sich auch direkt in dem großen bunten Farbfeld einstellen, indem man einfach das Kreuz an die gewünschte Stelle zieht. Eine Bewegung in der waagerechten verändert den Farbton (und damit den Rot/Grün/Blauanteil), eine Bewegung in der senkrechten die Sättigung. Mit dem Schieberegler rechts verändert man die Helligkeit.

Ein Klick auf „Farben hinzufügen“ überträgt die augenblicklich eingestellte Farbe in die linke Liste der „Benutzerdefinierten Farben“.

Du siehst: Unsere Anwendung „Farben mischen“ war völlig sinnlos. Hier bekommen wir das alles noch viel schöner.

Nun wollen wir dieses Control auch in unser Programm einbauen. Hierzu brauchen wir zunächst also ein solches ColorDialog-Control, das wir wie gewohnt in der Toolbox finden:

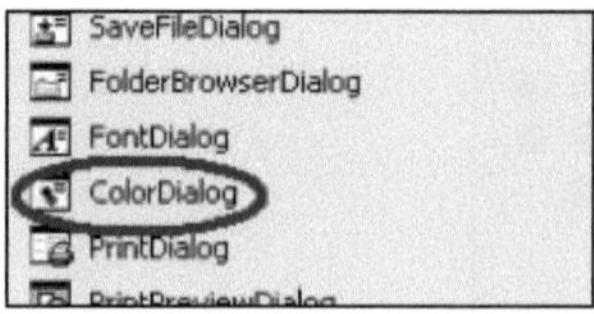

Das Control ordnet sich wieder unterhalb des Formulars an. Bei den Eigenschaften des Controls setzen wir die Eigenschaft „FullOpen“ auf „True“: Dies bewirkt, dass der Dialog von vorn herein in der erweiterten Form dargestellt wird.

Bauen wir nun das Öffnen des Farbdialogs in den Event-Handler des Menüs ein:

```
    Private Sub mnEinstellungenKartenfarbe_Click(ByVal sender As _
System.Object, ByVal e As System.EventArgs) Handles _
mnEinstellungenKartenfarbe.Click
        Dim result As DialogResult
        result = ColorDialog1.ShowDialog()
        If result = DialogResult.OK Then
            ' Hier geht's gleich weiter
        End If
    End Sub
```

Mit Hilfe der `ShowDialog` Methode wird der Dialog geöffnet. Diese Funktion liefert uns außerdem zurück, mit welchem Button (OK oder Abbrechen) der Benutzer den Dialog geschlossen hat. Dieser Rückgabewert ist vom Typ `DialogResult`, und wir vergleichen diesen Rückgabewert mit `DialogResult.OK`, denn nur wenn der Benutzer OK gedrückt hat, wollen wir etwas machen.

Natürlich können wir dies wieder kürzer, ohne Variable, schreiben:

```
    Private Sub mnEinstellungenKartenfarbe_Click(ByVal sender As _
System.Object, ByVal e As System.EventArgs) Handles _
mnEinstellungenKartenfarbe.Click
        If ColorDialog1.ShowDialog() = DialogResult.OK Then
            ' Hier geht's gleich weiter
        End If
    End Sub
```

Jetzt müssen wir natürlich die vom Benutzer ausgewählte Farbe "abholen", um damit unsere Kartenrückseiten zu bemalen. Dies erreicht man mit der „Color"-Eigenschaft des Controls. Diese Eigenschaft kann man auch dazu verwenden, dass beim Öffnen des Dialogs gleich eine voreingestellte Farbe angezeigt wird:

```
    Private Sub mnEinstellungenKartenfarbe_Click(ByVal sender As _
System.Object, ByVal e As System.EventArgs) Handles _
mnEinstellungenKartenfarbe.Click
        ColorDialog1.Color = m_farbe
        If ColorDialog1.ShowDialog() = DialogResult.OK Then
            m_farbe = ColorDialog1.Color
            ' Hier geht's gleich weiter
        End If
    End Sub
```

Hier habe ich jetzt eine Variable m_farbe eingeschmuggelt, die es noch gar nicht gibt. In dieser wollen wir die augenblicklich eingestellte Farbe speichern. Wir bauen also den bisherigen Code an ein paar Stellen um:

Zunächst mal legen wir diese Variable vom Typ „Color“ als globale Formularvariable an:

```
Public Class Form1
    Inherits System.Windows.Forms.Form

    Dim m_bildnamen As New ArrayList
    Dim m_rnd As New Random
    Dim m_anzahlUmgedreht As Integer
    Dim m_erstesBild As PictureBox
    Dim m_zweitesBild As PictureBox
    Dim m_spieler1Dran As Boolean
    Dim m_farbe As Color
```

Diese Variable setzen wir am Anfang auf unser „LightSteelBlue“:

```
    Private Sub Form1_Load(ByVal sender As System.Object, ByVal e As _
System.EventArgs) Handles MyBase.Load
        m_farbe = Color.LightSteelBlue
        NamenslisteFüllen()
        BilderErzeugen()
        Rücksetzen()
    End Sub
```

In der „BilderErzeugen“-Routine verwenden wir dann diese Variable:

```
                pic.BackColor = m_farbe
```

So, jetzt müssen wir also nur noch die Kartenrückseiten mit der ausgewählten Farbe versehen.

Wo bekommen wir jetzt aber unsere PictureBoxen her? Nun, sie hängen in der Controls-Collection des Formulars. Wir müssen hier nur wieder aufpassen, nur die PictureBoxen zu ändern. Aber das können wir ja mittlerweile:

```
    Private Sub mnEinstellungenKartenfarbe_Click(ByVal sender As _
System.Object, ByVal e As System.EventArgs) Handles _
mnEinstellungenKartenfarbe.Click
        Dim ctrl As Control
        ColorDialog1.Color = m_farbe
        If ColorDialog1.ShowDialog() = DialogResult.OK Then
            m_farbe = ColorDialog1.Color
            For Each ctrl In Controls
                If ctrl.GetType.Name = "PictureBox" Then
                    ctrl.BackColor = m_farbe
                End If
            Next
        End If
    End Sub
```

Damit wäre dieser Menüpunkt auch erledigt. Kommen wir zum letzten, der Eingabe der Spielernamen. Dies wollen wir über einen eigenen Dialog realisieren. So etwas haben wir zwar schon mal gemacht, aber hier ergeben sich neue Aspekte, die eine eigene Überschrift rechtfertigen:

Datenaustausch zwischen Formularen

So soll unser Dialog zur Eingabe der Spielernamen aussehen:

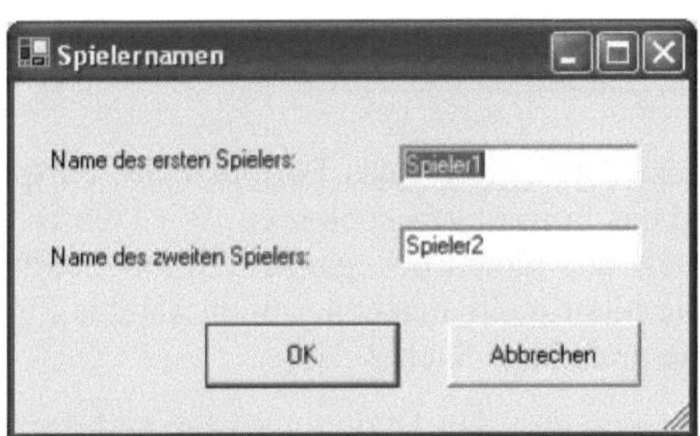

Beim Öffnen des Dialogs sollen die bisher eingestellten Spielernamen angezeigt werden (am Anfang „Spieler1" und „Spieler2"). Bei Klick auf „OK" sollen die eingegebenen Namen an das Hauptformular übergeben werden und dort als Radiobutton Texte angezeigt werden.

Erstelle also zunächst ein neues Formular. Dies soll den Namen „frmSpieler" bekommen. Die Buttons heißen „btnOK" und „btnAbbrechen", die Eingabefelder „txtSpieler1" und „txtSpieler2".

Beim Zusammenspiel zwischen Hauptformular und diesem Dialog gibt es zwei neue Aspekte, die wir beim bisherigen Beispiel (dem Highscore-Dialog) noch nicht hatten:

- Im Hauptformular muß abgefragt werden können, ob der Anwender „OK" oder „Abbrechen" gedrückt hat
- Wir müssen nicht nur vor dem Öffnen des Dialogs Daten an diesen übergeben (die bisherigen Spielernamen), sondern die geänderten Namen hinterher auch wieder abholen.

Kümmern wir uns zunächst um das erste Problem.

Beim vorgefertigten „ColorDialog" war die Sache recht einfach: Wir haben „ShowDialog" aufgerufen, und diese Funktion lieferte uns als Rückgabewert eine Variable vom Typ DialogResult, die Werte wie DialogResult.OK, DialogResult.Cancel usw. haben kann.

Nun, viel schwieriger ist es hier auch nicht: Auch ein selbst gemachtes Formular öffnet man mit „ShowDialog", und diese hat einen Rückgabewert „DialogResult". Nur sind wir jetzt dafür selbst verantwortlich, diesen Rückgabewert zu erzeugen. Dies geht aber sehr einfach, denn wir müssen hierfür überhaupt nichts programmieren, sondern können dies bei den Eigenschaften der Buttons setzen: Dort gibt es eine Eigenschaft „DialogResult", mit den Auswahlmöglichkeiten „OK", „Cancel", und noch ein paar weiteren:

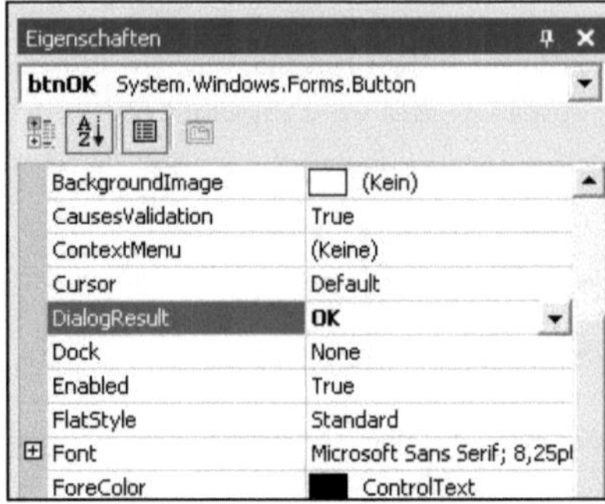

Wenn wir eine dieser Eigenschaften auswählen, liefert das Formular das entsprechende Resultat als Rückgabewert. Darüber hinaus wird das Formular geschlossen. Wir können uns also auch den „Hide"-Befehl sparen. Damit können wir uns gleich den ganzen Event-Handler für die Buttons sparen, sofern wir beim Klicken auf sie nicht mehr machen wollen als das Fenster zu schließen und einen Rückgabewert zu liefern. Eine praktische Sache!

Im Eventhandler des Menüs können wir jetzt also den Dialog aufrufen und das Ergebnis (welcher Button wurde gedrückt?) abfragen:

```
    Private Sub mnEinstellungenSpielernamen_Click(ByVal sender As _
System.Object, ByVal e As System.EventArgs) Handles _
mnEinstellungenSpielernamen.Click
        Dim frm As New frmSpieler
        If frm.ShowDialog = DialogResult.OK Then
            ' Hier geht's gleich weiter
        End If
    End Sub
```

Kümmern wir uns nun um die Über- und Rückgabe der Spielernamen. Zunächst mal führen wir, genauso wie bei der Hintergrundfarbe, Variablen für die Spielernamen ein:

```
Public Class Form1
    Inherits System.Windows.Forms.Form

    Dim m_bildnamen As New ArrayList
    Dim m_rnd As New Random
    Dim m_anzahlUmgedreht As Integer
    Dim m_erstesBild As PictureBox
    Dim m_zweitesBild As PictureBox
    Dim m_spieler1Dran As Boolean
    Dim m_farbe As Color
    Dim m_spieler1 As String
    Dim m_spieler2 As String
```

Diese besetzen wir im Load-Event mit den Standardnamen und besetzen auch den Text der Radiobuttons mit diesen Standardwerten:

```
    Private Sub Form1_Load(ByVal sender As System.Object, ByVal e As _
System.EventArgs) Handles MyBase.Load
        m_farbe = Color.LightSteelBlue
        m_spieler1 = "Spieler1"
        m_spieler2 = "Spieler2"
        rbSpieler1.Text = m_spieler1
        rbSpieler2.Text = m_spieler2
        NamenslisteFüllen()
        BilderErzeugen()
        Rücksetzen()
    End Sub
```

Zurück zur Übergabe der Spielernamen an das Unterformular. Wir wollen dies hier etwas anders lösen, als wir dies beim „Highscore"-Formular gemacht hatten. Dort hatten wir eine Funktion „SetzeListen" erstellt, die wir vor dem Öffnen des Formulars aufgerufen hatten. Im Prinzip könnten wir dies hier ebenso machen, hätten damit aber erst die eine Hälfte des Problems gelöst, denn für das Abholen der geänderten Werte bräuchten wir ähnliche Funktionen.

Hier machen wir nun Folgendes: Auch im frmSpieler definieren wir 2 Variablen für die Spielernamen und versehen diese mit dem Schlüsselwort `Public`:

```
Public Class frmSpieler
    Inherits System.Windows.Forms.Form

    Public m_spieler1 As String
    Public m_spieler2 As String
```

Hierdurch erreichen wir, daß diese Variablen auch außerhalb dieses Formulars bekannt und zugreifbar sind. Im Menü-Eventhandler können wir jetzt schreiben:

```
     Private Sub mnEinstellungenSpielernamen_Click(ByVal sender As _
System.Object, ByVal e As System.EventArgs) Handles _
mnEinstellungenSpielernamen.Click
        Dim frm As New frmSpieler
        frm.m_spieler1 = m_spieler1
        frm.m_spieler2 = m_spieler2
        If frm.ShowDialog = DialogResult.OK Then
            m_spieler1 = frm.m_spieler1
            m_spieler2 = frm.m_spieler2
            rbSpieler1.Text = m_spieler1
            rbSpieler2.Text = m_spieler2
        End If
    End Sub
```

Vor dem Aufruf des Dialogs kopieren wir also die Namensvariablen: Vom Hauptformular ins Unterformular. Nachdem das Formular mit OK geschlossen wurde, machen wir das Umgekehrte, und setzen auch die Texte der Radiobuttons um.

Bevor jetzt ein Programmierprofi sich darüber aufregt, dass ich Variablen „Public" mache: Ja, ich bekenne, das ist kein guter Programmierstil, und ich werde ihn später, wenn wir „properties" kennen gelernt haben, auch wieder abschaffen.

Der Code im Hauptformular ist damit schon fertig. Wir müssen jetzt nur noch im Unterformular dafür sorgen, dass die Namen in die Textboxen kommen, bzw. beim Drücken von OK von den Textboxen in die Variablen kopiert werden. Fangen wir mit dem zweiten an. Hierfür brauchen wir nun doch einen Eventhandler für den OK-Button:

```
    Private Sub btnOK_Click(ByVal sender As System.Object, ByVal e As _
System.EventArgs) Handles btnOK.Click
        m_spieler1 = txtSpieler1.Text
        m_spieler2 = txtSpieler2.Text
    End Sub
```

Beim Klick auf OK werden also die Texte aus den Textboxen abgeholt und in die Variablen kopiert. Damit ist dieser Teil erledigt.

Wann kopieren wir nun umgekehrt die Variablen in die Textboxen? Wir machen dies im „Load" Event des Formulars:

```
    Private Sub frmSpieler_Load(ByVal sender As Object, ByVal e As _
System.EventArgs) Handles MyBase.Load
        txtSpieler1.Text = m_spieler1
        txtSpieler2.Text = m_spieler2
    End Sub
```

Über diesen Load-Event gibt es noch ein paar Worte zu verlieren: Laut Beschreibung wird dieser Event erzeugt, wenn ein Formular **erstmalig** angezeigt wird. Wenn dieser Event nur beim erstmaligen Anzeigen des Formulars kommt, warum funktioniert dann unser Programm trotzdem, auch wenn wir das Formular mehrmals auf und zu machen?

Die Antwort liegt darin, dass wir jedes Mal ein anderes Formular aufmachen! Im Menü-Eventhandler steht

```
        Dim frm As New frmSpieler
```

Damit wird jedesmal ein neues Formular erzeugt. Dieses wird dann tatsächlich zum ersten Mal angezeigt, und somit bekommen wir auch den Event.

Aufgabe:
Speichere die Namen der Spieler über das Programmende hinaus in einer Datei und lade diese wieder beim Start des Programms.

So, unser Memoryspiel ist fertig. Zum Schluss noch eine Idee: Schnapp dir die Digitalkamera deiner Eltern, sofern vorhanden (die Digitalkamera, nicht die Eltern), und mache Fotos von deiner Familie: Von Mama, Papa, Oma, Opa, Hamster Willi – Hauptsache, du hast am Ende 8 Fotos. Diese kannst du dann als Memorybilder benutzen:

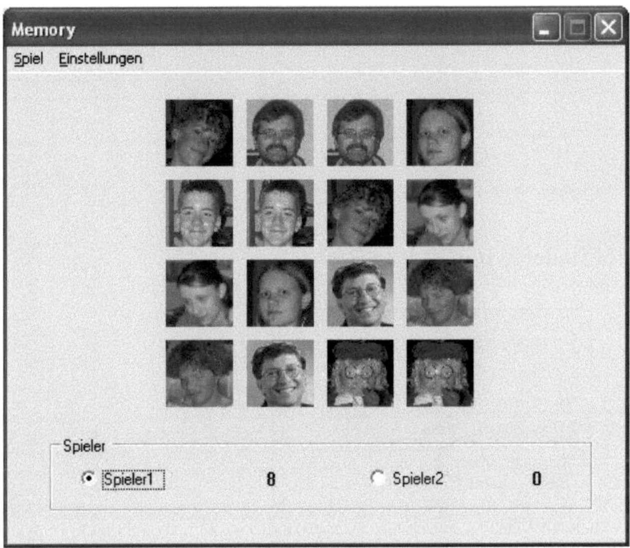

Kontextmenüs

Handeln wir an dieser Stelle auch gleich noch das Thema „Kontextmenüs" ab. Kontextmenüs sind Menüs, die man an Oberflächenelementen „klebt" und die man mit der rechten Maustaste aufklappt. Das Visual Studio selbst ist voll davon: Beinahe egal, an welcher Stelle du mit der rechten Maustaste klickst, es öffnet sich irgendein Kontextmenü:

Kontextmenüs kann man selbst zu Controls hinzufügen. Probieren wir es an einem neuen Projekt aus:

Wir platzieren einfach ein Label-Control auf einem Formular:

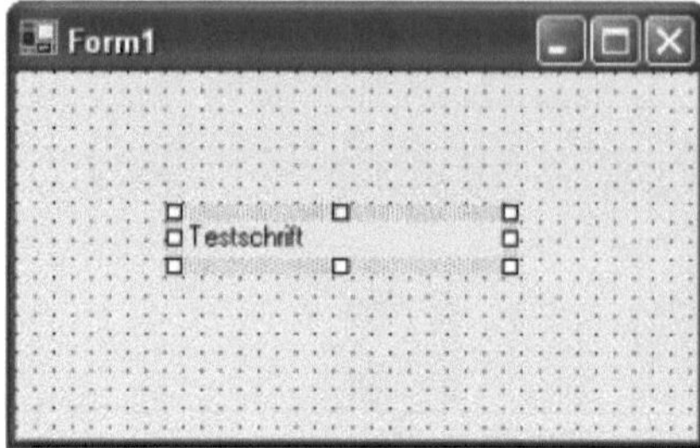

Ein Kontextmenü-Control finden wir in der Toolbox.

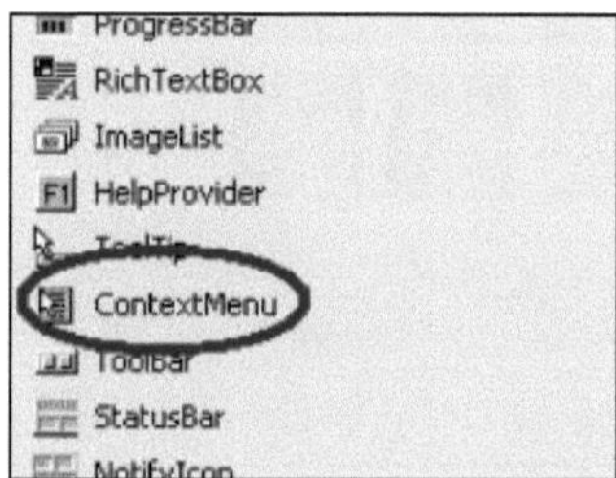

Es ordnet sich wieder unterhalb des Formulars an, ferner sehen wir, wenn wir dieses Control anklicken, im Kopf des Formulars ein Menüeintrag „KontextMenü“, in dem man seine Menüpunkte eintragen kann. Wir erstellen hier zwei Einträge „Hintergrundfarbe“ und „Font“:

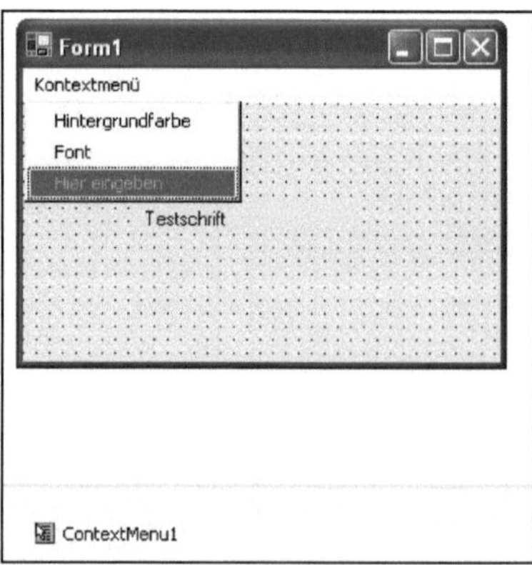

Dieses Menü wird zur Laufzeit nicht, wie ein normales Menü, im Formular erscheinen. Es steht hier nur an dieser Stelle, damit man bequem die Menüpunkte erstellen kann.

Nun müssen wir dieses Kontextmenü mit dem Label verbinden. Dies geht über die Eigenschaft „ContextMenu“ des Labels. Dort können wir unser soeben erstelltes Kontextmenü auswählen:

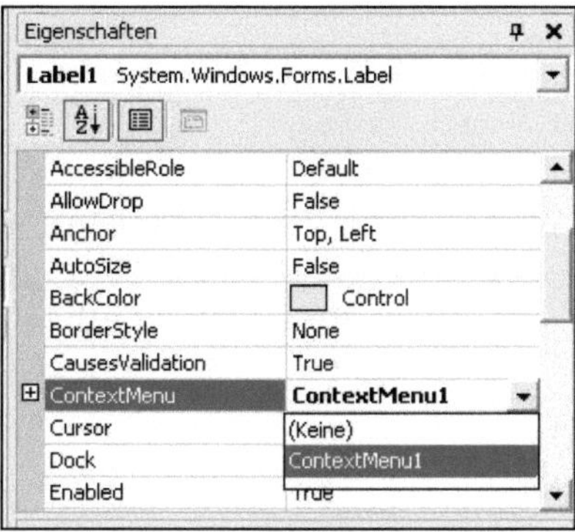

Nun funktioniert das Kontextmenü bereits:

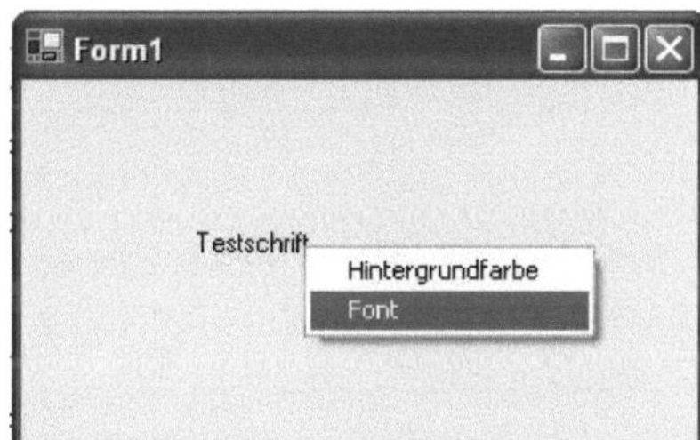

Es tut sich allerdings noch nichts, wenn wir einen Eintrag auswählen, was nicht weiter überrascht.

Fügen wir also Eventhandler zu unseren Menüpunkten hinzu. Die erforderlichen Routinen erhalten wir wieder, wie bei andern Menüs, per Doppelklick auf den jeweiligen Menüpunkt in der Entwurfsansicht:

```
    Private Sub MenuItem1_Click(ByVal sender As System.Object, ByVal e _
As System.EventArgs) Handles MenuItem1.Click

    End Sub

    Private Sub MenuItem2_Click(ByVal sender As System.Object, ByVal e _
As System.EventArgs) Handles MenuItem2.Click

    End Sub
```

Nun vervollständigen wir noch unser Beispiel, indem wir diese Routinen mit Leben füllen.

```
    Private Sub MenuItem1_Click(ByVal sender As System.Object, ByVal e _
As System.EventArgs) Handles MenuItem1.Click
        Dim dlg As New ColorDialog
        If dlg.ShowDialog() = DialogResult.OK Then
            Label1.BackColor = dlg.Color
        End If
    End Sub

    Private Sub MenuItem2_Click(ByVal sender As System.Object, ByVal e _
As System.EventArgs) Handles MenuItem2.Click
        Dim dlg As New FontDialog
        If dlg.ShowDialog() = DialogResult.OK Then
            Label1.Font = dlg.Font
        End If
    End Sub
```

Wenn der Untermenüpunkt angeklickt wird, geht der entsprechende Dialog auf, und die Hintergrundfarbe bzw. der Font des Labels verändert sich entsprechend.

Und damit hast du nebenbei auch gleich noch den Font-Dialog kennen gelernt…

12. Anwendung: TicTacToe

Das gibt es Neues in diesem Kapitel:

- Mehrdimensionale Reihen

In diesem Kapitel wollen wir ein TicTacToe-Spiel erstellen (ich weiß nicht, ob es auch einen deutschen Namen für dieses Spiel gibt).

So geht das Spiel:
Auf einem Spielfeld von 3 mal 3 Kästchen machen 2 Spieler abwechselnd in eins der Kästchen ihr Zeichen. Wer als erster 3 Zeichen in einer Reihe hat (waagerecht, senkrecht oder diagonal) hat gewonnen.

So sieht das Spiel aus:

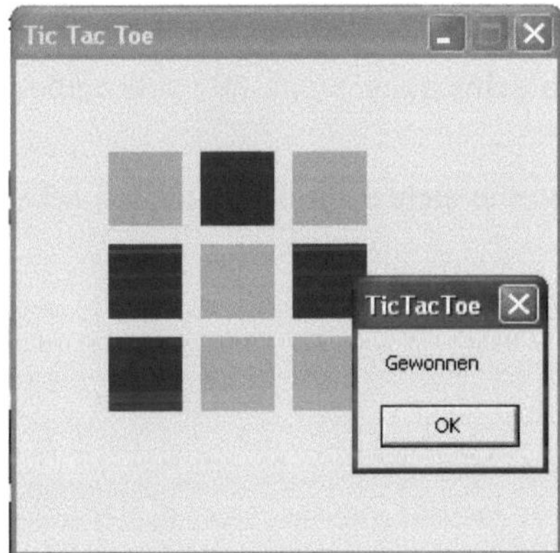

Zwei Spieler spielen also wieder gegeneinander, der erste „markiert" seine Kästchen rot, der zweite grün. Am Anfang sind alle Kästchen schwarz.

Wie du siehst, habe ich keine Anzeige eingefügt, welcher Spieler dran ist, auch keinen Button für „Neues Spiel", und auch die Darstellung könnte man sicher schöner machen - dies kannst du alles selbst noch verbessern. Mir kommt es in diesem Kapitel vor allem darauf an, wieder etwas Neues einzuführen, und zwar die mehrdimensionalen Arrays.

Mehrdimensionale Arrays

Die Arrays, die du bisher kennst, sind **eindimensionale** Reihen. Eindimensional deshalb, weil sie **einen** Index haben.

Nun gibt es auch mehrdimensionale Reihen, also Reihen, die mehr als einen Index haben. Praktisch braucht man davon meist nur die zweidimensionalen Reihen, aber im Prinzip kann man auch noch höher-dimensionierte Reihen definieren.

Wenn wir ein Schachprogramm schreiben wollten (was wir jetzt garantiert nicht machen, denn damit wären wir lange beschäftigt!), bräuchten wir für das Brett eine mehrdimensionale Reihe:

```
Dim schachbrett(7, 7) As Integer
```

Der erste Index ist die Zeile, der zweite die Spalte.

Jetzt wollen wir mal ein paar „Steine" auf dem Schachbrett verteilen. Eine „1" soll für einen weißen Stein stehen, eine „-1" für einen schwarzen Stein. „0" soll heißen, daß kein Stein auf dem Feld steht.

In der obersten Zeile sollen weiße Steine stehen, in der untersten schwarze Steine. Der Rest des Feldes soll leer sein.

Fangen wir mit den weißen Steinen an:

```
Dim i As Integer
For i = 0 To 7
    schachbrett(0, i) = 1
Next
```

Wir lassen also den ersten Index (die Zeile) auf 0, und lassen die Spalten von 0 bis 7 laufen.

Für die schwarzen Steine sieht es dann so aus:

```
Dim i As Integer
For i = 0 To 7
    schachbrett(7, i) = -1
Next
```

Jetzt kommen die unbesetzten Felder. Da wir jetzt die Zeilen 2 bis 7 besetzen müssen, machen wir zwei ineinander verschachtelte Schleifen:

```
Dim i, j As Integer
For j = 1 To 6
    For i = 0 To 7
        schachbrett(j, i) = 0
    Next
Next
```

Kapiert? Zunächst ist der „Zeilenindex“ j=1. Dann läuft in der „inneren“ Schleife i von 0 bis 7. Es werden also die Felder Schachbrett(1,0), (1,1) bis (1,7) auf 0 gesetzt. Wenn das fertig ist, wird in der äußeren Schleife j auf 2 gesetzt. Dann kommt wieder die innere Schleife dran und setzt die Felder Schachbrett(2,0), (2,1) bis (2,7) auf 0. Und so weiter...

Wenn man also irgendwelche zweidimensionalen Spielfelder hat, ist die zweidimensionale Reihe sehr praktisch.

Nochmal kurz zurück zum Schachspiel: Dort hätte man ja auch noch verschiedene Figuren und nicht nur „Steine“. Diese könnte man durch verschiedene Zahlen darstellen, also bspw. ist der weiße Turm die „1“, ein weißes Pferd die „2“, u.s.w. Die schwarzen Figuren wären dann die entsprechenden negativen Zahlen.

In unserem TicTacToe-Spiel verwende ich für die Kästchen einfach Label-Controls, in denen kein Text steht. Bei einem Klick auf ein Label wechselt die Hintergrundfarbe zu rot oder grün, je nachdem, welcher Spieler dran ist.

Auch hier wollen wir wieder die Controls dynamisch im Programm erzeugen. Danach hängen dann, wie wir mittlerweile wissen, 9 Label Controls in der „Controls“-Collection des Formulars:

```
    Private Sub Form1_Load(ByVal sender As System.Object, ByVal e As _
System.EventArgs) Handles MyBase.Load
        NeuesSpiel()
    End Sub

    Private Sub NeuesSpiel()
        Dim i, j As Integer
        Dim lbl As Label
        Controls.Clear()
        For i = 0 To 2
            For j = 0 To 2
                lbl = New Label
                lbl.Width = 40
                lbl.Height = 40
                lbl.BackColor = Color.Black
                lbl.Top = 50 + i * 50
                lbl.Left = 50 + j * 50
                AddHandler lbl.Click, AddressOf Label_Click
                Controls.Add(lbl)
            Next
        Next
    End Sub
```

Dies ist bis hierin genauso wie beim Memory-Spiel.

Beim TicTacToe werden wir nun irgendwo Abprüfungen unterbringen müssen, die feststellen, ob einer der Spieler gewonnen hat. Wir müssen testen, ob in einer Senkrechten, Waagerechten oder Diagonalen drei Felder vom selben Spieler besetzt wurden.

Hierfür taugen die Label-Controls aber nur schlecht, denn sie sind alle 9 „eindimensional" in die Controls-Collection des Formulars eingehängt.

Für die eigentliche Spiellogik schaffen wir uns daher eine zweite Struktur, die uns das Leben erleichtert, nämlich, du ahnst es schon, ein zweidimensionales Array:

```
    Dim m_feld(2, 2) As Integer
```

Hier speichern wir für jedes Spielfeld, wer es besetzt hat. Keiner („0"), der rote Spieler1 („1") oder der grüne Spieler2 („-1"). Wenn auf ein Feld geklickt wird, machen wir zweierlei:

- wir setzen die Hintergrundfarbe des Controls um
- im m_feld-Array setzen wir den Wert des entsprechenden Zeilen/Spalten-Elements auf 1 oder -1

Vorher kommen wir wieder zu dem leidigen Problem, das wir auch beim Memory schon hatten: Wie identifizieren wir das Control, auf das geklickt wurde? Irgendwie mit Hilfe der „Tag"-Eigenschaft, das haben wir schon gelernt. In diesem Tag müssen wir nun irgendwie hinterlegen, um welche Zeile und Spalte es sich handelt. Wir müssen also zwei „Dinge" (Zeilenummer und Spaltennummer) in diesem Tag hinterlegen, haben aber leider nur dieses eine Tag zur Verfügung. Wie soll das gehen?

Wir behelfen uns mit einem Trick: In das Tag schreiben wir „Zeilennummer mal 10 plus Spaltennummer". Dies ergibt für die einzelnen Controls dann die Zahlen 0, 1, 2, 10, 11, 12, 20, 21 und 22. Im Event-Handler nehmen wir dann diese Zahlen wieder auseinander, um daraus die Zeilenummer und die Spaltennummer festzustellen. So sieht das dann aus:

```
    Dim m_feld(2, 2) As Integer

    Private Sub Form1_Load(ByVal sender As System.Object, ByVal e As _
System.EventArgs) Handles MyBase.Load
        NeuesSpiel()
    End Sub

    Private Sub NeuesSpiel()
        Dim i, j As Integer
        Dim lbl As Label
        Controls.Clear()
        For i = 0 To 2
            For j = 0 To 2
                m_feld(i, j) = 0
                lbl = New Label
                lbl.Width = 40
                lbl.Height = 40
                lbl.BackColor = Color.Black
                lbl.Top = 50 + i * 50
                lbl.Left = 50 + j * 50
                lbl.Tag = i * 10 + j
                AddHandler lbl.Click, AddressOf Label_Click
```

```
                Controls.Add(lbl)
            Next
        Next
    End Sub

    Private Sub Label_Click(ByVal sender As System.Object, ByVal e As _
System.EventArgs)
        Dim zeile, spalte As Integer
        Dim lbl As Label
        lbl = sender
        zeile = lbl.Tag \ 10
        spalte = lbl.Tag Mod 10
        ' Hier geht es gleich weiter
    End Sub
```

Im Eventhandler benutzen wir die beiden Operationen „Mod“ und „\“, um aus dem Tag die Zeilen- und Spaltennummer herauszurechnen. Zur Erinnerung: „\“ ist der „geteilt durch“-Befehl, der immer abrundet: „21 \ 10“ ergibt 2. Wir erhalten so also immer die Zeilennummer. „mod“ ist der „Rest“-Befehl: „21 mod 10“ ergibt 1. Wir erhalten so also die Spaltennummer.

So, jetzt vervollständigen wir zunächst den Eventhandler. Wie schon beim Memory speichern wir uns in einer Boolschen Variablen, ob Spieler1 dran ist oder nicht.

```
    Dim m_feld(2, 2) As Integer
    Dim m_spieler1 As Boolean

    Private Sub Label_Click(ByVal sender As System.Object, ByVal e As _
System.EventArgs)
        Dim zeile, spalte As Integer
        Dim lbl As Label
        lbl = sender
        zeile = lbl.Tag \ 10
        spalte = lbl.Tag Mod 10
        If m_feld(zeile, spalte) <> 0 Then Exit Sub
        If m_spieler1 Then
            m_feld(zeile, spalte) = 1
            lbl.BackColor = Color.Green
        Else
            m_feld(zeile, spalte) = -1
            lbl.BackColor = Color.Red
        End If
        If gewonnen() Then
            MessageBox.Show("Gewonnen")
            NeuesSpiel()
        ElseIf unentschieden() Then
            MessageBox.Show("Unentschieden")
            NeuesSpiel()
        Else
            m_spieler1 = Not m_spieler1      ' Spielerwechsel
```

```
        End If
    End Sub
```

In die Routine `NeuesSpiel` nehmen wir noch die Anweisung auf, dass zunächst immer Spieler1 dran ist:

```
                m_spieler1 = True
```

Es fehlen noch die beiden Funktionen, die überprüfen, ob ein Spieler gewonnen hat, oder ob das Spiel unentschieden ausgegangen ist.

Wie stellen wir am Geschicktesten fest, ob einer der Spieler gewonnen hat? Folgendes ist ganz praktisch: Wenn ein Spieler gewonnen hat, stehen in einer Zeile, Spalte oder Diagonale nur „Einsen" oder „Minus-Einsen". Anders gesagt: Die Summe ist dann 3 oder -3.

So sieht dann die Funktion aus, die abprüft, ob ein Spieler gewonnen hat:

```
    Private Function gewonnen() As Boolean
        Dim testwert As Integer
        Dim i As Integer
        If m_spieler1 Then
            testwert = 3
        Else
            testwert = -3
        End If
        ' Überprüfe die Waagerechten
        For i = 0 To 2
            If m_feld(i, 0) + m_feld(i, 1) + m_feld(i, 2) = testwert Then
                Return True
            End If
        Next
        ' Überprüfe die Senkrechten
        For i = 0 To 2
            If m_feld(0, i) + m_feld(1, i) + m_feld(2, i) = testwert Then
                Return True
            End If
        Next
        ' Überprüfe die erste Diagonale
        If m_feld(0, 0) + m_feld(1, 1) + m_feld(2, 2) = testwert Then
            Return True
        End If
        ' Überprüfe die zweite Diagonale
        If m_feld(2, 0) + m_feld(1, 1) + m_feld(0, 2) = testwert Then
            Return True
        End If
        Return False
    End Function
```

Mache dir klar, wieso mit diesen Schleifen die Senkrechten und waagerechten korrekt abgeprüft werden. Wir machen also diverse Überprüfungen, und wenn eine davon erfüllt ist, verlassen wir die Funktion sofort mit `True`. Schlagen alle Überprüfungen fehl, hat noch keiner gewonnen, und wir verlassen die Funktion mit `False`.

Nun haben Programmierer immer den Ehrgeiz, Befehle zu sparen, und hier gibt es Sparpotenzial:

- Wir brauchen eigentlich nur eine Schleife
- Wenn wir die Math.Abs- Funktion verwenden, die uns den Absolutwert (Zahl ohne Vorzeichen) einer Zahl liefert, können wir auch noch auf die Unterscheidung nach Spielern verzichten:

```
    Private Function gewonnen() As Boolean
        Dim i As Integer
        For i = 0 To 2
            ' Überprüfe die Waagerechten
           If Math.Abs(m_feld(i, 0) + m_feld(i, 1) + m_feld(i, 2)) = 3 _
Then Return True
           ' Überprüfe die Senkrechten
           If Math.Abs(m_feld(0, i) + m_feld(1, i) + m_feld(2, i)) = 3 _
Then Return True
        Next
        ' Überprüfe die erste Diagonale
        If Math.Abs(m_feld(0, 0) + m_feld(1, 1) + m_feld(2, 2)) = 3 _
Then Return True
        ' Überprüfe die zweite Diagonale
        If Math.Abs(m_feld(2, 0) + m_feld(1, 1) + m_feld(0, 2)) = 3 _
Then Return True
        Return False
    End Function
```

Unentschieden ist das Spiel dann, wenn kein m_feld-Element mehr den Wert 0 hat (dies setzt allerdings voraus, dass vorher abgeprüft wurde, ob einer der Spieler gewonnen hat):

```
    Private Function unentschieden()As Boolean
        Dim i, j As Integer
        For i = 0 To 2
            For j = 0 To 2
                If m_feld(i, j) = 0 Then Return False
            Next
        Next
        Return True
    End Function
```

Die Funktion prüft alle m_feld-Elemente ab: Wenn irgendeins 0 ist, wird die Funktion mit `False` verlassen, es ist also kein Unentschieden. Wenn dagegen beide Schleifen bis zum Ende ausgeführt wurden, heißt das, dass keine 0 mehr entdeckt wurde, alle Felder sind also entweder 1 oder -1.

Eine zweite Lösung

Ich habe schon mehrfach erwähnt, dass es immer viele Wege gibt, eine Lösung zu realisieren. Dies will ich nun auch mal praktisch demonstrieren. Es folgt also noch mal dasselbe TicTacToe-Spiel, nur anders programmiert.

Bei diesem Ansatz verwende ich auch wieder ein zweidimensionales Array, nur speichere ich diesmal nicht Integer-Werte darin, sondern die Label-Controls selbst:

```
    Dim m_feld(2, 2) As Label
```

Um festzustellen, ob jemand gewonnen hat, muss ich dann natürlich anders vorgehen: Ich überprüfe, ob die Elemente einer Zeile/Spalte/Diagonale dieselbe Hintergrundfarbe haben.

Da wir die Labels auch nach wie vor in die Controls-Collection des Formulars einfügen müssen, hängen sie somit gleichzeitig in zwei Listen. Dies ist zunächst mal eine Vorstellung, an die man sich gewöhnen muß, dass sich ein „Ding" sozusagen an zwei Orten gleichzeitig befindet. Aber dieses Bild ist auch nicht ganz richtig: Stell dir als Vergleich lieber vor, dass jemand in zwei Vereinen gleichzeitig Mitglied sein kann. Sein Name findet sich dann in den Mitgliedslisten beider Vereine, körperlich existiert er aber nur einmal.

Dies macht noch mal deutlich, dass es sich bei Objektvariablen nur um Zeiger auf das eigentliche Objekt handelt; in den Listen finden sich diese Zeiger, und nicht die Objekte selbst. Wenn ich über die eine Liste auf das Objekt zugreife und eine seiner Eigenschaften verändere, sind sie danach auch verändert, wenn ich mir das Objekt über die andere Liste besorge.

Im Eventhandler müssen wir nach wie vor feststellen, auf welches Label geklickt wurde. Hierzu verwenden wir jetzt aber nicht mehr die Tag-Eigenschaft, sondern suchen einfach das Label, das uns im Eventhandler als Parameter übergeben wird, in unserem zweidimensionalen Array wieder, und stellen auf diese Weise die Zeile und Spalte fest. Hier die entsprechende Funktion, die das leistet:

```
    ' Suche das Label im Array
    Private Sub BestimmeZeileUndSpalte(ByVal lbl As Label, ByRef zeile _
As Integer, ByRef spalte As Integer)
        For zeile = 0 To 2
            For spalte = 0 To 2
                If m_feld(zeile, spalte) Is lbl Then Exit Sub
            Next
        Next
    End Sub
```

Wir übergeben ein Label, und möchten dessen Zeile und Spalte im Array als Rückgabewert haben. Da eine Funktion aber bekanntermaßen nur einen Rückgabewert haben kann, wenden wir hier tatsächlich mal den „Trick" an, dass wir die Werte, die wir geliefert bekommen wollen, als `ByRef` Übergabeparameter definieren. Schau dir im kompletten Listing unten an, wie diese Routine dann aufgerufen wird.

Noch eine Bemerkung: Labels sind Objekte, also verwendet man wieder das Is, um festzustellen, ob zwei Objekte dieselben sind.

Noch eine Vorbemerkung: Um festzustellen, ob zwei Farben dieselben sind, kann man sie nicht per Gleichheitszeichen vergleichen:

```
If lbl.BackColor = lbl1.BackColor Then
    Der Operand "=" ist für die Typen "System.Drawing.Color" und "System.Drawing.Color" nicht definiert.
```

Stattdessen bietet Color eine Methode „Equals", der man übergibt, mit welcher anderen Farbe man das Farbobjekt vergleichen will:

```
        If lbl.BackColor.Equals(lbl1.BackColor) Then
```

Hier nun das komplette Listing für diese zweite Variante des TicTacToe:

```
Public Class Form1
    Inherits System.Windows.Forms.Form

    Dim m_feld(2, 2) As Label
    Dim m_spieler1 As Boolean

    Private Sub Label Click(ByVal sender As System.Object, ByVal e As _
System.EventArgs)
        Dim zeile, spalte As Integer
        Dim lbl As Label
        lbl = sender
        If Not lbl.BackColor.Equals(Color.Black) Then Exit Sub
        If m_spieler1 Then
            lbl.BackColor = Color.Green
        Else
            lbl.BackColor = Color.Red
        End If
        If gewonnen(lbl) Then
            MessageBox.Show("Gewonnen")
            NeuesSpiel()
        ElseIf unentschieden() Then
            MessageBox.Show("Unentschieden")
            NeuesSpiel()
        Else
            m_spieler1 = Not m_spieler1      ' Spielerwechsel
        End If
    End Sub

    Private Sub Form1_Load(ByVal sender As System.Object, ByVal e As _
System.EventArgs) Handles MyBase.Load
        NeuesSpiel()
```

```
    End Sub

    Private Sub NeuesSpiel()
        Dim i, j As Integer
        Dim lbl As Label
        Controls.Clear()
        For i = 0 To 2
            For j = 0 To 2
                lbl = New Label
                lbl.Width = 40
                lbl.Height = 40
                lbl.BackColor = Color.Black
                lbl.Top = 50 + i * 50
                lbl.Left = 50 + j * 50
                m_feld(i, j) = lbl
                AddHandler lbl.Click, AddressOf Label_Click
                Controls.Add(lbl)
            Next
        Next
        m_spieler1 = True
    End Sub

    Private Function gewonnen(ByVal lbl As Label) As Boolean
        Dim zeile, spalte As Integer

        BestimmeZeileUndSpalte(lbl, zeile, spalte)

        'Überprüfe die Waagerechte:
        If DieselbenFarben(m_feld(zeile, 0), m_feld(zeile, 1), _
m_feld(zeile, 2)) Then Return True

        'Überprüfe die Senkrechte:
        If DieselbenFarben(m_feld(0, spalte), m_feld(1, spalte), _
m_feld(2,spalte)) Then Return True

        'Überprüfe die Diagonalen
        If zeile = spalte Then  'liegt unser Feld auf der ersten
                                ' Diagonalen?
            If DieselbenFarben(m_feld(0, 0), m_feld(1, 1),m_feld(2, 2)) _
Then Return True
        End If
        If zeile + spalte = 2 Then  'auf der zweiten Diagonalen?
            If DieselbenFarben(m_feld(0, 2), m_feld(1, 1),m_feld(2, 0)) _
Then Return True
        End If
        Return False
    End Function
    ' Suche das Label im Array
    Private Sub BestimmeZeileUndSpalte(ByVal lbl As Label, ByRef zeile _
As Integer, ByRef spalte As Integer)
```

```
        For zeile = 0 To 2
            For spalte = 0 To 2
                If m_feld(zeile, spalte) Is lbl Then Exit Sub
            Next
        Next
    End Sub

    Private Function DieselbenFarben(ByVal lbl1 As Label, ByVal lbl2 As _
Label, ByVal lbl3 As Label) As Boolean
        If lbl1.BackColor.Equals(lbl2.BackColor) And _
lbl2.BackColor.Equals(lbl3.BackColor) Then Return True
        Return False
    End Function

    Private Function unentschieden() As Boolean
        Dim i, j As Integer
        For i = 0 To 2
            For j = 0 To 2
                If m_feld(i, j).BackColor.Equals(Color.Black) Then _
Return False
            Next
        Next
        Return True
    End Function
End Class
```

Erläuterungen:

- Wie du siehst, brauchen wir bei dieser Variante die Tag-Eigenschaft an den Labeln nicht mehr
- Die „gewonnen"-Subroutine habe ich so abgeändert, dass sie das aktuelle Label übergeben bekommt; ich überprüfe jetzt nur noch, ob durch dieses neue Label eine komplette Reihe entstanden ist. Hierzu habe ich mir eine neue Hilfsroutine „DieselbenFarben" erstellt, die überprüft, ob 3 Label dieselben Hintergrundfarben haben.

Welche dieser beiden TicTacToe-Varianten dir besser gefällt, überlasse ich dir.

Aufgabe:
Es gibt mehrere ähnliche Spiele wie „TicTacToe", bei denen es darum geht, wer als erster eine bestimmte Anzahl seiner Spielmarken zusammenhängend in einer Reihe angeordnet hat:
„Vier gewinnt": Es müssen 4 Spielmarken hintereinander in einer waagerechten, senkrechten oder Diagonalen Reihe angeordnet sein. Das Spielfeld ist größer, z.B. 10 mal 10 Kästchen
„Gobang": Dies ist im Prinzip dasselbe, nur dass 5 Marken aufeinander folgen müssen, und das Spielfeld 19 mal 19 Kästchen groß ist.
Programmiere eines dieser Spiele! Das Wesentliche, was du gegenüber dem TicTacToe ändern musst, ist die Abprüfung, ob ein Spieler gewonnen hat.

Ein Spiel gegen den Computer

Statt dass zwei Spieler gegeneinander spielen kann beim TicTacToe genauso gut ein Spieler gegen den Computer spielen. Ändern wir also unser Programm so ab, dass der Computer die Rolle des „roten Spielers“ übernimmt.

Was müssen wir hierfür ändern?

- Wir müssen eine Routine „ComputerDran“ schreiben, in der der Computer einen Zug macht
- Diese rufen wir sofort auf, nachdem der Spieler seinen Zug gemacht hat, und das Spiel noch nicht gewonnen oder unentschieden ist
- Die Variable „m_spieler1“, die angibt, welcher Spieler gerade dran ist, brauchen wir nicht mehr

Ich gehe jetzt von der zweiten Variante des TicTacToe aus und ändere die entsprechenden Stellen.

So sieht unser Event-Handler jetzt aus:

```
    Private Sub Label_Click(ByVal sender As System.Object, ByVal e As _
System.EventArgs)
        Dim zeile, spalte As Integer
        Dim lbl As Label
        lbl = sender
        If Not lbl.BackColor.Equals(Color.Black) Then Exit Sub
        lbl.BackColor = Color.Green
        If gewonnen(lbl) Then
            MessageBox.Show("Gewonnen")
            NeuesSpiel()
        ElseIf unentschieden() Then
            MessageBox.Show("Unentschieden")
            NeuesSpiel()
        Else
            ComputerDran()
        End If
    End Sub
```

Was hat sich geändert?

- Wir haben keine Abprüfung mehr, welcher Spieler dran ist – wenn diese Routine dran kommt, ist es immer der Spieler, der dran ist, und nicht der Computer, Daher können wir direkt die Farbe „grün“ verwenden.
- Am Ende des Eventhandlers rufen wir eine Routine `ComputerDran` auf (diese werden wir gleich erstellen)

Wie soll nun der Computer seinen Zug machen? Dies machen wir ganz primitiv: Er sucht sich einfach ein zufälliges freies Feld und setzt dort. Bitte sehr, hier ist der Code dafür:

```
Dim m_rnd As New Random

Private Sub ComputerDran()
    Dim zeile, spalte As Integer
    Dim controlIndex As Integer
    Do While True
        zeile = m_rnd.Next(0, 3)   ' Zufallszeile zwischen 0 und 2
        spalte = m_rnd.Next(0, 3)   ' Zufallsspalte zwischen 0 und 2
        If m_feld(zeile, spalte).BackColor.Equals(Color.Black) Then
            m_feld(zeile, spalte).BackColor = Color.Red
            If gewonnen(m_feld(zeile, spalte)) Then
                MessageBox.Show("Ich habe dich geschlagen!!!")
                NeuesSpiel()
                Exit Sub
            ElseIf unentschieden() Then
                MessageBox.Show("Unentschieden")
                NeuesSpiel()
                Exit Sub
            Else
                Exit Sub
            End If
        End If
    Loop
End Sub
```

Ein paar Erläuterungen:

- Die Do While Schleife wird solange durchlaufen, bis ein freies Feld gefunden wird. `Do While True` ist sogar die Anweisung für eine Endlosschleife: Eine DoWhile Schleife wird ja immer so lange durchlaufen, wie der auf das While folgende Ausdruck „Wahr" ergibt; wenn wir also direkt True dort hin schreiben, wird sie für immer durchlaufen. Wir sorgen aber durch die Exit Subs dafür, dass sie irgendwann doch mal abbricht; es ist sichergestellt, dass es immer mindestens ein freies Feld gibt, weil wir diese Routine immer nur dann aufrufen, wenn niemand gewonnen hat.
- Wir müssen die Hintergrundfarbe des richtigen Label-Controls auf rot setzen.

Aufgabe:
Die Strategie des Computers, einfach irgendein freies Feld zu besetzen, sollte verbessert werden. Schreibe die Routine „ComputerDran" um, sodass der Computer besser spielt, und zwar nach folgender Strategie:

- *Er prüft zunächst, ob er mit seinem Zug selbst direkt gewinnen kann. Wenn ja, macht er diesen Zug*
- *Wenn nicht, prüft er, ob der Spieler im nächsten Zug gewinnen könnte. Falls dies der Fall ist, besetzt er dieses Feld*
- *Wenn beides nicht der Fall ist, und das Feld in der Mitte noch frei ist, besetzt er dieses (dies bietet die besten Gewinnchancen)*
- *Wenn dies schon besetzt ist, besetzt er ein Eckfeld*
- *Sind auch diese alle schon besetzt, nimmt er schließlich ein beliebiges freies Feld*

13. Anwendung: Geburtstagsrechner

Das gibt's Neues:

- Das DateTimerPicker Control
- Rechnen mit Datums- und Zeitangaben
- Das MonthCalendar Control
- Enumerations

Wir haben uns etwas Entspannung verdient, deshalb folgt in diesem Kapitel mal wieder etwas Leichteres. Wir schreiben ein kleines Programm, bei dem der Benutzer sein Geburtsdatum eingibt, und unser Programm rechnet dann die Anzahl der Tage bis zum heutigen Tag aus:

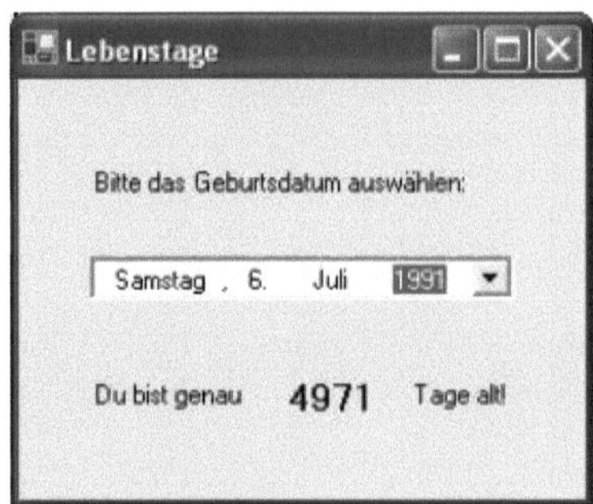

Das DateTimePicker Control

Ein sehr nettes Control ist der DateTimePicker. Mit seiner Hilfe kann man Datums- und Zeitangaben darstellen und eingeben lassen. Leg also ein neues Projekt an, und platziere ein DateTimePicker Control auf deinem Formular:

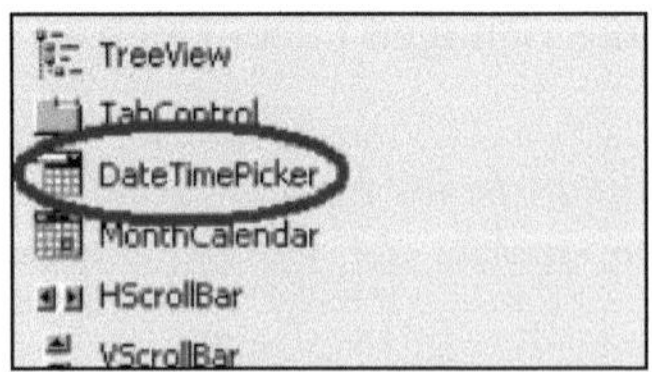

Ferner kannst du gleich die weiteren Label- Controls hinzufügen, die du auf dem oberen Bild siehst. Die untere Zeile besteht hierbei aus 3 Labeln, zwei mit einem festen Text, und das mittlere dient zur Anzeige der Lebenstage. Es habe den Namen „lblTage"; wie du siehst, habe ich seine Fonteinstellung etwas verändert. Es sollte nur groß genug sein, damit der Rechner auch bei deinem Opa funktioniert.

Der DateTimePicker selbst ist ein praktische Sache, denn der Benutzer kann auf verschiedene Arten ein Datum eingeben:

- Er klickt auf einen Teil des Datums, z.B. den Tag, und ändert direkt die Zahl durch Eingabe
- Er kann in diesem Fall aber auch die Pfeil-nach-oben und Pfeil-nach-unten Tasten benutzen, um die jeweilige Angabe um eins zu verändern
- Er kann ferner auf den Pfeil klicken , woraufhin sich ein Kalender öffnet:

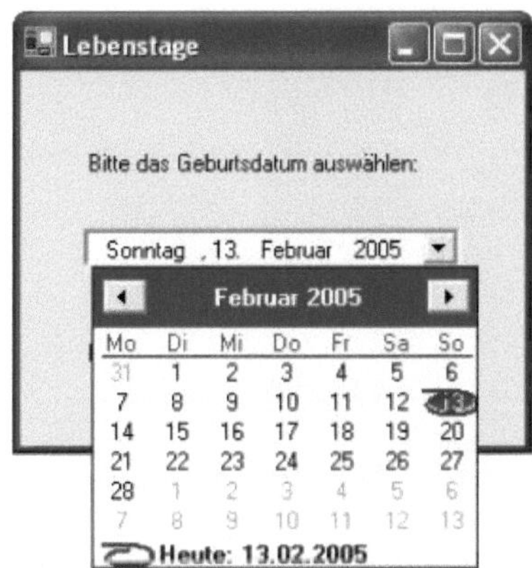

Hier kann er auf einen Tag klicken, oder mit Hilfe einer der beiden Pfeile in der Titelzeile in einen andern Monat wechseln.

Von den Eigenschaften des DateTimerPickers sind folgende erwähnenswert:

- mit Hilfe der Eigenschaften „MinDate“ und „MaxDate“ lässt sich die zulässige Eingabe beschränken
- mit der Eigenschaft „Format“ lässt sich die Darstellungsart des Datums verändern. Stellt man hier „Time“ ein, kann man das Control für die Eingabe von Uhrzeiten nutzen.

Ferner lässt sich an der Darstellungsart des Kalenders noch alles Mögliche einstellen, was man aber nicht wirklich braucht, denn der Kalender sieht schon so ganz nett aus. Man kann Vordergrundfarben, Hintergrundfarben, und sogar den verwendeten Font verändern.

Es folgt der Kalender in der Schriftart „Parry Hotter“ (die heißt tatsächlich so!), mit veränderten Farben:

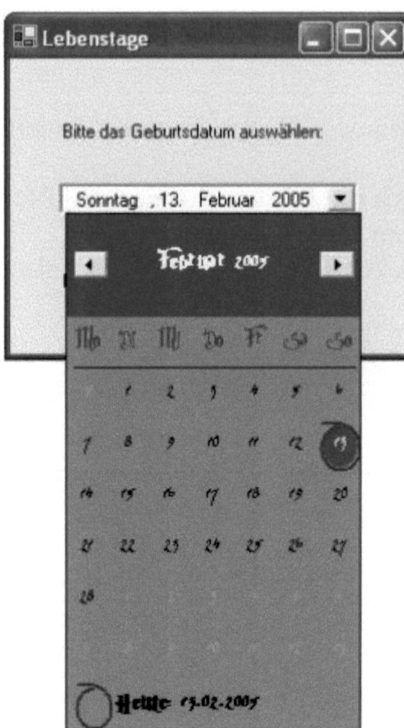

Ganz witzig, aber die Lesbarkeit wird dadurch nicht gerade erhöht.

Die Typen Date und Timespan

Kommen wir zum eigentlichen Programm, der Berechnung der Tage zwischen heute und dem eingegebenen Geburtstag.

Wir wollen die Berechnung direkt vornehmen, sobald das Datum geändert wurde, also im Changed-Event des Controls. Dort holen wir mit der Eigenschaft „Value" zunächst mal das eingegebene Datum ab, dieses ist vom Typ „Date". Wir speichern es in einer eigenen Variablen:

```
    Private Sub dtpGeburtstag_ValueChanged(ByVal sender As _
System.Object, ByVal e As System.EventArgs) Handles _
dtpGeburtstag.ValueChanged
        Dim geb As Date
        geb = dtpGeburtstag.Value
        ' Gleich geht's weiter
    End Sub
```

Das heutige Datum bekommen wir durch den Aufruf `Now`. Dieser liefert immer das aktuelle Datum als Variable vom Typ `Date`:

```
    Private Sub dtpGeburtstag_ValueChanged(ByVal sender As _
System.Object, ByVal e As System.EventArgs) Handles _
dtpGeburtstag.ValueChanged
        Dim geb As Date
        Dim heute As Date
        geb = dtpGeburtstag.Value
        heute = Now
        ' Gleich geht's weiter
    End Sub
```

Nun müssen wir die beiden Daten voneinander abziehen. Dies geht nicht einfach per Minus-Befehl, denn was für ein Datentyp sollte dabei herauskommen? Tage, Monate, Jahre, Minuten, … als Integer? Jeder möchte vielleicht etwas anderes haben, es ist nicht selbstverständlich, dass man, wie wir, Tage haben möchte.

Dies hat man wie folgt gelöst: Der Typ `Date` hat eine Methode „Subtract", mit der man ein anderes Datum abziehen kann. Das Resultat ist vom Typ „TimeSpan" (Zeitabschnitt).

```
    Private Sub dtpGeburtstag_ValueChanged(ByVal sender As _
System.Object, ByVal e As System.EventArgs) Handles _
dtpGeburtstag.ValueChanged
        Dim ts As TimeSpan
        Dim geb As Date
        Dim heute As Date
        geb = dtpGeburtstag.Value
        heute = Now
        ts = heute.Subtract(geb)
        ' Gleich geht's weiter
    End Sub
```

Wir sagen also, dass wir von der „heute"-Variablen die „geb"-Variable abziehen wollen und speichern das Resultat in einer Variablen vom Typ TimeSpan.

TimeSpan wiederum hat Methoden, einen Zeitabschnitt in verschiedener Art und Weise auszugeben, wir wählen hier die Methode „TotalDays", und schreiben das Ergebnis in das Label Control:

```
    Private Sub dtpGeburtstag_ValueChanged(ByVal sender As _
System.Object, ByVal e As System.EventArgs) Handles _
dtpGeburtstag.ValueChanged
        Dim ts As TimeSpan
        Dim geb As Date
        Dim heute As Date
        Dim tage As Integer
        geb = dtpGeburtstag.Value
        heute = Now
        ts = heute.Subtract(geb)
        tage = ts.TotalDays()
```

```
        lblTage.Text = tage
    End Sub
```

Statt „TotalDays“ hätten wir genauso gut „TotalHours“ verwenden können und hätten dann die Lebenszeit in Stunden.

Noch eine Anmerkung:
Dieser DateTimePicker und die Möglichkeiten, Daten voneinander abzuziehen, erleichtern das Programmiererleben sehr. Man stelle sich vor, wie man ohne dieses Control vorgehen müsste: Mehrere Textboxen für Tag, Monat, Jahr, und dann elende Abprüfungen, ob der Benutzer ein korrektes Datum eingegeben hat: Ist der 29. Februar 2000 nun gültig oder nicht?

Ferner wäre die Berechnung von Datumsdifferenz eine nervtötende Sache, wie man sich leicht vorstellen kann. Dieses „Subtract“ und der TimeSpan-Datentyp sind hier wirklich eine Erleichterung.

Das MonthCalendar Control

Dieses Control ähnelt dem DateTimePicker. Es besitzt allerdings kein Eingabefeld, sondern stellt nur einen Kalender dar. Dafür kann man mehr als einen Monat gleichzeitig anzeigen. Ferner kann man einen ganzen Datumsbereich markieren.

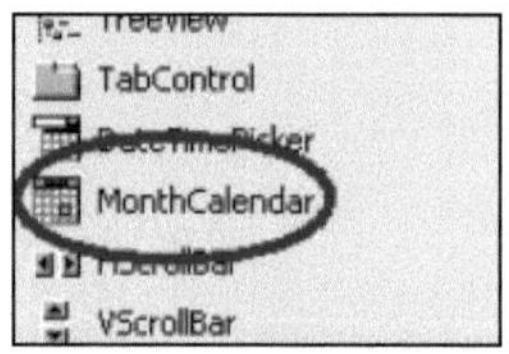

Probieren wir es aus: Leg in einem neuen Projekt ein MonthCalendar Control auf dem Formular ab. Über die Eigenschaft „CalendarDimensions“ lässt sich steuern, wie viel Monate gleichzeitig angezeigt werden soll, und zwar aufgeteilt in Zeilen und Spalten. Standardmäßig steht hier „1;1“. Trage hier „3;4“ ein, und du erhältst einen Kalender, der aus 3 Zeilen und 4 Spalten besteht, also insgesamt 12 Monate anzeigen kann. Es wird also ein ganzes Jahr sichtbar:

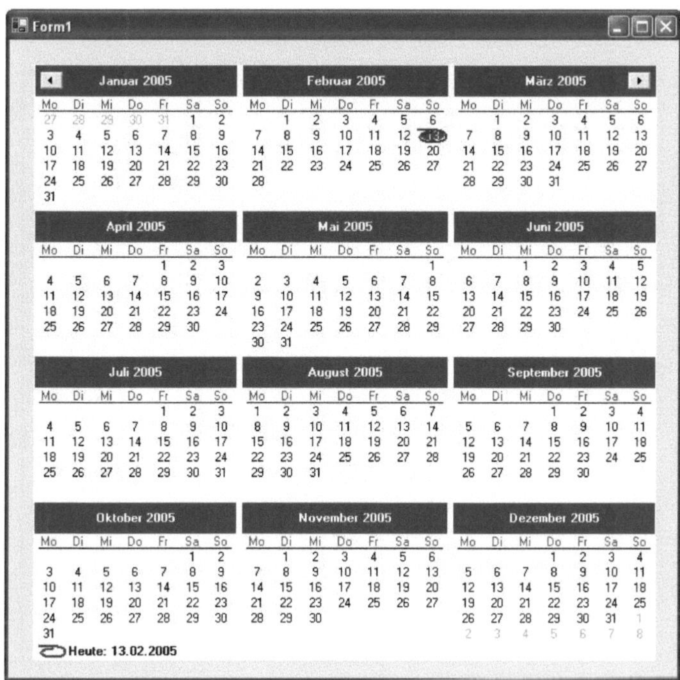

Über die Eigenschaft „MaxSelectionCount“ lässt sich einstellen, wie viel Tage gleichzeitig ausgewählt werden dürfen. Diese müssen allerdings immer einen zusammenhängenden Bereich bilden.

Über die SelectionRange -Eigenschaft lässt sich das Start-Datum und das Ende-Datum setzen:

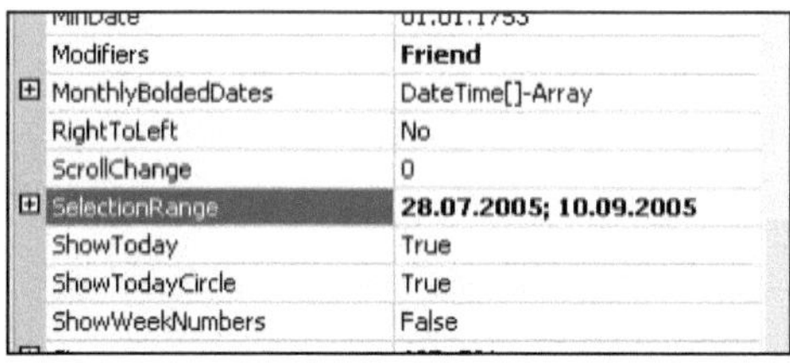

Machen wir eine kleine Anwendung daraus: In der SelectionRange tragen wir den Termin der Sommerferien ein, die MaxSelectionRange setzen wir auf 100 (das sollte reichen für die Sommerferien!).

Direkt im Load-Event des Formulars rechnen wir dann die Anzahl der Ferientage aus und zeigen sie an:

Programmieren müssen wir nicht viel, im Wesentlichen das Gleiche wie beim vorhergehenden Beispiel:

```
    Private Sub Form1_Load(ByVal sender As System.Object, ByVal e As _
System.EventArgs) Handles MyBase.Load
        Dim dateStart, dateEnd As Date
        Dim tage As Integer
        Dim ts As TimeSpan
        dateStart = mcFerien.SelectionStart
        dateEnd = mcFerien.SelectionEnd
        ts = dateEnd.Subtract(dateStart)
        tage = ts.TotalDays + 1
        lblTage.Text = tage
    End Sub
```

Über die SelectionStart- und die SelectionEnd-Eigenschaft lässt sich das markierte Datum im Programm ermitteln. Schade ist es allerdings, dass sich immer nur ein Bereich markieren lässt.

Enumerations

Bevor es wieder schwerer wird, wollen wir schnell noch die Enumerations („Aufzählungen“) einführen.

Wie man Konstanten definiert, wissen wir schon. Beispiel:

```
Public Const SCHWER = 1
Public Const MITTEL = 2
Public Const LEICHT = 3
```

Oder:

```
Public Const MONTAG = 0
Public Const DIENSTAG = 1
Public Const MITTWOCH = 2
Public Const DONNERSTAG = 3
Public Const FREITAG = 4
Public Const SONNABEND = 5
Public Const SONNTAG = 6
```

Eine solche Aufzählung kann man auch kürzer definieren, nämlich als Enumeration:

```
Enum Wochentag
    MONTAG
    DIENSTAG
    MITTWOCH
    DONNERSTAG
    FREITAG
    SONNABEND
    SONNTAG
End Enum
```

Durch `Enum ... End Enum` wird eine Menge von Konstanten definiert, die nacheinander die Werte 0, 1, 2, ... bekommen.

Wenn man nicht will, daß diese fortlaufenden Werte vergeben werden, kann man auch selber Werte angeben (was bei Wochentagen wenig Sinn macht):

```
Enum Wochentag
    MONTAG = 4
    DIENSTAG = 5
    MITTWOCH = 1
    DONNERSTAG = 3
    FREITAG = 17
    SONNABEND = 321
    SONNTAG = 55
End Enum
```

Na gut, etwas Schreibarbeit gespart. Na toll...

Halt! Das eigentlich Interessante ist, daß man diesen Enumerations immer einen Namen gibt, in unserm Beispiel `Wochentag`. Hierdurch hat man gleichzeitig einen neuen **Typ** definiert: Neben `Integer`, `String`, etc. gibt es jetzt auch `Wochentag`.

Man kann jetzt also Variablen vom Typ `Wochentag` anlegen:

```
        Dim t As Wochentag
```

Wann immer man eine Variable von Typ Wochentag verwendet, bekommt man die entsprechende Werteliste (hinter der sich ja eigenlich wieder nur Zahlen verbergen) angezeigt:

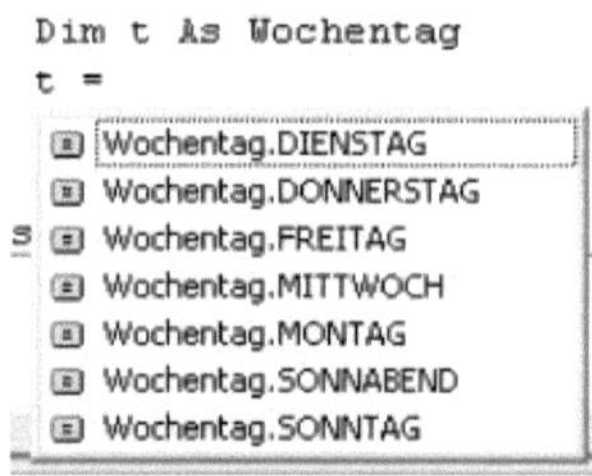

Man kann t aber auch nach wie vor auch eine Zahl direkt zuweisen (`t = 1` statt `t = Wochentag.DIENSTAG`).

Genauso kann man den neuen Typ als Parameter bei Funktionen verwenden. Beispiel:

```
    Function IstSchultag(ByVal t As Wochentag) As Boolean
        Select Case t
            Case Wochentag.MONTAG, Wochentag.DIENSTAG, _
Wochentag.MITTWOCH, Wochentag.DONNERSTAG, Wochentag.FREITAG
                Return True
            Case Wochentag.SONNABEND, Wochentag.SONNTAG
                Return False
        End Select
    End Function
```

Aufgabe: Definiere eine Enumeration `Monat`, die die Monate aufzählt. Dann eine Funktion `AnzahlTage`, die eine Variable vom Typ `Monat` als Parameter hat und die Anzahl der Tage in diesem Monat liefert (Schaltjahre ignorieren wir jetzt mal)

Teil 3: Programmierung für Fortgeschrittene

Die folgenden Kapitel habe ich unter die Überschrift „Programmierung für Fortgeschrittene“ gestellt. Jetzt geht es vor allem darum, mit Klassen umzugehen, genauer: Klassen selbst zu erstellen. Schlage aber jetzt bitte nicht das Buch zu und sage: „Mir reichen die Grundkenntnisse!“ Denn erst mit der Verwendung von Klassen erhält man die volle Leistungsfähigkeit der Sprache. Nur mit Klassen kann man übersichtlich, effizient und elegant programmieren.

In den nächsten Kapiteln werden wir auf das Spiel „Kniffel“ hinarbeiten, das dann in Anwendung 18 entsteht. Bis dahin haben wir viel Theorie zu lernen!

14. Anwendung: Ein Würfel

Das gibt es Neues:

- Klassen selbst erstellen
- Referenzvariable/Wertvariable
- Konstruktoren
- Public und Private
- Properties

Klassen selbst erstellen

Wir wollen jetzt Klassen selbst erstellen. Dies ist etwas gewöhnungsbedürftig:

- es gibt ein paar neue Begriffe und Konzepte zu lernen
- erst mit steigender Programmiererfahrung sieht man ein, was das Ganze eigentlich soll

Auch wenn dies jetzt unter der Überschrift „Programmierung für Fortgeschrittene“ läuft, muß man andererseits auch sagen: Wer in VB.Net nie selber Klassen erstellt und diesem Thema beharrlich auszuweichen versucht, kann nicht von sich behaupten, in VB.Net programmieren zu können. Während man das bei der Vorgängersprache von VB.Net, Visual Basic 6.0, noch anders sehen konnte, ist bei VB.Net die klassenlose Zeit endgültig vorbei.

Klassen haben wir schon mehrfach benutzt. Zur Erinnerung: Hier benutzen wir die Klasse Random, die uns Zufallszahlen liefert:

```
Dim rnd As New Random
Dim zahl As Integer
zahl = rnd.Next(1, 50)
```

Und hier benutzen wir die Klasse PictureBox, ein Control:

```
Dim pic As New PictureBox
pic.BackColor = Color.Red
```

Dass es sich in einem Fall um etwas Sichtbares handelt, im andern Fall nicht, ist dabei völlig egal, Klasse ist Klasse.

Im Übrigen: Keiner zwingt mich, dieses PictureBox Object auch tatsächlich in die Controls Collection eines Formulars zu hängen, und erst dann wird die PictureBox tatsächlich sichtbar.

Was ist denn nun eine Klasse, wo ist der Unterschied einer Klassenvariablen (="Objekt") zu einer normalen Variablen?

Tasten wir uns mal heran:

- Eine Klasse hat Eigenschaften und Methoden
- Wenn ich eine Variable anlege, taucht da immer dieses Schlüsselwort `New` auf

Wir wollen nun eine Klasse "Würfel" erstellen, die einen Würfel verwalten soll, wie man ihn in Gesellschaftsspielen verwendet.

Diese Klasse soll zunächst mal eine Methode "Würfeln" haben. Wenn diese Methode aufgerufen wird, wird der Würfel neu gewürfelt.

Ferner soll die Klasse eine Eigenschaft "Wert" bieten, die mir jederzeit den aktuellen Wert des Würfels liefert.

Zunächst mal erzeugen wir also ein neues Projekt, wie immer vom Typ "Windows Applikation", mit dem Namen "WürfelProjekt". Dort erzeugen wir als erstes eine neue Klasse mit dem Namen "Würfel":

Hierzu mit der rechten Maustaste im Projektmappen-Explorer auf den Projektnamen klicken und „Hinzufügen...Klasse hinzufügen" auswählen:

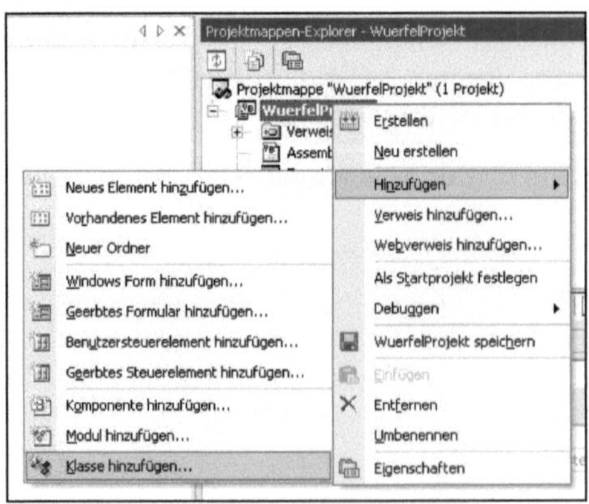

Im folgenden Dialog als Vorlage „Klasse“ auswählen und als Namen „Würfel.vb“ eingeben:

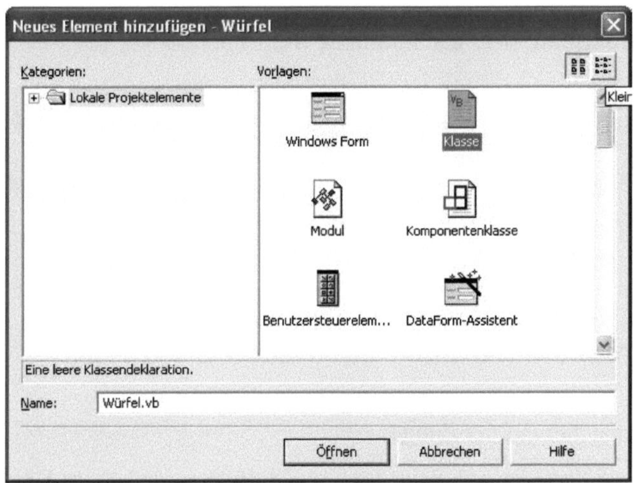

Es wird diese neue Datei angelegt und gleich geöffnet dargestellt, es ist bereits der Rumpf für die neue Klasse „Würfel“ angelegt:

```
Public Class Würfel

End Class
```

Diesen `Public Class .... End Class` Rumpf kennen wir schon. Auch unser Form1 war auf diese Weise eingerahmt. Mit andern Worten: Auch Form1 ist immer eine Klasse, nur dass diese nicht von uns erstellt wird, sondern immer automatisch erzeugt wird.

Nun wollen wir eine Eigenschaft `Wert` hinzufügen, die uns immer den aktuellen Wert des Würfels anzeigt, und eine Methode `Würfeln`, die den Würfel würfelt:

```
Public Class Würfel
    Public Wert As Integer

    Public Sub Würfeln()
        Dim rnd As New Random
        Wert = rnd.Next(1, 7)
    End Sub
End Class
```

Eine Eigenschaft definiert man also so, daß man innerhalb des Klassenrumpfes eine Variable anlegt, allerdings nicht mit `Dim`, sondern mit dem Schlüsselwort `Public` (“Öffentlich”).

Dass man eine Eigenschaft auf diese Weise definiert, werde ich gleich widerrufen, aber für den Moment lassen wir es erst mal so stehen.

Ähnlich legt man Methoden an: Wie ganz normale Subs/Funktionen, nur mit dem Schlüsselwort `Public`.

Fertig! Unsere Klasse kann bereits benutzt werden, zum Beispiel im Load-Event des Formulars:

```
    Private Sub Form1_Load(ByVal sender As System.Object, ByVal e As _
System.EventArgs) Handles MyBase.Load
        Dim w As New Würfel
        w.Würfeln()
        MessageBox.Show("Der Wert des Würfels ist: " & w.Wert)
        w.Würfeln()
        MessageBox.Show("Der Wert des Würfels ist jetzt: " & w.Wert)
    End Sub
```

Eine Frage liegt dir jetzt sicher auf der Zunge:

„Und was soll das Ganze? Das kann ich doch auch viel einfacher ohne diese Klasse erreichen!?!?“

Sicher, vieles, was man mit Klassen erreicht, kann man auch irgendwie ohne Klassen schaffen. Wozu sind also Klassen gut?

Klassen sollen Ordnung ins Programmiererleben bringen. Je umfangreicher Programme werden, desto schwieriger wird es, den Überblick zu behalten:

„Ich definiere mal hier, mal dort ein paar Variablen, die von verschiedenen Funktionen benutzt werden, die aber alle irgendwie logisch miteinander verheiratet sind... Für eine neue Funktionalität definiere ich mal schnell die 27. globale Variable im Formular und versuche herauszufinden, welche meiner 20 Funktionen ich jetzt auch noch ändern muß...“

Das Stichwort hierfür heißt „Spagetticode“: Der ganze Code ist so verworren und verknotet wie Spagetti auf einem Teller, und keiner blickt mehr durch.

Um Ordnung zu schaffen, definiert man nun Klassen. Der Gedanke ist, daß Klassen nach außen bestimme Eigenschaften und Verhaltensweisen bieten, ihr Innenleben vor der Außenwelt aber verborgen halten.

Häää?

Machen wir es an der Würfel-Klasse klar:

Sie bietet „nach außen“, also für denjenigen, der die Klasse benutzt, die Methode „Würfeln“. Wie diese Methode intern funktioniert, ist für den Benutzer völlig egal, ihn interessiert nur, dass da irgendwie gewürfelt wird. Dass da intern eine Klasse Random verwendet wird – völlig egal. Das „Innenleben“, d.h. wie die Würfeln-Methode implementiert ist, kann sein wie es will. Ja, es kann sogar gefahrlos später einmal ausgetauscht werden (nehmen wir mal an, es gibt mal etwas „Besseres“ als Random), und der Aufruf von „Würfeln“ funktioniert immer noch.

Man unterscheidet immer zwischen demjenigen, der eine Klasse erstellt, und demjenigen, der dann eine Klasse benutzt. Dies müssen durchaus nicht dieselben Personen sein. Aber auch wenn man selbst nur die selbsterstellten Klassen benutzt, sollte man diese zwei Rollen im Hinterkopf haben.

Wie du sicher schon gemerkt hast, kennt Intellisense sofort unsere selbst erzeugte Klasse, und bietet uns die verfügbaren Methoden und Eigenschaften an:

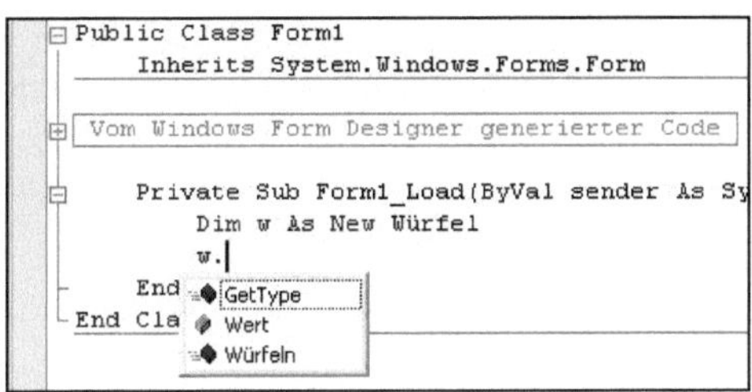

Nach Eingabe von „w." werden die vorhandenen Methoden und Eigenschaften angezeigt.

Es fällt auf, dass es immer eine weitere Methode „GetType" gibt, die nicht von uns stammt. Diese wird immer automatisch hinzugefügt. Wir kennen sie ja bereits von der PictureBox, wo wir sie benutzt haben, um den Klassennamen abzufragen.

Anlegen von Objekten

Jetzt erst mal eine nähere Betrachtung über das Anlegen von Objekten. Warum muß ich immer dieses `New` verwenden, wenn ich eine Variable einer Klassse benutze?

Wenn wir eine „normale" Variable anlegen, bspw. eine Integervariable, machen wir dies einfach durch:

```
Dim a As Integer
```

Danach können wir die Variable benutzen, etwa:

```
a = 5
```

Bei Objekten haben wir dieses zusätzliche `New`:

```
Dim w As New Würfel
```

Dies ist, wie wir wissen, eine Kurzschreibweise für eigentlich zwei Anweisungen:

```
Dim w As Würfel
w = New Würfel
```

Dass wir das Ganze auch kurz schreiben können - Dim w As New Würfel – ändert nichts daran, dass dies eigentlich zwei Dinge sind, die wir hier machen:

- eine Variable anlegen
- ein Objekt neu erzeugen und der Variablen zuweisen

Solange wir die zweite Zeile nicht ausgeführt haben, ist w im wahrsten Sinne des Wortes „Nichts“; VB verwendet hierfür das Schlüsselwort Nothing.

Spielen wir das Ganze noch ein Stück weiter, und schauen uns das folgende Codestückchen an:

```
Dim a, b As Integer
a = 2
b = a
b = 4
```

Preisfrage: Welchen Wert haben a und b am Ende dieses Codes?
Antwort: a ist nach wie vor 2, und b ist 4. Wenig überraschend.

Jetzt machen wir Ähnliches mit unseren Würfel-Objekten:

```
Dim a, b As Würfel
a = New Würfel
a.Wert = 2
b = a
b.Wert = 4
```

Preisfrage: Was steht in `a.Wert` und `b.Wert` am Ende dieses Codes?

Probier es aus, gibt die Werte mit Hilfe einer MessageBox aus oder sieh es dir im Debugger an!

Überraschenderweise ist sowohl `a.Wert` wie auch `b.Wert` 4! Daran ändert sich übrigens auch nichts, wenn wir eine Zeile

```
b = New Würfel
```

hinzufügen.

Warum ist das so?

Die Erklärung liegt darin, dass „normale“ Variablen und Objekt-Variablen unterschiedliche Arten von Variablen sind: Variablen von Standardtypen wie Integer, String, u.s.w. sind **Wert-Variablen**, während Objekt-Variablen so genannte **Zeiger-Variablen** sind:

Wert-Variablen speichern direkt einen Wert. Wenn eine Wert-Variable einer andern zugewiesen wird, wird der Wert auf die neue Variable kopiert.

```
Dim a, b As Integer
a = 2                ' a erhält den Wert 2
b = a                ' der Wert von a wird auf b kopiert
```

```
        b = 4                   ' b erhält einen neuen Wert
```

Zeiger-Variablen kann man sich als Zeiger auf die eigentlichen Objekte vorstellen. Die Anweisugen

```
        Dim a As Würfel
        a = New Würfel
```

bewirken, daß a auf ein neu erzeugtes Objekt vom Typ Würfel „zeigt“:

a -> Würfel

Gehen wir jetzt noch mal die Zeilen nacheinander durch und sehen uns an, was passiert:

1.Zeile: Dim a, b As Würfel

a und b haben bis hierhin noch gar keinen Inhalt, sie zeigen auch auf gar nichts, sie sind noch Nothing.

```
a    ->    Nothing
b    ->    Nothing
```

2.Zeile: a = New Würfel

a zeigt jetzt auf ein neues Würfel-Objekt:

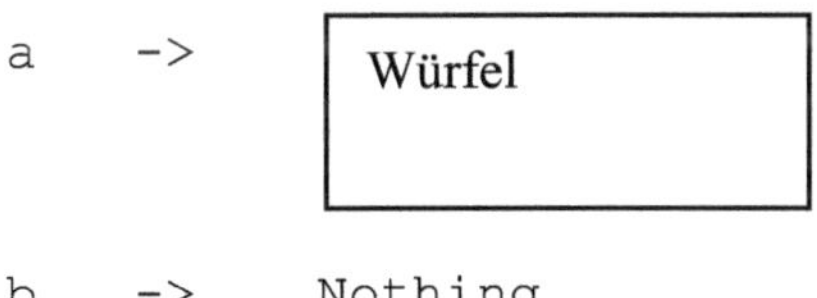

3.Zeile: a.Wert = 2

Die Wert-Eigenschaft des Objektes, auf das a zeigt, wird auf 2 gesetzt:

a -> Würfel
Wert: 2

```
b    ->    Nothing
```

4.Zeile: b = a

Dies ist nun der entscheidende Befehl: Er besagt: b soll jetzt auf dasselbe zeigen wie a:

```
a    ->    Würfel
              Wert: 2
b    ->
```

5.Zeile: b.Wert = 4

Die Wert-Eigenschaft des Objektes, auf das b zeigt, wird auf 4 gesetzt. Da dies aber dasselbe Objekt ist, auf das auch a zeigt, ist hinterher a.Wert wie auch b.Wert 4:

```
a    ->    Würfel
              Wert: 4
b    ->
```

Warum ändert sich nichts daran, wenn ich eine zusätzliche Zeile `b = New Würfel` hinzufüge? Also so:

```
Dim a, b As Würfel
a = New Würfel
b = New Würfel
a.Wert = 2
b = a
b.Wert = 4
```

Schauen wir es uns an. Nach der fett gedruckten Zeile zeigen a und b jeder auf ein eigenes Würfel-Objekt:

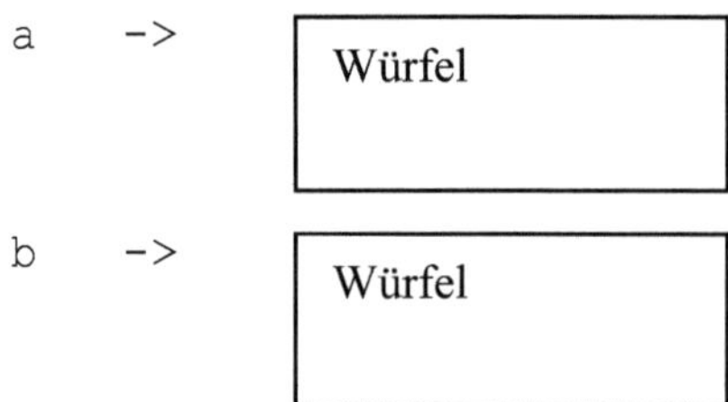

Nach der Zeile b=a zeigt b aber wieder auf dasselbe Objekt wie a:

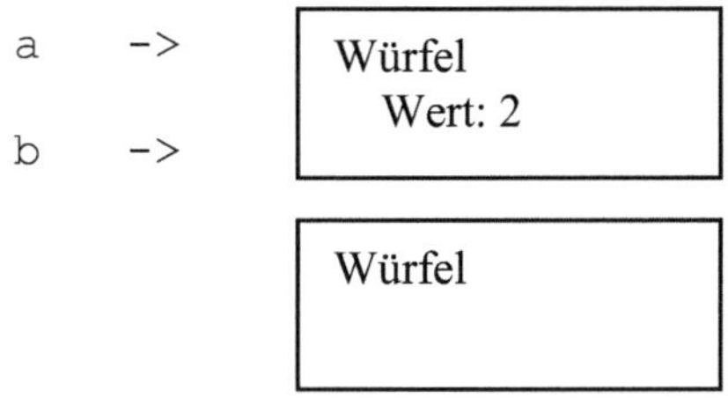

```
a   ->     Würfel
             Wert: 2
b   ->

           Würfel
```

Das Objekt, auf das b bisher gezeigt hatte, schwebt nutzlos im Raum, keiner zeigt mehr darauf.

Wie bekomme ich es aber hin, dass am Ende a.Wert=2 und b.Wert= 4 ist?

Lösung:

```
Dim a, b As Würfel
a = New Würfel
b = New Würfel
a.Wert = 2
b.Wert = a.Wert
b.Wert = 4
```

Jetzt habe ich 2 Objekte, und ich kopiere den Wert von a in die Wert-Eigenschaft von b.

Preisfrage:
Was passiert, wenn ich jetzt die Zeile `b = New Würfel` wieder weg lasse? Warum?

Warum haben die Erfinder von VB.Net das denn so „umständlich" gemacht, warum werden bei Zuweisungen von Objektenvariablen Zeiger kopiert statt der Inhalte?

Die Antwort mag verblüffen: Weil es so praktischer ist. In der realen Programmierwelt kommt es viel häufiger vor, dass man Zeiger zuweisen will, und nicht die Inhalte. Diese Erfahrung macht man erst im Laufe des Programmiererlebens, so dass es zunächst mal schlicht umständlich erscheint.

Bei Klassenobjekten hat man also diese 2 Vorgänge, die man auch wirklich auseinander halten sollte: „Variable definieren" (`Dim a As Würfel`) und „ein neues Objekt erzeugen und der Variablen zuweisen" (`a = New Würfel`).

Wie ist denn das nun bei den Standard-Datentypen? Wenn ich dort schreibe

```
Dim a As Integer
```

ist dann a auch zunächst mal undefiniert, also so was wie Nothing , bevor ich ihm dann einen Wert zuweise?

Nein. Bei der Definition von solchen Variablen weist VB.Net ihnen direkt bei der Definition schon einen Standardwert zu. Bei Integern bspw. ist dies 0, bei Strings ein leerer String („").

Im Kapitel 3 hatte ich mal kurz die **Strukturen** erwähnt, und sie dann nie wieder benutzt. Rectangle ist ein Beispiel für eine Struktur. Machen wir hier mal etwas Ähnliches wie mit der Klasse Würfel und besetzen eine Eigenschaft (die x-Koordinate) von zwei Rectangle-Objekten:

```
Dim r1, r2 As Rectangle
r1.X = 10
r2 = r1
r2.X = 20
```

Und wieder die Frage: Was steht am Ende in r1.X und r2.X?
Antwort: In r1.X steht 10, in r2.X steht 20.

Warum? Weil Strukturvariabeln, im Gegensatz zu Klassenvariablen, Wert-Variablen sind, also keine Zeiger-Variablen. Bei einer Zuweisung einer Struktur zu einer anderen werden damit alle Eigenschaften direkt kopiert – genau das, was wir bei den Klassen eigentlich erwartet hatten. Dieses Verhalten ist der wesentliche Unterschied zwischen Klassen und Strukturen.

Konstruktoren

Immer wenn ein Objekt erzeugt wird, kann man in der Klasse ein Stück Code durchlaufen lassen. Dies ist der so genannte **Konstruktor**. Dieses ist im Prinzip eine Subroutine, die das Schlüsselwort „New" als Namen hat. Der Konstruktor ist dazu da, Initialisierungen (Vorbesetzungen) durchzuführen.

In unserer Würfelklasse ist es bspw. sinnvoll, dort die Membervariable Wert auf einen Wert vorzubesetzen, etwa so:

```
Public Class Würfel
    Public Wert As Integer

    Public Sub New()
        Wert = 1
    End Sub

    Public Sub Würfeln()
        Dim rnd As New Random
        Wert = rnd.Next(1, 7)
    End Sub
End Class
```

Wenn ich irgendwo in meinem Code also schreibe:

```
w = New Würfel
```

dann wird dieser Konstruktor durchlaufen. Immer, wenn jetzt eine Objektvariable vom Typ Wuefel angelegt wird, ist damit Wert automatisch auf 1 vorbesetzt:

```
        Dim w As New Würfel
        MessageBox.Show("Der augenblickliche Wert des Würfels ist: " _
& w.Wert)
```

Ohne Konstruktor würde die MessageBox ausgeben, dass der Wert des Würfels 0 ist, was wir natürlich verhindern sollten. Insofern ist es hier tatsächlich angebracht, im Konstruktor für einen sinnvollen Standardwert zu sorgen.

Public und Private

Wir haben oben das Schlüsselwort `Public` neu eingeführt. An Stelle dieses `Public` kann ich auch `Private` schreiben. Wo ist der Unterschied?

Variablen und Methoden, die ich als Private definiere, sind nach außen nicht sichtbar, sie stehen dem Anwender der Klasse nicht zur Verfügung. Sie sind nur für den Klassenersteller da. Wenn dieser irgendwo selbst mal eine Subroutine oder eine Variable braucht, der Klassen-Anwender diese aber nicht sehen soll, verwendet er Private.

Beispiel:

```
Public Class Würfel
    Public Wert As Integer
    Private WasAuchImmer As Integer

    Public Sub Würfeln()
        Dim rnd As New Random
        SetzeWert(rnd.Next(1, 7))
    End Sub

    Public Sub New()
        SetzeWert(1)
    End Sub

    Private Sub SetzeWert(ByVal zahl As Integer)
        Wert = zahl
    End Sub
End Class
```

Statt die Variable `Wert` direkt zu besetzen, habe ich eine Subroutine `SetzeWert` erstellt, und diese als `Private` deklariert, weil ich sie nur intern benutzen will. Ferner habe ich noch eine private Variable definiert, die ich allerdings nirgendwo benutze.

Ob es sehr sinnvoll ist, diesen einen Befehl in eine eigene Subroutine auszulagern, sei mal dahin gestellt. Es ging mir nur darum, mal eine private Subroutine zu verwenden. Im Folgenden verschwindet diese Subroutine wieder aus der Würfel-Klasse.

Für den Anwender sind die Private-Methoden und –Variablen nicht sicht- und benutzbar:

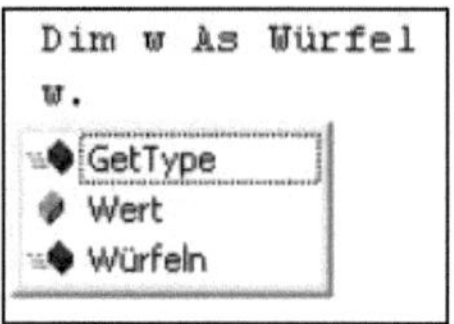

Mit diesem Wissen um Public und Private verbessern wir wieder eine Kleinigkeit:

Es ist bisher schlecht, dass bei jedem Würfeln ein neues Zufallsgenerator-Objekt erzeugt wird. Dies können wir auch in den Konstruktor verlagern. Wir schaffen uns eine private Variable für den Zufallsgenerator (die ich bei dieser Gelegenheit auch gleich umbenenne in m_zufallsGenerator), erzeugen einen neuen Generator im Konstruktor, und verwenden diesen beim Würfeln dann nur noch:

```
Public Class Würfel
    Public Wert As Integer
    Private m_zufallsGenerator As Random

    Public Sub Würfeln()
        Wert = m_zufallsGenerator.Next(1, 7)
    End Sub

    Public Sub New()
        m_zufallsGenerator = New Random
        Wert = 1
    End Sub
End Class
```

Properties

Auch wenn unsere Würfelklasse bisher nur wenig enthält, haben wir schon etwas schlecht gemacht:

Ein Benutzer unserer Klasse kann, ohne dass wir ihn daran hindern können, einem Würfel auch den Wert 7 zuweisen. Oder auch eine negative Zahl.

Der Konstruktionsfehler, den wir gemacht haben, liegt darin, dass wir „Wert“ einfach als „Public“-Variable definiert haben. Damit haben wir keine Kontrolle darüber, was ein „Anwender“ unserer Klasse dort hineinschreibt.

Um solche Probleme zu lösen, gibt es in VB.Net das Sprachmittel der „Properties“, zu Deutsch „Eigenschaften“.

Wir führen jetzt zwei Schritte durch:

- Zunächst machen wir aus unserer Public-Variablen eine Private-Variable und verbergen sie damit nach außen. Bei dieser Gelegenheit benennen wir sie auch noch um zu „m_Wert“ (dies bitte an allen Stellen machen):

```
Private m_Wert As Integer
```

- dann tippen wir folgende Zeile ein:

```
Property Wert As Integer
```

Oops! Nach Eingabe von <Return> entsteht eine ganze Menge Code von allein:

```
Property Wert() As Integer
    Get

    End Get
    Set(ByVal Value As Integer)

    End Set
End Property
```

In den Teil zwischen `Get` und `End Get` bzw. `Set` und `End Set` müssen wir noch unsern eigenen Code einfügen.

Die Set-Subroutine (tatsächlich ist es nichts anderes als eine Subroutine) wird immer dann aufgerufen, wenn der Anwender der Eigenschaft „Wert“ einen neuen Wert zuweist, also wenn er schreibt:

```
    a.Wert = 2
```

Die 2 wird hierbei als Value an die Set Subroutine übergeben.

Für den Anwender sieht es genau gleich aus wie vorher: Es gibt eine Eigenschaft „Wert“, die ich setzen kann (einen kleinen Unterschied hast du vielleicht doch bemerkt: Wenn man als Anwender „a.“ eingibt, steht beim „Intellisense“ neben der „Wert“-Eigenschaft ein anderes Symbol).

Also, jetzt kommt die offizielle Richtigstellung meiner Aussage am Anfang des Kapitels: Eigenschaften einer Klasse definiere ich nicht dadurch, dass ich eine „Public“-Variable anlege, sondern dadurch, dass ich eine „Property“ definiere. „Public“-Variablen sollte man gar nicht benutzen.

Wir können jetzt die Set-Property mit Leben füllen und dem Anwender per MessageBox auf die Finger hauen, wenn er keine Zahl zwischen 1 und 6 eingibt. Andernfalls wird der übergebene Wert nach m_Wert übernommen:

```
    Property Wert() As Integer
        Get
            Return m_Wert
        End Get
        Set(ByVal Value As Integer)
            If Value < 1 Or Value > 6 Then
                MessageBox.Show("Was soll das? Schon mal einen Würfel" _
" mit einer " & Value & " gesehen?")
            Else
                m_Wert = Value
            End If
        End Set
    End Property
```

Für den umgekehrten Fall, also das Abholen eines Wertes, ist die Get-Funktion da. Dieses ist eine Funktion, weil sie einen Rückgabewert liefert.

Ein Anwender, der jetzt etwa schreibt:

```
        Dim x As Integer
        x = a.Wert
```

speichert den aktuellen Wert des Würfels a in x.

Generell sollte man immer Properties statt Public-Variablen verwenden. Ich bitte mir wieder nachzusehen, dass ich schon verschiedentlich dagegen verstoßen habe, z.B. beim Memory-Spiel, wo ich beim Eingabeformular für die Spielernamen auch zwei Public-Variablen verwendet habe. Auch hier wäre es besserer Programmierstil gewesen, 2 Properties zu definieren und die Variablen „Private" zu machen. Aber die Properties kannten wir da ja noch nicht.

Immer noch ist an unserer Klasse etwas auszusetzen:

Warum darf ich überhaupt von außen den Wert unseres Würfels direkt verändern? Dazu soll es doch die „Würfeln"-Funktion geben. Den Wert von außen direkt zu verändern, ist doch eigentlich verboten. Das wäre so, als würde ich von Hand den Würfel einfach auf die gewünschte Zahl drehen.

Abstrakter gesagt: Ich will einschränken, dass eine Eigenschaft zwar abgefragt, nicht aber gesetzt werden darf.

Hierfür gibt es das Schlüsselwort „ReadOnly" („nur Lesen"), dass man vor das „Property" schreibt:

```
    ReadOnly Property Wert() As Integer
        Get

        End Get
    End Property
```

Es wird in diesem Fall automatisch nur der Rumpf für die Get-Funktion, nicht aber für die Set-Subroutine angeboten.

Wir füllen den Code noch aus:

```
ReadOnly Property Wert() As Integer
    Get
        Return m_Wert
    End Get
End Property
```

Der Anwender kann jetzt zwar den Wert des Würfels abfragen, ihn aber nicht mehr direkt setzen:

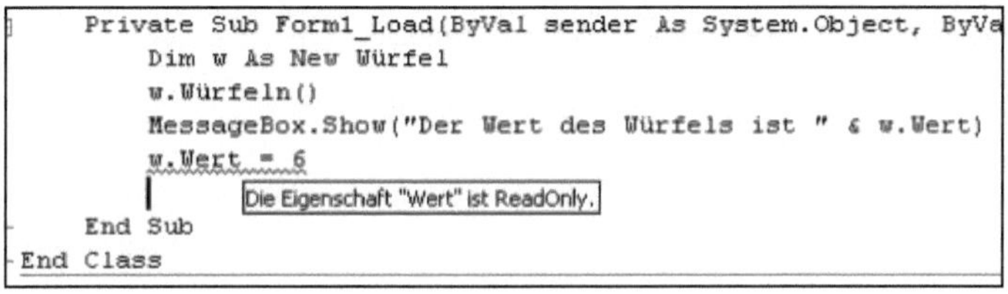

```
    Private Sub Form1_Load(ByVal sender As System.Object, ByVa
        Dim w As New Würfel
        w.Würfeln()
        MessageBox.Show("Der Wert des Würfels ist " & w.Wert)
        w.Wert = 6
        |       Die Eigenschaft "Wert" ist ReadOnly.
    End Sub
End Class
```

Analog zu dem ReadOnly gibt es auch ein WriteOnly, das nur das Setzen einer Eigenschaft, nicht aber das Abfragen erlaubt.

Endlich sind wir zufrieden mit dem Zugriff auf den Wert des Würfels…

Jetzt stellt sich noch eine andere Frage:

Wenn die Property-„Teile“ Get und Set eigentlich auch nur Subs bzw. Funktionen sind, warum nehmen wir dann nicht für das Setzen und Abfragen des Wertes tatsächlich ganz normale Subs und Funktionen. Oder anders gefragt: Wann nimmt man eigentlich „Properties“, und wann Subs/Functions?

Gute Frage, könnte von mir sein. Man könnte tatsächlich statt der Get-Property genauso gut eine Funktion „Wert“ formulieren, also:

```
Public Function Wert() As Integer
    Return m_Wert
End Function
```

Tatsächlich würde dies genauso funktionieren, für den Anwender unserer Klasse wäre der einzige sichtbare Unterschied, dass er beim Intellisense ein Funktionssymbol statt eines Eigenschaftsymbols sehen würde.

Ob man nun das eine oder das andere verwendet, ist tatsächlich weniger eine technische als eine inhaltliche Frage: Wenn etwas eher den Charakter einer Eigenschaft (wie unser Wert) hat, nimmt man eine Property, wenn etwas eher eine Aktion beschreibt (wie unsere „Würfeln“-Sub), nimmt man eine Sub bzw. Function.

Tatsächlich gibt es aber Fälle, wo man sich mit gutem Grund für das eine wie das andere entscheiden kann.

Damit wir auch sehen, dass das Würfeln richtig funktioniert, machen wir uns zunächst mal im Formular eine kleine Bedien- und Anzeigeoberfläche:

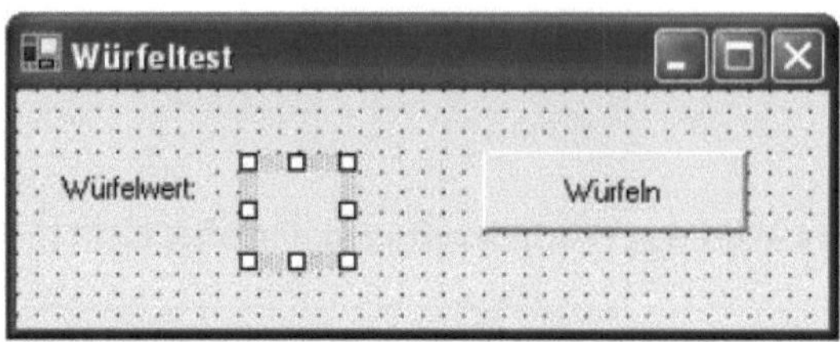

Das im Bild markierte Feld soll ein Label mit Namen „lblWert" sein, der Button habe den Namen „btnWürfeln".

Der zugehörige Code sieht dann so aus:

```
Public Class Form1
    Inherits System.Windows.Forms.Form

    Private m_würfel As Würfel

    Private Sub Form1_Load(ByVal sender As System.Object, ByVal e As _
System.EventArgs) Handles MyBase.Load
        m_würfel = New Würfel                    ' Würfel neu erzeugen
        lblWert.Text = m_würfel.Wert        ' Den Anfangswert darstellen
    End Sub

    Private Sub btnWürfeln_Click(ByVal sender As System.Object, ByVal _ e
As System.EventArgs) Handles btnWürfeln.Click
        m_würfel.Würfeln()                       ' Neu würfeln
        lblWert.Text = m_würfel.Wert        ' Den neuen Wert darstellen
    End Sub
End Class
```

Das Würfelobjekt halten wir uns als private Membervariable des Formulars. Beim Form_Load wird es erzeugt, bei Betätigung des Buttons wird neu gewürfelt. Das Ergebnis wird in das Textfeld geschrieben.

15. Anwendung: Ein verbesserter Würfel

Es gibt weitere Dinge über Klassen zu lernen:

- Statische Methoden, Variablen, Konstruktoren
- Überladen von Methoden

Statische Methoden, Variablen, Konstruktoren

Ich habe an unserer Würfel-Klasse wieder etwas zu mäkeln:

Nehmen wir an, jemand erzeugt 5 unserer Würfelobjekte. Dann wird für jedes dieser Objekte ein eigenes Zufallsgenerator-Objekt erzeugt, was ja eigentlich überflüssig ist. Ein gemeinsames solches Objekt für alle Würfel würde ausreichen, und beim Würfeln selbst könnten alle Würfel-Objekte diesen gemeinsamen Zufallsgenerator verwenden.

Warum machen wir uns eigentlich immer wieder die Arbeit, die „Konstruktion" unserer Klasse zu verbessern? Es funktioniert doch auch so?

Es ist immer Ziel bei der Programmierung, dass der Code nicht nur „irgendwie" funktioniert, sondern dass man auch „guten" Code schreibt. Gerade bei der Konstruktion von Klassen (und letzten Endes besteht ein Programm nur aus Klassen) ist es wichtig, dass man sich ausreichend Gedanken über das Design der „Schnittstellen" macht, also wie sich unsere Klassen über öffentliche Methoden und Properties nach außen präsentiert. Gerade bei steigender Klassenanzahl und Komplexität wird dies immer wichtiger.

Wir sollten immer die Vorstellung haben, dass jemand unsere Klassen verwendet, der vom „Innenleben" der Klasse, also wie der Code innerhalb der Klasse aussieht, keine Ahnung hat, und nur diese öffentlichen Schnittstellen sieht. Ihm müssen diese Schnittstellen klar, logisch und selbsterklärend vorkommen. Auch wenn dieser „jemand" meistens wir selber sind, ist diese Forderung trotzdem richtig. Wenn wir bspw. nach einem halben Jahr unser Projekt wieder ansehen, hilft es uns selbst, wenn die einzelnen Klassen logische Schnittstellen haben, und wir schnell einen Überblick über das Programm bekommen, ohne dass wir uns die Implementierung jeder einzelnen Klassenmethode ansehen müssen.

Um nun einen gemeinsamen Zufallsgenerator für alle Würfelobjekte herstellen zu können, müssen wir erst etwas Neues einführen: Die so genannten „statischen" Methoden.

Statische Methoden werden natürlich durch ein englisches Schlüsselwort gekennzeichnet, und das heißt … – falsch, nicht `static`, sondern `shared`. Warum das? Ganz einfach deshalb, weil das Wort `static` schon für etwas anderes vergeben war (auf das ich aber nicht eingehen werde).

Legen wir also mal eine statische Methode in unserer Würfelklasse an:

```
Public Shared Function Augensumme() As Integer
    Return 1 + 2 + 3 + 4 + 5 + 6
End Function
```

Diese Methode liefert uns die Summe aller Punkte auf den sechs Seiten des Würfels.

Nun ist es sicher so, dass die Augensumme für alle Würfel dieselbe ist, egal welchen Würfel ich betrachte. Es ist also keine Eigenschaft des einzelnen Würfelobjekts, sondern eines Würfels an sich.

Mit dem Schlüsselwort `Shared` drückt man nun genau dies aus: Es bezeichnet eine Funktion, die der Klasse zugeordnet ist, und nicht dem einzelnen Objekt.

Man ruft diese statischen Methoden auch anders auf, nämlich durch

<Klassenname>.<Methode>

Bei uns könnte im Formularcode also z.B. irgendwo stehen:

```
Dim n As Integer
n = Würfel.Augensumme
```

Man kann diese statischen Methoden also benutzen, ohne **überhaupt ein Objekt anlegen zu müssen**. Funktionieren würde aber auch das:

```
Dim n As Integer
Dim w As New Würfel
n = w.Augensumme
```

Intellisense bietet uns, wenn wir den Klassennamen eingeben, alle statischen Methoden und Properties, die es für die Klasse gibt, an:

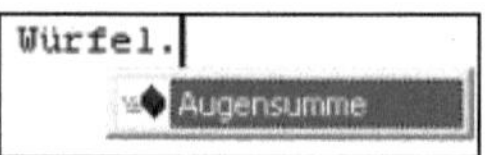

Na, klingelt es? Solche statischen Methoden haben wir schon oft benutzt (ohne dass wir da wussten, was wir eigentlich taten)

Ein Ausdruck wie:

```
Math.Abs(n)
```

ist nichts anderes als der Aufruf der statischen Methode Abs aus der Klasse Math. Math ist eine vorgefertigte Klasse, und diese hat viele statische Methoden, z.B. die Abs Methode.

Wir mussten also nicht erst ein Math-Objekt anlegen, um diese Abs Funktion nutzen zu können. Weitere Beispiele aus der Vergangenheit:

```
Color.FromArgb
Image.FromFile
```

Und auch unser ständig benutztes

```
    MessageBox.Show(...)
```

ist nichts anderes als ein Aufruf der statischen Methode Show der Klasse MessageBox.

Genauso wie es statische Funktionen und Subs gibt, gibt es natürlich auch statische Properties:

```
Public Shared ReadOnly Property Augensumme() As Integer
    Get
        Return 1 + 2 + 3 + 4 + 5 + 6
    End Get
End Property
```

Auf diese Weise formulieren wir die Augensumme als Property (natürlich `ReadOnly`, denn die sollte man nun wirklich nicht verändern können!).

Auch statische Properties kennen wir schon: Schauen wir uns den Ausdruck `Color.Red` an: `Red` ist eine statische Property der `Color`-Struktur (Color ist übrigens eine Struktur, keine Klasse).

Auch vor Konstruktoren kann man das Schlüsselwort `Shared` hängen:

```
Shared Sub New()

End Sub
```

Dies muß man aber noch eingehender betrachten, denn es ist nicht offensichtlich, wann ein solcher statischer Konstruktor jemals aufgerufen wird. Ein Ausdruck wie

```
        Würfel.New
```

ist Unsinn.

Die Lösung ist: Ein statischer Konstruktor wird dann aufgerufen, wenn das **erste Objekt seiner Klasse angelegt** wird.

```
    Dim a, b As Würfel
    a = New Würfel          ' Hier wird der statische Konstruktor
                            ' der Klasse Würfel aufgerufen und
                            ' auch der Objekt-Konstruktor
    b = New Würfel          ' Hier wird nur noch der
                            ' Objekt-Konstruktor aufgerufen
```

Übrigens darf man bei der Definition des statischen Konstruktors kein Schlüsselwort Public oder Private einfügen.

Schließlich gibt es auch statische Membervariablen. Dies sind dann Variablen, die es nur einmal für die ganze Klasse gibt:

```
Public Class Würfel
    Private Shared m_anzahlObjekte As Integer

    Public Sub New()
        m_anzahlObjekte += 1
    End Sub

    Public Shared ReadOnly Property AnzahlObjekte() As Integer
        Get
            Return m_anzahlObjekte
        End Get
    End Property
End Class
```

(Ich habe hier mal den übrigen, bisher erzeugten Code aus Gründen der Übersichtlichkeit weggelassen)

Hier dient die statische Membervariable dazu, mitzuzählen, wie viele Würfelobjekte bisher erzeugt wurden: Jedesmal, wenn ein Würfelobjekt neu angelegt wird, wird der Zähler um eins erhöht. Über eine statische Property lässt sich der Zählerstand abfragen.

Anwendungsbeispiel:

```
        Dim a, b As Würfel
        a = New Würfel
        MessageBox.Show("Bisher wurden " & Würfel.AnzahlObjekte & _
" Würfel erzeugt")
        b = New Würfel
        MessageBox.Show("Jetzt sind es " & Würfel.AnzahlObjekte)
```

Kommen wir zurück zu unserm Zufallsgenerator. Jetzt sind wir in der Lage, ihn nur einmal anzulegen:

```
Public Class Würfel
    Private Shared m_ZufallsGenerator As Random
    Private m_Wert As Integer

    Shared Sub New()
        m_ZufallsGenerator = New Random
    End Sub

    Public Sub New()
        m_Wert = 1
    End Sub

    Public ReadOnly Property Wert() As Integer
        Get
            Return m_Wert
        End Get
```

```
    End Property

    Public Sub Würfeln()
        m_Wert = m_ZufallsGenerator.Next(1, 7)
    End Sub
End Class
```

Was haben wir gemacht?

- die Zufallsgenerator-Variable ist zu einer statischen Variablen geworden. Damit ist sie nur einmal für alle Würfelobjekte vorhanden.
- Sie wird im statischen Konstruktor initialisiert, also dann, wenn jemand das erste Würfelobjekt anlegt
- Beim Würfeln selbst ist alles beim alten geblieben

Noch eine, vielleicht nicht ganz offensichtliche Frage:

Frage: Kann man eigentlich Konstruktoren auch `private` machen?
Antwort: Ja. Aber dann kann niemand mehr ein Objekt dieser Klasse anlegen

Das ist gar nicht so schwachsinnig, wie es sich anhört, sondern wird im Gegenteil sogar häufig gemacht. Allerdings muß man natürlich irgendwie dafür sorgen, dass doch Objekte entstehen können. Dies macht man über eine statische Methode der Klasse, die neu erzeugte Objekte liefert:

```
Public Class Würfel
    Private m_Wert As Integer

    Private Sub New()
        m_Wert = 1
    End Sub

    Public Shared Function ErzeugeWürfel() As Würfel
        Return New Würfel
    End Function
End Class
```

(Die restliche Funktionalität habe ich hier mal weggelassen)

Hier wird über die ErzeugeWürfel Funktion ein neues Würfelobjekt erzeugt und nach außen gegeben.

Der Anwender kann nun nicht mehr schreiben

```
        Dim w As Würfel
        w = New Würfel      ' Falsch: Konstruktor ist private
```

Hier würde VB.Net jetzt einen Fehler melden.

Stattdessen schreibt er:

```
        Dim w As Würfel
        w = Würfel.ErzeugeWürfel
```

Solche „Erzeugungsfunktionen“ als statische Methode der Klasse sind durchaus verbreitet (wir werden gleich auf eine stoßen); sie werden dann verwendet, wenn man als Klassenautor den Erzeugungsvorgang selbst unter Kontrolle haben möchte.

Parametrierte Konstruktoren

Jetzt wollen wir die Würfelklasse mal dahingehend erweitern, dass sie selbst auch für die Anzeige des Würfels zuständig ist. Es soll ein Bild eines Würfels angezeigt werden, das dem Wert des Würfels entspricht.

Dies ist ein anderes Vorgehen, als wir es bisher hatten: Bisher war der Anwender unseres Würfelobjekts (bei uns unser Form1-Formular) für die Anzeige des Wertes zuständig, es geschah also außerhalb der Klasse. Jetzt verlagern wir das Ganze nach innen, in die Klasse hinein.

Für die Anzeige wollen wir eine PictureBox verwenden, in der wir das Bild des Würfels darstellen. In Betrieb sieht das dann etwa so aus:

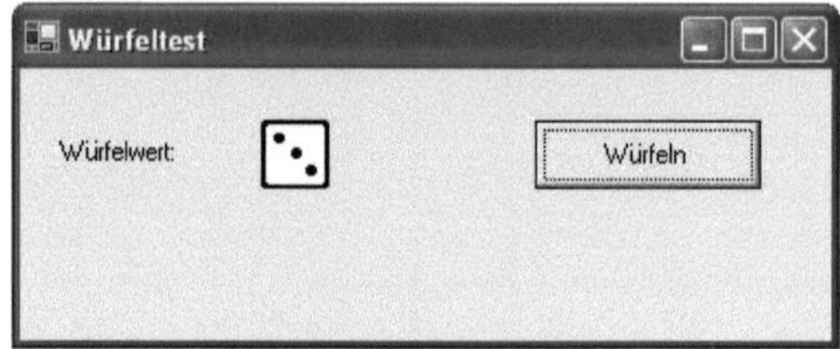

Wir gehen jetzt mal von folgendem Modell aus:

- der Benutzer unserer Klasse legt eine leere PictureBox auf einem Formular an
- diese PictureBox soll unsere Klasse dann dazu verwenden, um den Würfel darzustellen

Bem.: Dieses Modell werden wir weiter unten noch erweitern

Wir müssen unserer Klasse nun also irgendwie sagen können, welche PictureBox sie bitte verwenden soll. Technisch gesprochen: Wir müssen unsere Klasse mit einer „Schnittstelle“ versehen, über die wir ihr die PictureBox übergeben können.

Wir kümmern uns vorerst nur mal um die Übergabe dieser PictureBox an die Klasse, das eigentliche „Zeichnen“ kommt später.

Als „Schnittstelle“ kommen die verschiedenen Dinge in Betracht, die wir kennen:

a) Eine Sub, also etwa so:

```
Public Class Würfel
```

```
    Private m_picBox As PictureBox

    Public Sub SetPictureBox(ByRef p As PictureBox)
        m_picBox = p
    End Sub
End Class
```

Wir schaffen eine Funktion SetPictureBox, über die wir eine PictureBox übergeben bekommen. Diese legen wir in einer privaten Variablen ab, die dann später beim „Zeichnen" verwendet wird.

Der Anwender würde jetzt schreiben:

```
        Dim w As New Würfel
        w.SetPictureBox(picBox)
```

picBox soll hierbei eine PictureBox sein, die der Anwender auf seinem Formular gezeichnet hat.

b) Eine Property, also so:

```
Public Class Würfel
    Private m_picBox As PictureBox

    Property PictureBox() As PictureBox
        Get
            Return m_picBox
        End Get
        Set(ByRef Value As PictureBox)
            m_picBox = p
        End Set
    End Property
End Class
```

Der Anwender schreibt dann:

```
        Dim w As New Würfel
        w.PictureBox = picBox
```

Beide Varianten würden funktionieren, sind aber verbesserungsfähig:

Wenn der Anwender vergisst, uns eine PictureBox zu übergeben, bricht in unserer Klasse das Chaos aus: Wir würden irgendwann versuchen, in eine PictureBox zu zeichnen, und haben gar keine.

Nein, da ist nicht der Anwender selber Schuld, sondern wir, der Klassenersteller! Wir haben, wenn irgend möglich, unsere Klasse so zu gestalten, dass sie idiotensicher ist.

Kommen wir also zu einer besseren Lösung, und die heißt „parametrierter Konstruktor".

Auch ein Konstruktor kann, wie jede Sub, Parameter übergeben bekommen. In unserm Fall soll er eine PictureBox als Parameter haben:

```
Public Sub New(ByRef p As PictureBox)
    m_picBox = p
End Sub
```

Der Anwender kann jetzt beim Erzeugen eines Würfel-Objekts direkt eine PictureBox übergeben. Hierzu wird der Parameter (also hier die PictureBox) beim New-Befehl in Klammern hinter den Klassennamen geschrieben:

```
        Dim w As Würfel
        w = New Würfel(picBox)
```

Oder auch in einer Zeile:

```
        Dim w As New Würfel(picBox)
```

Das Entscheidende ist nun: Der Anwender kann nicht nur eine PictureBox als Parameter beim Erzeugen des Objektes übergeben, er muß es sogar! Die Anweisung

```
        Dim w As New Würfel
```

funktioniert jetzt nicht mehr, da wir zwingend erwarten, dass eine PictureBox übergeben wird. Auf diese Weise können wir nun tatsächlich sicherstellen, dass wir immer eine PictureBox haben.

Einen solchen parametrierten Konstruktor haben wir schon benutzt, und ich wollte damals die Erklärung nachreichen:

```
        Dim writer as New StreamWriter("C:\FischHighscore.txt")
```

Hier haben wir einen Konstruktor, der einen Dateinamen als Parameter verlangt.

Jetzt wollen wir nun tatsächlich aber auch den Würfel anzeigen. Hierzu nutzen wir wieder den Grafik-Editor, und speichern die erzeugten Würfel als Dateien „W1.ico“ bis „W6.ico“. Diese legen wir irgendwo ab, bei mir ist es mal das Verzeichnis „C:\Temp“.

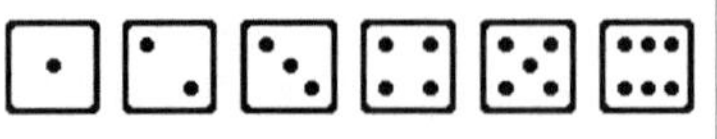

Das Darstellen bewerkstelligen wir mit einer einzigen Zeile:

```
Private Sub Darstellen()
    m_picBox.Image() = Image.FromFile("c:\Temp\w" & m_Wert & ".ico")
End Sub
```

An dieser Anweisung können wir mit unserm neuen Wissen glänzen. Sezieren wir sie mal:

Das PictureBox-Objekt (m_picBox) hat eine Property namens „Image“, mit der ich ein Image setzen kann. Diese Property verlangt, dass man ihr ein Objekt vom Typ „Image“ zuweist. Wo bekomme ich das her? Nun, die Klasse Image hat eine statische Methode „FromFile“, der man einen Dateinamen übergibt, und die als Resultat ein neu erzeugtes Image-Objekt zurückliefert.

Hier haben wir also nun genau den Fall, den wir vorhin selber konstruiert hatten: Ein Image-Objekt wird nicht durch eine new Anweisung erzeugt, sondern mit Hilfe einer statischen Methoden der Klasse. Die Autoren der Image-Klasse haben dies als Weg bestimmt, ein neues Image-Objekt zu erzeugen, einen Weg über „New Image“, um dann hinterher (oder direkt als Konstruktor-Parameter) den Dateinamen zu setzen, gibt es nicht.

Wie ich den Dateinamen mit Hilfe des Wertes zusammenzubaue, hast du sicher durchschaut. So sieht jetzt also unsere Würfelklasse aus:

```
Public Class Würfel
    Private Shared m_ZufallsGenerator As Random
    Private m_Wert As Integer
    Private m_picBox As PictureBox

    Shared Sub New()
        m_ZufallsGenerator = New Random
    End Sub

    Public Sub New(ByRef p As PictureBox)
        m_picBox = p
        m_Wert = 1
        Darstellen()
    End Sub

    Public ReadOnly Property Wert() As Integer
        Get
            Return m_Wert
        End Get
    End Property

    Public Sub Würfeln()
        m_Wert = m_ZufallsGenerator.Next(1, 7)
        Darstellen()
    End Sub

    Private Sub Darstellen()
        m_picBox.Image() = Image.FromFile("C:\Temp\w" & m_Wert & ".ico")
    End Sub
End Class
```

Probier sie aus und wende sie im Formular an! Stelle mehr als einen Würfel auf dem Formular dar; bei Betätigen des Buttons sollen dann alle Würfel neu gewürfelt werden.

Überladen von Methoden

Überladen von Methoden heißt, dass dieselbe Methode in einer Klasse mehrfach definiert sein kann, wobei die Art der Parameter dann unterschiedlich ist.

Beispiele hierfür gibt es viele. Nehmen wir die Round-Methode aus der Math Klasse: Sie gibt es in 4 verschiedenen Versionen.

Hier die erste Methode, die einen Parameter hat, und den gerundeten Wert liefert:

```
        Math.Round(1.234)
```

liefert als Ergebnis eine 1.

Übrigens: Auch dies ist wieder eine statische Methode.

Daneben gibt es z.B. noch eine weitere Variante, bei der ich die Anzahl der Nachkommastellen angeben kann, auf die gerundet werden soll:

```
        Math.Round(1.234,2)
```

liefert 1.23, da zwei Nachkommastellen übrig bleiben sollen.

Ich will jetzt gar nicht die weiteren Varianten von Round im Detail untersuchen, wichtig ist nur, dass es verschiedene Varianten derselben Funktion geben kann. Diesen Vorgang, wenn mindestens eine zweite Methode gleichen Namens existiert, bezeichnet man als Überladen der (ersten) Methode.

Voraussetzung für das Überladen ist, dass sich die einzelnen Methoden in der Anzahl und/oder im Typ und/oder in der Reihenfolge ihrer Parameter unterscheiden. Dagegen reicht es nicht aus, wenn sich zwei Funktionen nur im Rückgabewert unterscheiden.

Beispiele:

```
Function MeineMethode(ByVal a As Integer) As Integer
Function MeineMethode(ByVal a As Integer, ByVal b As Integer) As Integer
Function MeineMethode(ByVal a As Integer, ByVal b As Double) As Integer
Function MeineMethode(ByVal a As Double, ByVal b As Integer) As Integer
Function MeineMethode(ByVal a As Integer) As Long    ' Unzulässig: Nur ein
' anderer Returnwert reicht nicht aus
Function MeineMethode(ByVal x As Integer) As Integer ' Unzulässig: Der
' Name des Parameters spielt keine Rolle
```

Überladene Methoden kann man explizit durch das Schlüsselwort `Overloads` kenzeichnen:

```
Overloads Function MeineMethode(ByVal a As Integer) As Integer
Overloads Function MeineMethode(ByVal a As Integer, ByVal b As Integer) _
As Integer
```

Dieses Schlüsselwort muss man nicht verwenden, es dient also nur der Übersichtlichkeit. Erst im Zusammenhang mit abgeleiteten Klassen muss man es manchmal doch zwingend angeben, dazu kommen wir später.

Auch die verschiedenen „Varianten“ von „MessageBox.Show“ – nur Text, Text plus Überschirft, usw. – sind nichts anderes als überladene Methoden.

Genauso wie man Methoden überladen kann, kann man auch Konstruktoren überladen, also auch hier Varianten mit unterschiedlichen Parametern schaffen.

Dies wollen wir jetzt mit unserer Würfelklasse machen. Und zwar wollen wir Folgendes erreichen:

Bisher übergibt der Anwender dem Würfel-Konstruktor eine PictureBox, die er vorher auf einem Formular erstellt hat. Jetzt wollen wir eine zweite Variante schaffen, bei der der Benutzer vorher gar nichts auf dem Formular zeichnet, sondern dem Konstruktor Koordinaten übergibt, und das Erzeugen der PictureBox dann in der Würfel-Klasse selbst stattfindet. Ferner müssen wir dem Konstruktor übergeben, auf welchem Formular das überhaupt stattfinden soll.

So sieht also unser zweiter Konstruktor aus:

```
Public Sub New(ByRef frm As Form, ByVal x As Integer, ByVal y As Integer)
```

Wir übergeben das Formular, auf dem die PictureBox entstehen soll, sowie die x- und y Koordinate auf dem Formular.

Jetzt hat der Anwender die Auswahl, wie er vorgehen will:

- er zeichnet selbst eine PictureBox auf seinem Formular und nimmt den ersten Konstruktor, um an dieser Stelle einen Würfel zu erzeugen
- er zeichnet gar nichts, sondern sagt per zweitem Konstruktor, wo der Würfel entstehen soll.

Jetzt müssen wir noch den Konstruktor mit Leben füllen:

```
Public Sub New(ByRef frm As Form, ByVal x As Integer, ByVal y As Integer)
    m_picBox = New PictureBox    ' Neue PictureBox erzeugen
    m_picBox.Left = x            ' Left und Top setzen
    m_picBox.Top = y
    m_picBox.Width = 32          ' Höhe und Breite auf 32 Pixel setzen
    m_picBox.Height = 32
    frm.Controls.Add(m_picBox)   ' Zu der Liste der Controls hinzufügen
    m_Wert = 1
    Darstellen()
End Sub
```

Jetzt kann der Anwender auf 2 verschiedene Arten einen Würfel erzeugen. Zur Abwechslung mal wieder der vollständige Code des Formulars:

```
Public Class Form1
    Inherits System.Windows.Forms.Form
    Private m_würfel, m_würfel2 As Würfel

    Private Sub Form1_Load(ByVal sender As System.Object, ByVal e As _
System.EventArgs) Handles MyBase.Load
        ' wie bisher: aus vorhandener PictureBox erzeugen
        m_würfel = New Würfel(picBox)
        ' neu: an definierter Stelle auf dem Formular
        '(="Me") einen Würfel erstellen
        m_würfel2 = New Würfel(Me, 100, 50)
    End Sub

    Private Sub btnWürfeln_Click(ByVal sender As System.Object, ByVal _ e
As System.EventArgs) Handles btnWürfeln.Click
        m_würfel.Würfeln()
        m_würfel2.Würfeln()
    End Sub
End Class
```

Probier es aus!

Ein Wort noch zur Anweisung „….Würfel (Me, 100, 50)": Ich muß dem Konstruktor ein Formular-Objekt übergeben, und zwar „mich selbst". Hierfür gibt es das Schlüsselwort „Me", das immer das eigene Klassenobjekt bezeichnet.

Jetzt fügen wir noch eine weitere Eigenschaft hinzu:

Bei vielen Würfelspielen, etwa bei Kniffel, ist es sinnvoll, wenn man Würfel „markieren" oder „auswählen" kann: Bei einem Kniffelspiel könnte der Anwender bspw. markieren, welche Würfel er noch mal würfeln möchte.

Das Markieren soll dadurch geschehen, dass der Anwender auf den Würfel klickt. Der Würfel soll dann eine graue Farbe statt der weißen Farbe bekommen. Wenn er noch mal darauf klickt, wird er wieder „entmarkiert", also weiß.

Zunächst mal ist wieder der Grafikeditor dran. Nenne die 6 Dateien „W1Grau.ico" bis „W6Grau.ico".

Wir brauchen eine Variable für den Zustand „markiert" in unserer Würfelklasse. Diesen Zustand soll man durchaus auch von „außen" setzen können.

So sieht dann unsere Würfel-Klasse aus:

```
Public Class Würfel
    Private Shared m_ZufallsGenerator As Random
```

```
    Private m_Wert As Integer
    Private m_markiert As Boolean
    Private m_picBox As PictureBox

    Shared Sub New()
        m_ZufallsGenerator = New Random
    End Sub

    Public Sub New(ByRef p As PictureBox)
        m_picBox = p
        m_Wert = 1
        m_markiert = False
        Darstellen()
    End Sub

    Public Sub New(ByRef frm As Form, ByVal x As Integer, ByVal y As _
Integer)
        m_picBox = New PictureBox    ' Neue PictureBox erzeugen
        m_picBox.Left = x            ' Left und Top setzen
        m_picBox.Top = y
        m_picBox.Width = 32          ' Höhe und Breite auf 32 Pixel setzen
        m_picBox.Height = 32
        frm.Controls.Add(m_picBox)   ' Zu der Liste der Controls
                                     ' hinzufügen
        m_Wert = 1
        Darstellen()
    End Sub

    Public Property Markiert() As Boolean
        Get
            Return m_markiert
        End Get
        Set(ByVal Value As Boolean)
            m_markiert = Value
            Darstellen()
        End Set
    End Property

    Public ReadOnly Property Wert() As Integer
        Get
            Return m_Wert
        End Get
    End Property

    Public Sub Würfeln()
        m_Wert = m_ZufallsGenerator.Next(1, 7)
        m_markiert = False
        Darstellen()
    End Sub
```

```
    Private Sub Darstellen()
        If m_markiert = True Then
            m_picBox.Image() = Image.FromFile("C:\Temp\w" & m_Wert & _
"Grau.ico")
        Else
            m_picBox.Image() = Image.FromFile("C:\Temp\w" & m_Wert & _
".ico")
        End If
    End Sub
End Class
```

Die neuen Teile sind fett gedruckt. Wenn gewürfelt wird, soll der Würfel automatisch entmarkiert werden, deshalb wird dort m_markiert wieder auf False gesetzt.

Wir können das Programm noch etwas vereinfachen. Die Würfeln-Methode können wir auch so schreiben:

```
    Public Sub Würfeln()
        m_Wert = m_ZufallsGenerator.Next(1, 7)
        Markiert = False
    End Sub
```

Wieso können wir den Aufruf von „Darstellen“ jetzt weglassen?

Gleiches gilt für den Konstruktor:

```
    Public Sub New(ByRef p As PictureBox)
        m_picBox = p
        m_Wert = 1
        Markiert = False
    End Sub
```

Jetzt fehlt noch die Event-Handling Routine: Wenn auf den Würfel geklickt wird, soll sich der „Markiert“-Zustand ändern.

Hierzu verwenden wir wieder die AddHandler-Anweisung:

```
    Public Sub New(ByRef p As PictureBox)
        m_picBox = p
        m_Wert = 1
        Markiert = False
        AddHandler m_picBox.Click, AddressOf Geklickt
    End Sub
```

Dieselbe Zeile müssen wir auch in den zweiten Konstruktor einfügen.

Die Event-Routine müssen wir jetzt nur noch schreiben:

```
    Private Sub Geklickt(ByVal sender As System.Object, ByVal e As _
```

```
System.EventArgs)
        Markiert = Not Markiert
    End Sub
```

Was in der Routine stattfindet, ist total einfach, aber wirkungsvoll: Markiert wird auf das Gegenteil gesetzt, das war's.

Wieso reicht das aus, damit jetzt der Würfel von weiß zu grau wechselt?

Probier jetzt aus, ob unsere Würfelklasse funktioniert, auch das Markieren und Entmarkieren! Würfel in Deinem Hauptprogramm (Formular) nur die Würfel neu, die markiert sind!

Aufgabe:
Nicht in jedem Spiel soll es möglich sein, Würfel zu markieren. Führe daher eine weitere Eigenschaft „MarkierenMöglich" (Boolean) ein. Nur wenn diese Eigenschaft auf „True" steht, soll der ganze Markier-Mechanismus funktionieren. Ist sie False, soll einfach gar nichts passieren, wenn jemand auf den Würfel klickt.

16. Anwendung: Alle Vögel sind schon da...

Durch diesen kuriosen Titel versuche ich davon abzulenken, dass in diesem Kapitel eigentlich gar keine fertige Anwendung entsteht. Wir lernen kennen:

- Abgeleitete Klassen und Vererbung
- Namespaces
- Die Online-Hilfe

Abgeleitete Klassen, Vererbung

Wir verlassen jetzt mal kurz unsere Würfel und kommen zu einem wichtigen und gleichzeitig neuen Thema in VB.Net: Zur Vererbung.

Hier geht es nicht um Biologie. Ich will aber trotzdem die Vererbung an einem Beispiel aus dem Tierreich erklären.

Das ganze Tierreich ist in Klassen, Ordnungen, Untergattungen, etc. gegliedert. Nehmen wir als Beispiel mal die Vögel. Die Vögel unterteilen sich wiederum in Schwimmvögel, Singvögel, u.s.w.

Anm.: Falls du es noch nicht gemerkt hast: Ich stelle gerade mein eigenes Ordnungssytem im Tierreich auf! In Biologie habe ich das Thema verschlafen...Also bitte nicht überprüfen, ob mein Ordnungssystem irgendetwas mit der Wirklichkeit zu tun hat!

Wenn wir uns die Vögel jetzt mal als Klasse vorstellen, hat diese Klasse gewisse Eigenschaften. Ich definiere jetzt mal ein paar:

```
Public Class Vogel
    Private m_Lebenserwartung As Integer
    Private m_Nestfluechter As Boolean
    Private m_KannFliegen As Boolean

    Public ReadOnly Property Lebenserwartung() As Integer
        Get
            Return m_Lebenserwartung
        End Get
    End Property

    Public ReadOnly Property Nestflüchter() As Boolean
        Get
            Return m_Nestfluechter
        End Get
    End Property

    Public ReadOnly Property KannFliegen() As Boolean
        Get
            Return m_KannFliegen
```

```
        End Get
    End Property
End Class
```

Die Schwimmvögel sind nun eine Unterklasse (Unterordnung? Untergattung? Hilfe!!) der Vögel. Auch in VB.Net kann man nun solche Unterklassen (gebräuchlicher ist „Subklassen") definieren:

```
Public Class Schwimmvogel
    Inherits Vogel

    Private m_Tauchtiefe As Integer

    Public ReadOnly Property Tauchtiefe() As Integer
        Get
            Return m_Tauchtiefe
        End Get
    End Property
End Class
```

Durch das Schlüsselwort `Inherits` (etwa: "Erbt von..") wird angegeben, dass Schwimmvogel eine Unterklasse von Vogel ist. Gleichzeitig haben wir dem Schwimmvogel eine weitere Eigenschaft gegeben, nämlich, wie tief er tauchen kann.

Diese weitere Klasse können wir übrigens in derselben Datei unterbringen wie unsere Klasse „Vogel".

Ebenso verfahren wir mit den Singvögeln. Denen können wir als weitere Eigenschaft zuordnen, wie laut sie singen:

```
Public Class Singvogel
    Inherits Vogel

    Private m_Phonzahl As Integer

    Public ReadOnly Property Phonzahl() As Integer
        Get
            Return m_Phonzahl
        End Get
    End Property
End Class
```

Was passiert nun, wenn wir ein neues Objekt vom Typ Singvogel anlegen? Intellisense bietet uns an, was dieses Objekt für Eigenschaften hat:

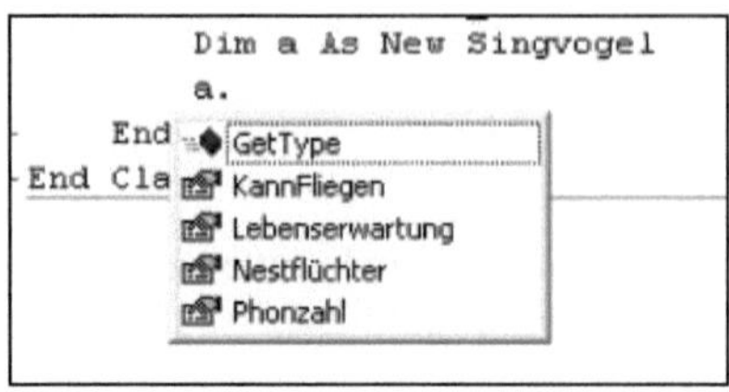

Was wir sehen, ist: Singvogel hat alle Eigenschaften von Vogel „geerbt", sie sind genauso verfügbar, als wenn wir sie in der Unterklasse selbst definiert hätten! Zusätzlich ist seine „Spezialeigenschaft" Phonzahl zu sehen.

Für Subklassen gilt also: Alle Methoden und Properties, die in der darüber liegenden Klasse definiert sind, sind automatisch verfügbar (zu Einschränkungen kommen wir später).

Objekte vom Typ „Vogel" haben natürlich nur die Eigenschaften, die in dieser Klasse definiert sind:

Wir können das Spiel jetzt noch weiter treiben: Von „Singvogel" können wir bspw. eine Klasse „Amsel" „ableiten" (das ist der Fachbegriff für das Bilden von Unterklassen):

```
Public Class Amsel
    Inherits Singvogel
End Class
```

Ich weiß nicht, ob eine Amsel nun eigene, spezielle Eigenschaften hat, wenn ja, könnte man sie hier wieder dazu definieren.

Gleichzeitig können wir hier im Konstruktor der Amsel eintragen, wie alt sie wird. Versuchen wir es mal:

```
    Public Sub New()
        Lebenserwartung = 10
    End Sub
```

Da jubiliert die Amsel, wie alt ich sie werden lasse...

Leider scheint VB.Net mit dieser Anweisung nicht zufrieden zu sein (dies aber nicht aus biologischen Gründen), denn sie wird unterschlängelt. Warum, wird uns mitgeteilt, wenn wir mit der Maus auf die Anweisung fahren:

```
    Public Sub New()
        Lebenserwartung = 10
    End Sub
```

Die Eigenschaft "Lebenserwartung" ist ReadOnly.

Logisch, wir haben hier die Property benutzt, und die dürfen wir nur lesen, und nicht schreiben. Das gilt für Anwender, die unsere Klassen benutzen, genauso wie für uns selbst innerhalb der Subklasse.

Nächster Versuch:

```
    Public Sub New()
        m_Lebenserwartung = 10
    End Sub
```

Leider auch nicht besser, denn:

```
    Public Sub New()
        m_Lebenserwartung = 10
    End Sub
```

"WindowsApplication3.Vogel.m_Lebenserwartung" ist in diesem Kontext nicht zugreifbar, da es "Private" ist.

Auch wieder wahr: Wir haben m_Lebenserwartung als Private definiert, damit Anwender unserer Klasse nicht von außen direkt auf sie zugreifen können, und zum Beispiel das Lebensalter von außen verändern können (*wenn ich es mir recht überlege: Wäre hier vielleicht gar nicht so verkehrt, dann könnte jemand mein biologisches Unwissen richtig stellen...).* Dieses `Private` gilt genauso für den Zugriff aus der Subklasse.

Wie kommen wir da jetzt raus?

Die Lösung liegt darin, dass es neben `Public` und `Private` noch ein weiteres Schlüsselwort gibt, nämlich `Protected`. `Protected` liegt in der Bedeutung zwischen `Public` und `Private`:

- wie bei `Private`, haben Anwender der Klasse nach wie vor keinen Zugriff auf das Element
- Subklassen haben aber vollen Zugriff, wie bei `Public`.

Was wir also tun müssen, ist, alle Membervariablen der Basisklasse als `Protected` zu definieren:

```
Public Class Vogel
    Protected m_Lebenserwartung As Integer
    Protected m_Nestfluechter As Boolean
    Protected m_KannFliegen As Boolean
```

Dann funktioniert auch der Zugriff in der abgeleiteten Klasse:

```
    Public Sub New()
        m_Lebenserwartung = 10
    End Sub
```

wird jetzt akzeptiert.

Es gibt eigentlich keinen vernünftigen Grund mehr, irgendwelche Membervariablen überhaupt noch als Private zu definieren, stattdessen kann man immer Protected nehmen. Falls man sich nämlich entschließt, von einer vorhandenen Klasse abzuleiten, stehen die Membervariablen dort sofort zur Verfügung. Es sei denn, man will dies nicht: Etwa, wenn jemand anders eine Unterklasse unserer Klasse schreiben soll, und manche unserer Membervariablen ihm verborgen bleiben sollen.

Genauso wie Variablen können auch Methoden `Protected` sein: Dann kann ich sie innerhalb meiner Subklassen benutzen, nach außen hin sind sie aber nicht sichtbar.

Jetzt wollen wir mal die Anwendungsseite unserer Klassenhierarchie betrachten, dann wird noch deutlicher, welchen Vorteil die ganze Vererberei bietet.

Nehmen wir mal an, wir haben zusätzlich zu Amsel auch noch Unterklassen Drossel, Fink und Star gebildet, und diesen Tierchen ein Lebensalter von 11, 12 und 13 Jahren zugebilligt.

Jetzt erzeugen wir mal ein paar Vögel, und sammeln die Vogelschar in einer ArrayList:

Auf der Anwendungsseite (bspw. in unserem Formular) stehe also Folgendes:

```
        Dim vogelschar As New ArrayList
        Dim a As New Amsel
        Dim d As New Drossel
        Dim f As New Fink
        Dim s As New Star

        vogelschar.Add(a)
        vogelschar.Add(d)
        vogelschar.Add(f)
        vogelschar.Add(s)
```

Jedes wollen wir in einer Schleife für jedes Mitglied unserer Vogelschar das Lebensalter anzeigen. Dies geht wie folgt:

```
        ' Zeige Lebensalter an:
        Dim v As Vogel
        For Each v In vogelschar
            MessageBox.Show("Meine Lebenserwartung ist: " & _
v.Lebenserwartung)
        Next
```

Was passiert hier?

Wir haben für die Schleife durch unsere Collection eine Variable vom Typ „Vogel“ verwendet, also unserer Basisklasse. Dies ist möglich, obwohl in unserer Collection ja spezielle Vögel unserer Subklassen stecken. Obwohl wir den Wert für die Lebenserwartung im Konstruktor der jeweiligen Subklasse gesetzt haben, wird hier der korrekte Wert angezeigt.

Wenn wir mal wissen wollen, welcher Subklasse der Vogel denn nun tatsächlich angehört, benutzen wir die „GetType“-Methode. Wir können sie hier bspw. benutzen, um den Klassennamen in der Titelzeile der Messagebox auszugeben:

```
        Dim v As Vogel
        For Each v In vogelschar
            MessageBox.Show("Meine Lebenserwartung ist: " & _
v.Lebenserwartung, "Ich bin ein Vogel der Klasse " & v.GetType.Name)
        Next
```

Beachte: Einer Variablen vom Typ „Vogel“ können wir jederzeit auch eine „Amsel“ zuweisen. Wir hätten also auch Folgendes schreiben können:

```
        Dim vogelschar As New ArrayList
        Dim v As Vogel

        v = New Amsel
        vogelschar.Add(v)
        v = New Drossel
        vogelschar.Add(v)
        v = New Fink
        vogelschar.Add(v)
        v = New Star
        vogelschar.Add(v)

        ' Zeige Lebensalter an:
        For Each v In vogelschar
            MessageBox.Show("Meine Lebenserwartung ist: " & _
v.Lebenserwartung, "Ich bin ein Vogel der Klasse " & v.GetType.Name)
        Next
```

Der immer gleichen Variablen vom Typ Vogel weisen wir also nacheinander Objekte vom Typ Amsel, Drossel, Fink und Star zu. (denn `New Amsel` erzeugt ein Objekt vom Typ Amsel).

Umgekehrt geht das natürlich nicht:

```
        Dim a As Amsel
        a = New Vogel
```

liefert eine Fehlermeldung. Denn nicht jeder Vogel ist eine Amsel.

Spielen wir noch ein bisschen mit den Vögeln herum. Von den Vögeln leiten wir jetzt noch eine Klasse „Aasfresser“ ab, und davon wieder den „Lämmergeier“ und den „Bartgeier“. Unsere Klassenwelt der Vögel sieht also mittlerweile so aus:

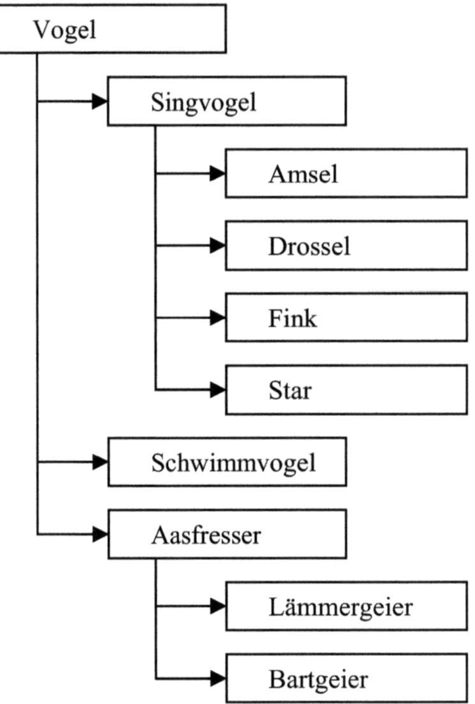

Nun wollen wir auch mal eine Methode zu unserer Vogelklasse hinzufügen, und zwar „Sing“:

Um unsere Vögel singen zu lassen, wäre es schön, wenn wir etwa MP3-Dateien mit Vogelstimmen hätten, die wir hier zu Gehör bringen könnten. Da wir das nicht haben, behelfen wir uns mit Message Boxen.

In unserer obersten Klasse „Vogel“ definieren wir diese Methode:

```
Public Overridable Sub Sing()

End Sub
```

Hier taucht das neue Schlüsselwort `Overridable` auf. Dies bedeutet, dass die Methode „überschreibbar“ ist, d.h. in einer Subklasse neu implementiert sein kann. Genau das wollen wir hier machen, denn was die Vögel singen, entscheidet sich erst in den Subklassen. Dort müssen wir, wenn wir Sing neu implementieren, das Schlüsselwort `Overrides` (=“überschreibt“) verwenden. So sieht das dann aus:

```
Public Class Amsel
    Inherits Singvogel

    Public Sub New()
        m_Lebenserwartung = 10
    End Sub

    Public Overrides Sub Sing()
        MessageBox.Show("Tirili!", "Gesang des/der " & Me.GetType.Name)
    End Sub
End Class

Public Class Drossel
    Inherits Singvogel

    Public Sub New()
        m_Lebenserwartung = 11
    End Sub

    Public Overrides Sub Sing()
        MessageBox.Show("FlötFlöt!", "Gesang des/der " & Me.GetType.Name)
    End Sub
End Class

Public Class Fink
    Inherits Singvogel

    Public Sub New()
        m_Lebenserwartung = 12
    End Sub

    Public Overrides Sub Sing()
        MessageBox.Show("Jubilier!", "Gesang des/der " & Me.GetType.Name)
    End Sub
End Class

Public Class Star
    Inherits Singvogel

    Public Sub New()
        m_Lebenserwartung = 13
    End Sub

    Public Overrides Sub Sing()
        MessageBox.Show("Krächz!", "Gesang des/der " & Me.GetType.Name)
    End Sub
End Class
```

Um den Namen des Sängers in der Überschrift darzustellen, verwende ich wieder das „Gettype", das ich auf Me, das heißt meine eigene Klasse, anwende. Ich hätte natürlich auch einfach den jeweiligen Vogelnamen einsetzen können – aber so ist es flexibler, wie wir gleich noch sehen werden.

Kümmern wir uns noch um den Gesang der Aasfresser. Von keinem Mitglied dieser Familie hat man je einen wohlklingenden Ton vernommen, sodass wir bei dieser Subklasse direkt einfügen:

```
Public Class Aasfresser
    Inherits Vogel

    Public Overrides Sub Sing()
        MessageBox.Show("Kann nicht singen!", "Gesang des/der " & _
Me.GetType.Name)
    End Sub
End Class
```

Beachte bitte: Wir fügen diese Methode direkt bei der Klasse der Aasfresser ein, bei den davon abgeleiteten Klassen (Bartgeier und Lämmergeier) machen wir gar nichts.

Nun lassen wir mal ein paar Vögel singen:

```
        Dim vogelschar As New ArrayList
        Dim v As Vogel

        v = New Amsel
        vogelschar.Add(v)
        v = New Star
        vogelschar.Add(v)
        v = New Bartgeier
        vogelschar.Add(v)

        For Each v In vogelschar
            v.Sing()
        Next
```

Es passiert genau das, was wir wollen, jeder Vogel lässt seinen Gesang hören. Warum dies so ist, sollten wir uns aber noch mal näher betrachten:

In die Collection stecken wir 3 Objekte der Klassen „Amsel", „Star" und „Bartgeier" hinein.

Später machen wir eine Schleife über diese Collection. Da wir potentiell nicht wissen (das nehmen wir jetzt mal an), was für Vögel sich in der Collection befinden, können wir als Schleifenvariable nur eine allgemeine Variable vom Typ „Vogel" verwenden. Wenn nun der erste Vogel singen soll („v.sing()"), passiert intern Folgendes:

- es wird festgestellt, dass dieser Vogel der Subklasse „Amsel" angehört
- es wird die „Sing"-Methode aufgerufen, die zu dieser Subklasse gehört

Dieses Vorgehen, erst zum Ablaufzeitpunkt festzustellen, um welches Objekt es sich konkret handelt, und dann die richtige Methode aufzurufen, wird als „späte Bindung“ bezeichnet.

Der Bartgeier ist sogar noch interessanter. Seine Message Box sieht so aus:

Hier passiert beim v.sing() Folgendes:

- es wird festgestellt, dass dieser Vogel der Subklasse „Bartgeier“ angehört
- es wird versucht, die „Sing“-Methode aufzurufen, die zu dieser Subklasse gehört
- dort ist aber gar keine „Sing“-Methode definiert, also wird versucht, in der nächst höheren Klasse eine solche Methode zu finden
- dort findet sich eine, also wird diese aufgerufen
- obwohl wir uns jetzt in der Klasse „Aasgeier“ befinden, wird im Titel der Message Box der Bartgeier angegeben! Denn das Me-Objekt, das dort benutzt wird, ist immer noch der Bartgeier!

Ich denke, dies gibt schon einen Eindruck, ein wie mächtiges Werkzeug dieses Konzept der abgeleiteten Klassen ist!

Was passiert jetzt, wenn wir mal einen Schwimmvogel singen lassen?

```
Dim v As Vogel

v = New Schwimmvogel
v.Sing()
```

Antwort: Gar nichts. Wir haben ganz einfach vergessen, das Singen für den Schwimmvogel zu implementieren.

Es ist daher grundsätzlich sinnvoll, in die Basisklasse für jede Methode eine sinnvolle Default-Implementierung („Default“ = Voreinstellung) zu programmieren, damit automatisch immer eine sinnvolle Reaktion erfolgt, wenn für irgendein Unterobjekt diese Methode aufgerufen wird. Denn wir erinnern uns: Wenn in dieser Unterklasse diese Methode nicht ausprogrammiert ist, wird in der nächst höheren Klasse gesucht, notfalls bis zum „Vater aller Subklassen“, hier also „Vogel“.

Wir verlagern also einfach die aktuelle Implementierung von „Sing“ aus der Subklasse „Aasfresser“ in die Basisklasse „Vogel“. Auf diese Weise wird vorsichtshalber für alle Vögel gesagt, dass sie nicht singen können.

```
Public Class Vogel
    Protected m_Lebenserwartung As Integer
    Protected m_Nestfluechter As Boolean
    Protected m_KannFliegen As Boolean

    Public ReadOnly Property Lebenserwartung() As Integer
        Get
            Return m_Lebenserwartung
        End Get
    End Property

    Public ReadOnly Property Nestflüchter() As Boolean
        Get
            Return m_Nestfluechter
        End Get
    End Property

    Public ReadOnly Property KannFliegen() As Boolean
        Get
            Return m_KannFliegen
        End Get
    End Property

    Public Overridable Sub Sing()
        MessageBox.Show("Kann nicht singen!", "Gesang des/der " & _
Me.GetType.Name)
    End Sub
End Class
```

Wenn jetzt, wie bei der Amsel, in der Subklasse selbst eine Implementierung von „Sing“ vorhanden ist, hat diese Vorrang vor der Implementierung in der Basisklasse. Die Suchrichtung ist hier also immer von unten (der Subklasse) nach oben (der Basisklasse).

Nun kümmern wir uns noch um die Implementierung von KannFliegen, denn da stoßen wir auch noch auf einen interessanten Aspekt.

Man kann mit Fug und Recht annehmen, dass die Default-Einstellung ist, dass ein Vogel fliegen kann. Daher macht es Sinn, die Membervariable m_KannFliegen im Konstruktor der Basisklasse auf „True“ zu setzen:

```
Public Class Vogel
    Protected m_Lebenserwartung As Integer
    Protected m_Nestfluechter As Boolean
    Protected m_KannFliegen As Boolean

    Public Sub New()
        m_KannFliegen = True
    End Sub
        ....
```

Jetzt prüfen wir mal ein paar Vögel auf ihre Flugfähigkeit:

```
        Dim vogelschar As New Collection
        Dim v As Vogel

        v = New Schwimmvogel
        vogelschar.Add(v)
        v = New Bartgeier
        vogelschar.Add(v)
        v = New Amsel
        vogelschar.Add(v)

        For Each v In vogelschar
            If v.KannFliegen Then
                MessageBox.Show("Kann fliegen","Flugfähigkeit des/der " _
& v.GetType.Name)
            Else
                MessageBox.Show("Kann nicht fliegen", "Flugfähigkeit " _
& "des/der " &  v.GetType.Name)
            End If
        Next
```

Preisfrage: Kann die Amsel fliegen oder nicht?

Warum können da überhaupt Zweifel entstehen? Nun, erinnern wir uns, dass wir vorhin der Amsel einen eigenen Konstruktor verpasst haben, in dem wir ihre Lebenserwartung gesetzt haben:

```
    Public Sub New()
        m_Lebenserwartung = 10
    End Sub
```

Nun haben wir gerade gelernt, dass, wenn eine Methode in einer angeleiteten Klasse vorhanden ist, diese ausgeführt wird, und nicht die Methode der Basisklasse. Also, Annahme: Es wird bei der Amsel nur der Konstruktor der Amsel aufgerufen, und nicht der von Vogel, also wird auch nicht m_KannFliegen auf True gesetzt, also kann die Amsel nicht fliegen.

Falsch. Konstruktoren sind hier etwas anderes als normale Methoden. Wenn Konstruktoren vorhanden sind, werden sie immer **alle** durchlaufen. Es wird also sowohl der Konstruktor von Vogel durchlaufen als auch der von Amsel. Wenn die Zwischenklasse Singvogel auch noch einen Konstruktor hätte, dann dieser auch noch. Die Reihenfolge des Aufrufs läuft hier von oben nach unten: Erst wird der Konstruktor von Vogel durchlaufen, danach der von Amsel.

Um die Verwirrung komplett zu machen: Wieder anders ist es, wenn sowohl Klasse wie auch Subklasse neben den parameterlosen Konstruktoren auch noch solche mit Parameter hat. Dann sind die Verhältnisse wieder anders, wenn ich ein Subklassen-Objekt mittels des Konstruktors mit Parameter erzeuge:

- es wird erst der parameterlose Konstruktor der Basisklasse aufgerufen

- dann der parametrierte Konstruktor der Subklasse
- der parametrierte Konstruktor der Basisklasse wird überhaupt nicht aufgerufen!

Wenn ich will, dass auch dieser durchlaufen wird, muß ich eine extra Anweisung in den Konstruktor der abgeleiteten Klasse einbauen:

```
Public Sub New(ByVal value As Integer)
    MyBase.New(value)
End Sub
```

Das Schlüsselwort MyBase steht für die Basisklasse; es wird also aktiv der parametrierte Konstruktor der Basisklasse aufgerufen.

Und wenn es überhaupt nur parametrierte Konstruktoren gibt?

Dann beschwert sich VB.Net, wenn es in der abgeleiteten Klasse keine solche „MyBase"-Anweisung gibt. Irgendein Konstruktor der Basisklasse muss immer aufgerufen werden, und wenn VB.Net selbst keinen parameterlosen Konstruktor in der Basisklasse findet, besteht es darauf, dass Code vorhanden ist, der einen parametrierten Konstruktor der Basisklasse aufruft.

Ganz schön kompliziert, oder?

„MyBase" kann ich übrigens nicht nur für Konstruktoren verwenden, sondern für alle Methoden. Wir erinnern uns: Wenn ich in einer abgeleiteten Klasse eine Methode überschreibe, wird die Methode der abgeleiteten Klasse statt der Methode der Basisklasse aufgerufen. Manchmal möchte ich aber, dass sowohl die Methode der abgeleiteten Klasse wie die Methode der Basisklasse durchlaufen wird. Folgender Test:

In der Vogel-Klasse definieren wir:

```
Public Overridable Sub Test()
    MessageBox.Show("Test-Methode von Vogel")
End Sub
```

In der Singvogel-Klasse:

```
Public Overrides Sub Test()
    MessageBox.Show("Test-Methode von Singvogel")
    MyBase.Test()
End Sub
```

Und in der Amsel-Klasse:

```
Public Overrides Sub Test()
    MessageBox.Show("Test-Methode von Amsel")
    MyBase.Test()
End Sub
```

Wenn wir jetzt aufrufen:

```
        Dim a As New Amsel
        a.Test()
```

werden nacheinander alle 3 Message-Boxen angezeigt, beginnend mit der Amsel. Die Anweisung „MyBase.Test" sucht solange in der Klassenheriarchie „nach oben", bis sie wieder eine Methode „Test" findet; hier wird sie in der Klasse „Singvogel" gefunden und ausgeführt. Dort steht wieder ein „MyBase.Test", also kommt schließlich auch die Message Box der Vogel-Klasse dran.

Frage: Was passiert, wenn ich die Zeilen mit der Message Box und „MyBase.Test()" vertausche?

Noch ein Test, ob du das mit den Konstruktoren jetzt durchblickst:

Leiten wir mal von „Vogel" noch eine Klasse „Laufvogel" ab. Diese können, wie der Name schon sagt, nicht fliegen. Wir schreiben also in ihren Konstruktor:

```
    Public Sub New()
        m_KannFliegen = False
    End Sub
```

Funktioniert das? Wenn ja, warum, wenn nein, warum nicht?

Übrigens verstehen wir jetzt wieder etwas mehr von dem, was VB.Net für uns an Code erzeugt. Im Code des Hauptfensters steht immer ein

```
Public Class Form1
    Inherits System.Windows.Forms.Form
```

Für jedes Formular entsteht also nicht einfach ein Objekt vom Typ „Form", sondern es wird gleich eine neue Klasse (hier „Form1") erzeugt, die von Form abgeleitet ist.

Vorhin hatten wir mal ein Codestelle, an der wir im Hauptformular ein Würfelobjekt erzeugt haben, und die ich eigentlich nicht exakt genug erklärt habe:

```
        m_würfel2 = New Würfel(Me, 100, 50)
```

Auch hier ist Vererbung mit im Spiel! „Me" ist das Objekt selbst, in dem man sich befindet, und dies ist vom Typ „Form1". Der Konstruktor verlangt aber ein Objekt vom Typ „Form"! Da aber Form1 von Form abgeleitet ist, funktioniert das Ganze.

Nochmal abschließend ein paar Worte darüber, wann man Klassen voneinander ableitet:

- Man hat eine „Basisklasse", die ein bestimmtes Objekt beschreibt
- Die davon abgeleitete Klasse ist dann eine „Spezialisierung" der Basisklasse. (Ein Singvogel ist ein spezieller Vogel, eine Amsel ist ein spezieller Singvogel)
- Die Basisklasse definiert eine Menge an Eigenschaften und Methoden, diese sind auch in der abgeleiteten Klasse vorhanden, wobei sie dort anders implementiert sein können

- Ferner können in der abgeleiteten Klasse weitere Eigenschaften und Methoden hinzukommen (Bsp.: Die „Tauchtiefe" des Schwimmvogels)

Namespaces

Abgeleitete Klassen laufen uns in der VB.Net Klassenbibliothek überall über den Weg. Es ist sogar so, dass jede Klasse wieder von einer anderen abgeleitet ist, bis auf die Klasse, die an der Spitze steht: Diese heißt schlicht und einfach „Object".

Alle andern Klassen sind direkt oder indirekt (d.h. über Zwischenklassen) von „Object" abgeleitet!

Nehmen wir mal die Math Klasse. Um herauszufinden, wovon sie abgeleitet ist, sehen wir in der Online-Hilfe nach:

Die Online-Hilfe rufen wir am besten auf über den Menüpunkt „Hilfe…Index". Eventuell wirst du erstmal aufgefordert, die Hilfe von CD zu installieren. Danach findest du eine neue Lasche „Index" im Projektmappen-Explorer. Wir stellen unter „Filter" „Visual Basic" ein, suchen nach „Math-Klasse" und wählen den Untereintrag „Informationen zur Math-Klasse" aus:

Es erscheint ein Fenster, das uns über diese Klasse informiert. Links oben ist angegeben, wovon „Math" abgeleitet ist: Direkt von „Object" (das davorstehende „System." ignorieren wir mal kurz, dazu kommen wir gleich)

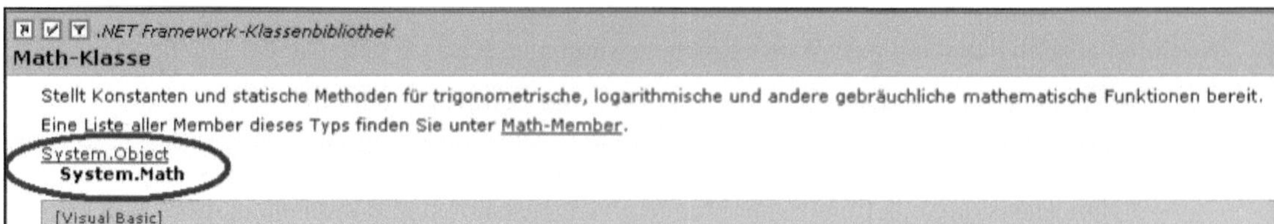

Wenn wir uns dasselbe mal für die Button-Klasse ansehen, ist die Hierarchie schon ausgeprägter:

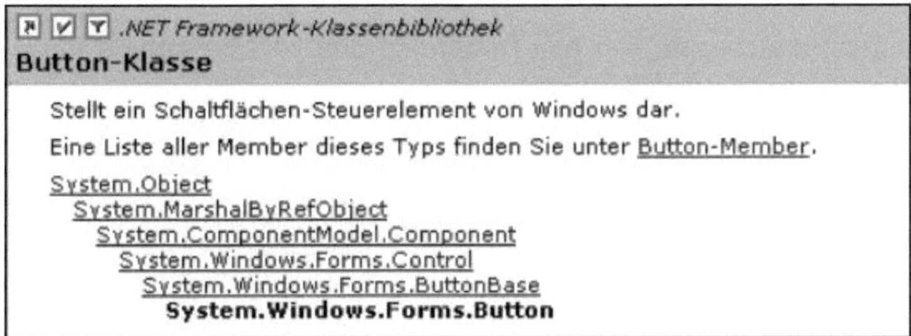
.NET Framework-Klassenbibliothek

Button-Klasse

Stellt ein Schaltflächen-Steuerelement von Windows dar.

Eine Liste aller Member dieses Typs finden Sie unter Button-Member.

System.Object
System.MarshalByRefObject
System.ComponentModel.Component
System.Windows.Forms.Control
System.Windows.Forms.ButtonBase
System.Windows.Forms.Button

Button ist von ButtonBase abgeleitet, das wieder von Control, Control von Component, Component von MarshallByRefObject, und schließlich sind wir wieder bei unserm wohlbekannten Object.

Jetzt wird es aber verwirrend, denn in der Hilfe gibt es einen zweiten Eintrag „Informationen zur Button-Klasse“, der wiederum eine andere Hierarchie darstellt:

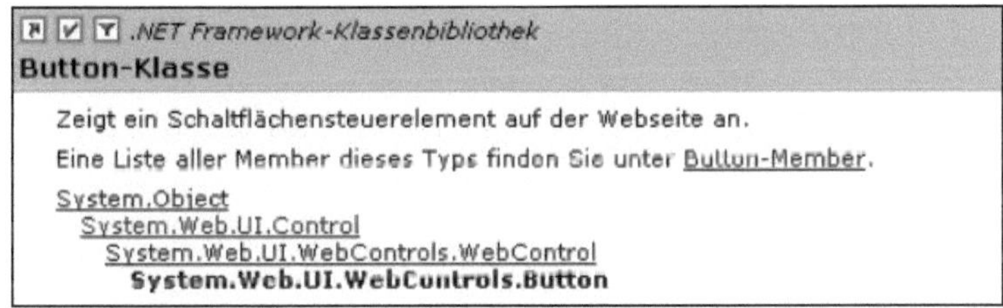
.NET Framework-Klassenbibliothek

Button-Klasse

Zeigt ein Schaltflächensteuerelement auf der Webseite an.

Eine Liste aller Member dieses Typs finden Sie unter Button-Member.

System.Object
System.Web.UI.Control
System.Web.UI.WebControls.WebControl
System.Web.UI.WebControls.Button

Nun ist Button angeblich von „WebControl“ abgeleitet, dies wieder von Control, und dann sind wir wieder bei Object.

Was gilt denn nun???

Antwort: Beides! Denn: Eine Klasse Button gibt es gleich zweimal!

Es gibt eine derartige Masse an Klassen, dass Klassennamen doppelt vergeben wurden. Es gibt also zum einen den Button, den wir kennen (das ist der erste), zum andern einen weiteren, der auf Webseiten Verwendung findet.

Um diese beiden Buttons auseinander halten zu können, kommen nun die so genannten „Namespaces“ (="Namensräume“) ins Spiel. Man bildet zwei Namensräume, in denen dann derselbe Klassennamen definiert werden kann.

Die Namensräume sind nun der Rattenschwanz, der links vom Klassennamen steht (also eher der Rattenkopf..): Der eine Button ist also im Namensraum „System.Windows.Forms“ definiert, der andere in „System.Web.UI.WebControls“. Der Punkt wird hier also zur Abtrennung des Namensraums von der Klasse verwendet Der Namensraum selbst hat auch Punkte in seinem Namen –

übersichtlich ist das nicht gerade.... Ob es glücklich von den VB.Net Erfindern war, hierfür auch den Punkt zu verwenden, sei dahin gestellt.

Um nun in meinem Programm zu sagen, welchen Button ich nun verwenden will, müsste ich eigentlich den vollen Namensraum angeben, also etwa:

```
        Dim b As System.Windows.Forms.Button
```

Um auch die Kurzschreibweise

```
        Dim b As Button
```

zu ermöglichen, sind in den Projekteigenschaften (Menü „Projekt...Eigenschaften“) unter “Importe” die Namensräume eingetragen, die im Projekt bekannt sind:

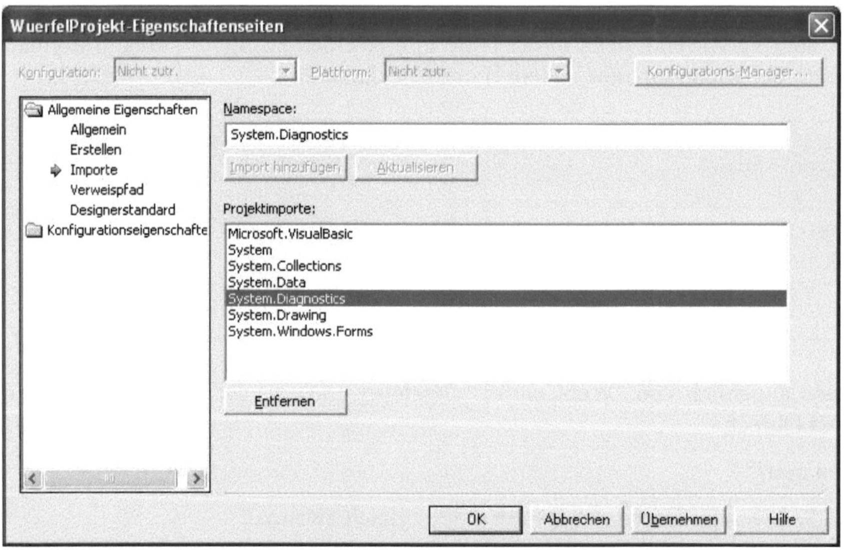

Diese 7 Namensräume sind von vorn herein bei Projekten vom Typ „Windows Application“ eingetragen. Man kann aber auch selbst noch weitere hinzufügen.

Eine Alternative dazu, weitere Namensräume in dieser Dialogbox hinzuzufügen, besteht darin, in den Quellcode einen „Imports“ Befehl aufzunehmen. Diesen schreibt man an den Anfang der Quellcodedatei, in der man den Namespace benutzen will. Nehmen wir an, wir bräuchten in „Form1“ die Namespaces „System.Web.UI.WebControls“ und „System.IO“ dann sähe dies so aus:

```
Imports System.Web.UI.WebControls
Imports System.IO

Public Class Form1
```

```
    Inherits System.Windows.Forms.Form
             .....
```

Der Unterschied ist, dass bei diesem Vorgehen die beiden Importe nur in dieser Quellcodedatei bekannt sind, wenn ich einen davon in einer anderen Datei ebenfalls brauche, muß ich ihn dort wieder neu eintragen.

Und somit habe ich auch mein Indianerehrenwort eingelöst: Wir brauchten im „FischeVersenken"-Kapitel diesen Befehl „Imports System.IO", da die Klassen „StreamReader" und „StreamWriter" in diesem Namensraum definiert sind, der standardmäßig nicht importiert wird.

Für die angegebenen Namensräume ist die Kurzschreibweise von Klassennamen nun möglich. Wenn wir schreiben

```
        Dim b As Button
```

wird in den dort eingetragenen Namensräumen gesucht, ob sich ein „Button" findet. Wenn es allerdings zwei „Treffer" gibt, ist diese verkürzte Schreibweise nicht mehr möglich.

Nochmal deutlich: Die Namensräume haben nichts mit der Klassenhierarchie zu tun; wie wir beim ersten Button oben sehen, befindet sich „Button" mit seinen Elternklassen „ButtonBase" und „Control" im Namensraum „System.Windows.Forms", die übergeordnete Klasse „Component" aber in „System.ComponentModel", „MarshallByRefObject" und „Object" dann in „System".

Diese Namensräume sind nicht nur für die VB.Net eigenen Klassen von Nutzen. Stellen wir uns vor, mehrere Programmierer arbeiten gemeinsam an einem großen Projekt. Jeder soll einen Teilbereich programmieren, und erfindet in seinem Teilbereich eine Anzahl von Klassen. Wenn sie nun zufälligerweise Klassen gleich benennen, hätten sie ohne Namensräume ein Problem in dem Augenblick, wo der Code „zusammengeschmissen" wird. So bekommt jeder vorher seinen eigenen Namensraum, und dort kann er sich „austoben".

Du hältst es für unwahrscheinlich, dass sie zufälligerweise dieselben Klassennamen wählen? Manche Klassennamen wie „Application" oder „Data" sind sehr beliebt!

Auch für das eigene Projekt, das du gerade selber erstellst, wird ein Namensraum vergeben. Dieser ist standardmäßig gleich dem Projektnamen, kann aber abgeändert werden. Wenn du den Menüpunkt „Projekt..Eigenschaften" aufrufst, siehst du ihn:

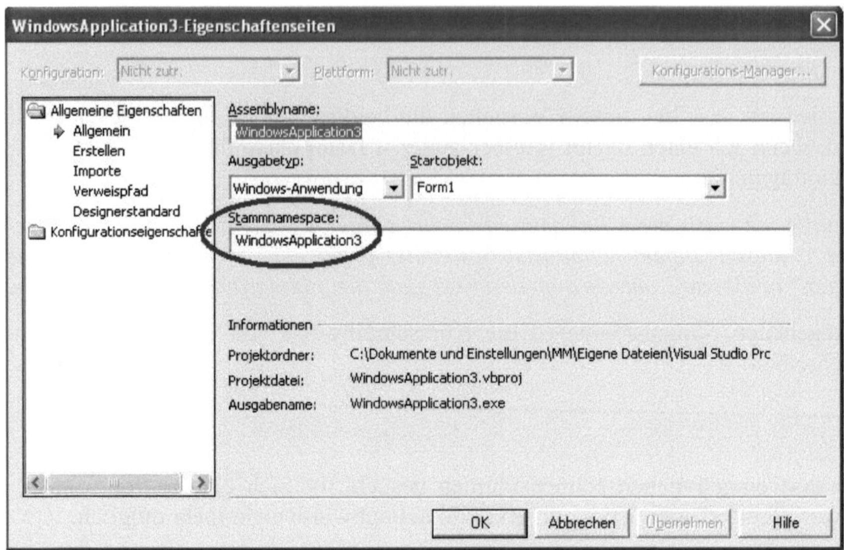

Vorhin hatten wir mal eine Fehlermeldung, in der der eigene Namensraum angezeigt wird, ich bin darüber ohne Erklärung hinweggegangen, dies sei hiermit nachgeholt. Hier noch mal die Meldung:

```
    Public Sub New()
        m_Lebenserwartung = 10
    End Sub      "WindowsApplication3.Vogel.m_Lebenserwartung" ist in diesem Kontext nicht zugreifbar, da es "Private" ist.
End Class
```

Hier wurde vor dem Klasssennamen „Vogel“ noch der eigene Namensraum angeführt, in diesem Fall „WindowsApplication3“.

Namensräume sind kein wirklich großartiges Thema; man sollte nur wissen, dass es sie gibt, damit man solche Ausdrücke wie

```
System.Windows.Forms.Timer
```

richtig lesen kann.

Wie war das noch mal? Richtig, Timer ist eine Klasse und System.Windows.Forms ist der Namespace.

Die Online-Hilfe

Das Thema Online-Hilfe will ich noch mal kurz vertiefen, denn wenn man mal nicht mehr weiter weiß, ist dies die erste Quelle, die weiterhelfen kann. Vermutlich wäre sie dir an der einen oder andern Stelle schon früher nützlich gewesen. Ich gehe erst jetzt auf sie ein, da wir erst jetzt viele der Begriffe verstehen, die uns dort über den Weg laufen.

Man benutzt die Online-Hilfe meist dann, wenn man irgendetwas nicht mehr weiß: Welche Parameter eine bestimmte Funktion hat, welche Methoden eine Klasse überhaupt bietet, welche Events sie hat, usw.

Zunächst mal braucht man also ein geeignetes Schlagwort, wonach man suchen soll. Dies ist im Prinzip ähnlich wie bei einer Internet-Suchmaschine: Je besser man das Suchwort auswählt, desto bessere Treffer erzielt man.

Konstruieren wir mal ein Beispiel: Wir haben vergessen, welche Parameter die Next-Methode der Randomklasse hat. Wir geben also unter „Suchen nach:" das Suchwort „Next" ein:

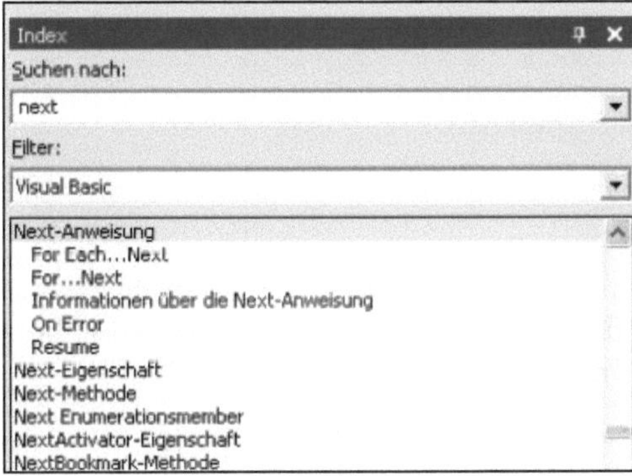

In der Liste erscheint jetzt eine ganze Menge mit „Next"; nach einigem Nachdenken stellen wir fest, dass „Next-Methode" wohl das Vielversprechendste ist. Wenn wir es auswählen, erscheint noch immer keine Hilfe-Seite, sondern es gibt wieder was auszuwählen, und zwar im Fenster ganz unten:

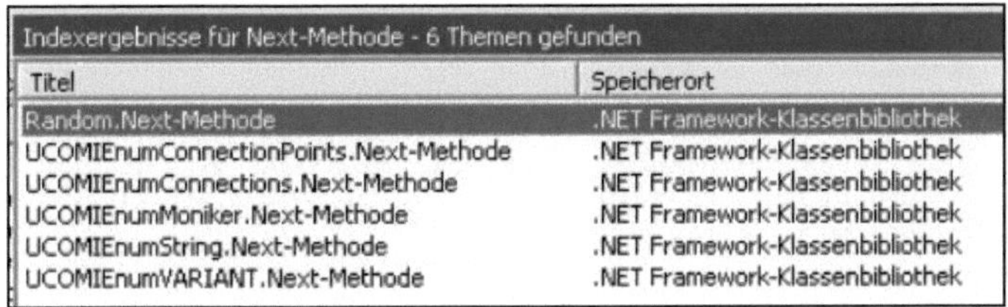

Hier ist klar, was wir auswählen müssen: den ersten Eintrag.

Und weiter geht das Auswählen: Im Hauptfenster erscheint jetzt eine „Überladungsliste“: Random.Next gibt es dreimal, mit unterschiedlichen Parametern:

Überladungsliste

Gibt eine nicht negative Zufallszahl zurück.
Wird von .NET Compact Framework unterstützt.
[Visual Basic] Overloads Public Overridable Function Next() As Integer
[C#] public virtual int Next();
[C++] public: virtual int Next();
[JScript] public function Next() : int;

Gibt eine nicht negative Zufallszahl zurück, die kleiner als das angegebene Maximum ist.
Wird von .NET Compact Framework unterstützt.
[Visual Basic] Overloads Public Overridable Function Next(Integer) As Integer
[C#] public virtual int Next(int);
[C++] public: virtual int Next(int);
[JScript] public function Next(int) : int;

Gibt eine Zufallszahl im angegebenen Bereich zurück.
Wird von .NET Compact Framework unterstützt.
[Visual Basic] Overloads Public Overridable Function Next(Integer, Integer) As Integer
[C#] public virtual int Next(int, int);
[C++] public: virtual int Next(int, int);
[JScript] public function Next(int, int) : int;

Die letzte dieser Funktionen ist die, die wir kennen. Wenn wir sie anklicken (natürlich die Visual Basic-Variante), erhalten wir nun endlich eine Hilfeseite, die die Funktion beschreibt. Ihre Parameter, ihren Return-Wert, und noch ein paar Erläuterungen.

Die Informationen, die man über eine Klasse erhalten kann, sind eigentlich immer gleich aufgebaut:

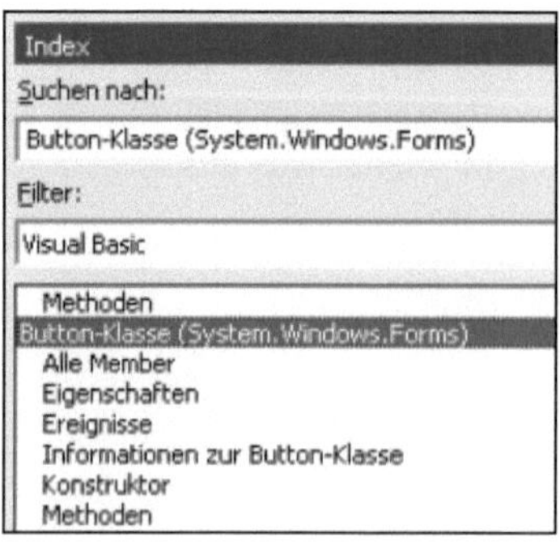

Es gibt für „Eigenschaften“, „Ereignisse“ und „Methoden“ jeweils eine Seite, die alle jeweiligen Elemente auflistet; von dort kommt man dann zur jeweiligen Eigenschaft/Ereignis/Methode. Im

Eintrag „Informationen zur …-Klasse" findet man allgemeine Informationen, wie z.B. den Namespace der Klasse.

Und wenn nun die Online-Hilfe nicht ausreicht, um ein Problem zu lösen? Ich versuche dann immer, im Internet fündig zu werden. Hier sind vor allem die Diskussionsforen interessant. Es gibt hier spezielle Gruppen, die ausschließlich Fragen und Anworten zu VB.Net bieten. Diese funktionieren so, dass irgendjemand eine spezielle Frage stellt, und jemand anders dann darauf antwortet. Diese Fragen und Antworten kann jeder mitlesen. Es ist ziemlich wahrscheinlich, dass das Problem, über dem du gerade brütest, jemand anders vor dir auch schon hatte, und dass sich in diesem Diskussionforum schon eine entsprechende Frage und, viel wichtiger, auch eine Antwort befindet. Es ist nur wieder die Schwierigkeit, geeignete Suchwörter zu finden, um unter den Tausenden von Beiträgen die richtigen herauszufiltern. Und, zweite Schwierigkeit: Die Beiträge sind meist in Englisch.

Ein solches Diskussionsforum ist bspw. die VB.Net-Gruppe von „Google":

http://groups.google.de/group/microsoft.public.dotnet.languages.vb

17. Anwendung: Noch mehr Würfel

Wir werden jetzt weitere Arten von Würfeln erstellen. Dabei lernen wir:

- weiteres über die ControlsCollection
- eigene Collection-Klassen zu erstellen

Die ControlsCollection

Mit unserem neuen Wissen über abgeleitete Klassen können wir eine Kleinigkeit verbessern.

Der eine der beiden Konstruktoren des Würfels hatte als Parameter ein Formular, nämlich das, auf dem der Würfel entstehen soll.

Nun wollen wir einen Würfel vielleicht nicht direkt auf dem Formular erstellen, sondern in einer eigenen GroupBox. Zur Laufzeit soll das dann so aussehen:

Dies wollen wir, wie gesagt, mit dem Konstruktor erreichen, dem man das Formular und die Koordinaten übergibt.

Jetzt haben wir aber ein Problem: Innerhalb einer GroupBox beziehen sich die Koordinaten der Controls, die in ihr liegen, auf die linke obere Ecke der GroupBox, nicht auf die linke obere Ecke des Formulars. Ferner sind diese Controls nicht Mitglieder der Controls-Collection des Formulars, sondern die GroupBox hat ebenfalls eine Controls-Collection.

Wir bräuchten also einen weiteren Konstruktor, der nun für das Platzieren der Würfel in einer Group-Box zuständig ist, also etwa so:

```
    Public Sub New(ByRef grp As GroupBox, ByVal x As Integer, ByVal y _
As Integer)
        m_picBox = New PictureBox    ' Neue PictureBox erzeugen
            '...
        grp.Controls.Add(m_picBox) ' Zu der Liste der Controls hinzufügen
            '...
```

Und dann noch einen, wenn wir ein Panel verwenden. Und dann noch einen…

Es geht auch einfacher. Wir müssen nur ausnutzen, wie die Klassenhierarchie bei den Controls ist.

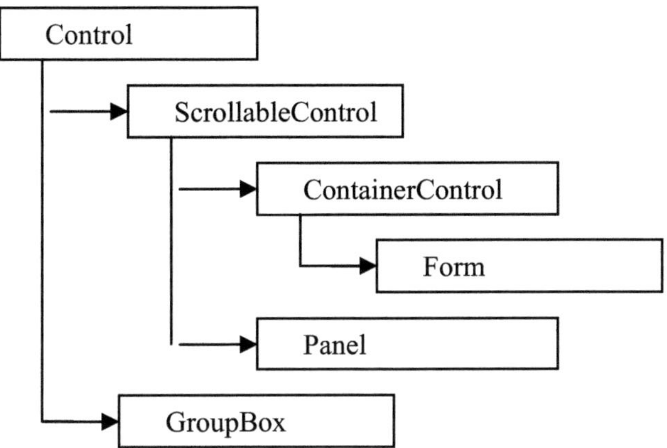

Wir sehen: Alles ist, zum Teil über Zwischenklasse, von Control abgeleitet. Control ist die Basisklasse für alle Steuerelemente, die sich auf der Bedienoberfläche präsentieren. Und Control hat auch eine Controls-Auflistung für die jeweiligen Kind-Steuerelemente.

Alles, was wir tun müssen, ist also, unseren Konstruktor ein wenig abzuändern:

```
    Public Sub New(ByRef ctrl As Control, ByVal x As Integer, ByVal y _
As Integer)
        m_picBox = New PictureBox    ' Neue PictureBox erzeugen
        m_picBox.Left = x            ' Left und Top setzen
        m_picBox.Top = y
        m_picBox.Width = 32          ' Höhe und Breite auf 32 Pixel setzen
        m_picBox.Height = 32
        ctrl.Controls.Add(m_picBox) ' Zu der Liste der Controls
                                     ' hinzufügen
        m_Wert = 1
        Markiert = False
        AddHandler m_picBox.Click, AddressOf Geklickt
    End Sub
```

Mit diesem Konstruktor können wir nun Würfelobjekte erzeugen, egal auf welchem Objekt: Formular, GroupBox oder was auch immer:

```
        Dim w1, w2 As Würfel
        w1 = New Würfel(Form1, 10, 10)
        w2 = New Würfel(grpBox, 10, 10)
```

Ein Backgammon-Würfel

Jetzt wollen wir unser Wissen über abgeleitete Klassen auf die Würfel anwenden, indem wir eine weitere Würfelart hinzufügen: Einen Backgammon-Würfel.

Dies ist ein spezieller Würfel, der nicht die Zahlen von 1 bis 6 auf seinen Seiten anzeigt, sondern die Zahlen 2, 4, 8, 16, 32 und 64. Da es nicht gerade sinnvoll wäre, 64 Punkte auf die Seite eines Würfels zu malen, werden tatsächlich Zahlen auf den Seiten des Würfels angezeigt:

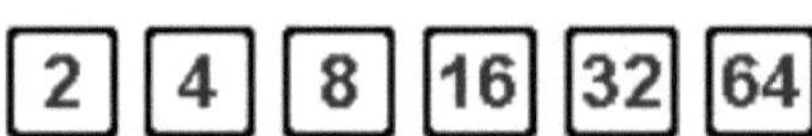

Auch diesen Würfel kann man würfeln, darstellen, markieren und seinen Wert abfragen. Das riecht natürlich schwer nach einer abgeleiteten Klasse.

Ist also jetzt die Klasse „BackgammonWürfel", die wir jetzt erstellen wollen, eine Ableitung unserer „Würfel"-Klasse?

Das wäre nicht ganz richtig, wenn wir noch mal überlegen, was eine abgeleitete Klasse eigentlich ist: Ein **Spezialfall** der Basisklasse. Der Backgammon-Würfel ist aber kein Spezialfall des „Sechserwürfels" (so nenne ich ihn jetzt mal), sondern **eine andere Art** von Würfel.

Es ist doch eher so, dass Sechserwürfel und Backgammonwürfel im selben Verhältnis zueinander stehen wie „Singvogel" zu „Schwimmvogel": Wie diese beiden Spezialfälle des allgemeinen „Vogel" sind, sind Sechserwürfel und Backgammonwürfel Spezialfälle eines allgemeinen „Würfel".

Was machen wir also?

- Unsere bisherige Klasse „Würfel" benennen wir um in „Sechserwürfel"
- Diese wird abgeleitet von einer neuen Basisklasse, die wir wieder „Würfel" nennen
- Backgammonwürfel wird dann ebenfalls vom neuen Würfel abgeleitet

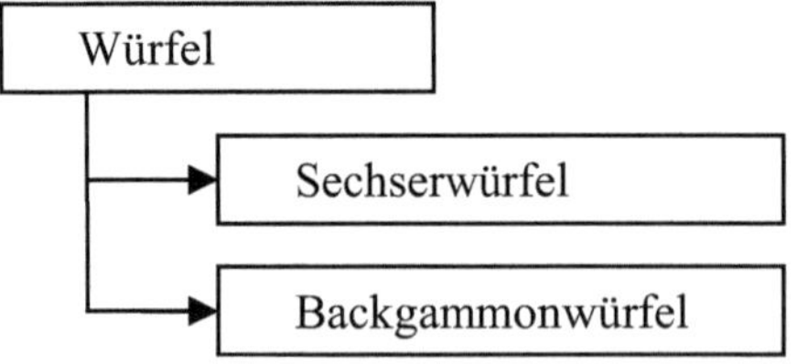

An die Arbeit. Jetzt müssen wir zunächst mal sortieren, was in unserer bisherigen Würfel-Klasse (die jetzt also Sechserwürfel heißt) bleibt, und was in die neue Basisklasse wandert.

Hier noch mal unsere alte Klasse (die ich schon mal umbenannt habe):

```
Public Class Sechserwürfel
    Private Shared m_ZufallsGenerator As Random
    Private m_Wert As Integer
```

```
    Private m_markiert As Boolean
    Private m_picBox As PictureBox

    Shared Sub New()
        m_ZufallsGenerator = New Random
    End Sub

    Public Sub New(ByRef p As PictureBox)
        m_picBox = p
        m_Wert = 1
        Markiert = False
        AddHandler m_picBox.Click, AddressOf Geklickt
    End Sub

    Public Sub New(ByRef crtl As Control, ByVal x As Integer, ByVal y _
As Integer)
        m_picBox = New PictureBox   ' Neue PictureBox erzeugen
        m_picBox.Left = x           ' Left und Top setzen
        m_picBox.Top = y
        m_picBox.Width = 32         ' Höhe und Breite auf 32 Pixel setzen
        m_picBox.Height = 32
        crtl.Controls.Add(m_picBox) ' Zu der Liste der Controls
                                    ' hinzufügen
        m_Wert = 1
        Markiert = False
        AddHandler m_picBox.Click, AddressOf Geklickt
    End Sub

    Public Property Markiert() As Boolean
        Get
            Return m_markiert
        End Get
        Set(ByVal Value As Boolean)
            m_markiert = Value
            Darstellen()
        End Set
    End Property

    Public ReadOnly Property Wert() As Integer
        Get
            Return m_Wert
        End Get
    End Property

    Public Sub Würfeln()
        m_Wert = m_ZufallsGenerator.Next(1, 7)
        m_markiert = False
        Darstellen()
    End Sub
```

```
    Private Sub Darstellen()
        If m_markiert = True Then
            m_picBox.Image() = Image.FromFile("C:\Temp\w" & m_Wert & _
"Grau.ico")
        Else
            m_picBox.Image() = Image.FromFile("C:\Temp\w" & m_Wert & _
".ico")
        End If
    End Sub

    Private Sub Geklickt(ByVal sender As System.Object, ByVal e As _
System.EventArgs)
        Markiert = Not Markiert
    End Sub
End Class
```

Fangen wir an zu sortieren:

1.) Die Membervariablen

m_ZufallsGenerator, m_Wert, m_markiert, m_picBox:
Dies sind alles Dinge, die für beide Arten von Würfeln gelten, also ab damit in die Basisklasse.

2.) Der statische Konstruktor

```
Shared Sub New()
```

Hier wird, beim ersten Anlegen eines Würfel-Objekts, der Zufallsgenerator erzeugt. Auch das kann in die Basisklasse

3.) Die beiden Konstruktoren

```
Public Sub New(ByRef p As PictureBox)
Public Sub New(ByRef crtl As Control, ByVal x As Integer, ByVal y As _
Integer):
```

Hier müssen wir eine Sache beachten: Als Anfangswert wird hier m_Wert auf 1 gesetzt; dies ist ein Wert, der für jede Würfelart anders sein kann. Wir werden daher einen Teil der Konstruktoren in die Basisklasse verlagern, ein Teil bleibt in der Sechserwürfel-Klasse.

4.) Die beiden Properties:

```
    Public Property Markiert() As Integer
    Public ReadOnly Property Wert()As Integer:
```

Wenn man sich ihre Implementierung ansieht, stellt man fest: Auch sie hat nichts Spezielles, was nur den Sechserwürfel betrifft, also ebenfalls: Basisklasse.

5.) Die Methode „Würfeln“:

```
    Public Sub Würfeln()
```

Jetzt haben wir endlich etwas, was unterschiedlich für die beiden Würfelklassen ist: Während ich beim Sechserwürfel eine Zahl zwischen 1 und 6 würfeln muß, ist dies beim Backgammonwürfel anders. Also: Diese Methode bleibt beim Sechserwürfel!

6.) Die Methode „Darstellen“:

```
    Private Sub Darstellen()
```

Dies ist definitiv unterschiedlich beim Sechser- und Zahlenwürfel, da ich andere Bilder verwenden muß. Also: Bleibt beim Sechserwürfel.

7.) Die Methode „Geklickt“

```
    Private Sub Geklickt(ByVal sender As System.Object, ByVal e As _
System.EventArgs)
```

Was dort passiert, ist wieder unabhängig von der Würfelart, also: Basisklasse.

Mit allen notwendigen Schlüsselwörten („Overridable“ etc.) sehen unsere Klassen jetzt so aus:

```
Public Class Würfel
    Protected Shared m_ZufallsGenerator As Random
    Protected m_Wert As Integer
    Protected m_markiert As Boolean
    Protected m_picBox As PictureBox

    Shared Sub New()
        m_ZufallsGenerator = New Random
    End Sub

    Public Sub New(ByRef p As PictureBox)
        m_picBox = p
        m_markiert = False
        AddHandler m_picBox.Click, AddressOf Geklickt
    End Sub

   Public Sub New (ByRef crtl As Control, ByVal x As Integer, ByVal y _
As Integer)
        m_picBox = New PictureBox    ' Neue PictureBox erzeugen
        m_picBox.Left = x            ' Left und Top setzen
        m_picBox.Top = y
        m_picBox.Width = 32          ' Höhe und Breite auf 32 Pixel setzen
        m_picBox.Height = 32
        crtl.Controls.Add(m_picBox) ' Zu der Liste der Controls
                                     ' hinzufügen
        m_markiert = False
        AddHandler m_picBox.Click, AddressOf Geklickt
```

```
    End Sub

    Public Property Markiert() As Boolean
        Get
            Return m_markiert
        End Get
        Set(ByVal Value As Boolean)
            m_markiert = Value
            Darstellen()
        End Set
    End Property

    Public ReadOnly Property Wert() As Integer
        Get
            Return m_Wert
        End Get
    End Property

    Public Overridable Sub Würfeln()
    End Sub

    Protected Overridable Sub Darstellen()
    End Sub

    Private Sub Geklickt(ByVal sender As System.Object, ByVal e As _
System.EventArgs)
        Markiert = Not Markiert
    End Sub
End Class

Public Class Sechserwürfel
    Inherits Würfel

    Public Sub New(ByRef p As PictureBox)
        MyBase.New(p)
        m_Wert = 1
        Darstellen()
    End Sub

    Public Sub New(ByRef ctrl As Control, ByVal x As Integer, ByVal y _
As Integer)
        MyBase.New(ctrl, x, y)
        m_Wert = 1
        Darstellen()
    End Sub

    Public Overrides Sub Würfeln()
        m_Wert = m_ZufallsGenerator.Next(1, 7)
        m_markiert = False
        Darstellen()
```

```
    End Sub

    Protected Overrides Sub Darstellen()
        If m_markiert = True Then
            m_picBox.Image() = Image.FromFile("C:\Temp\w" & m_Wert & _
"Grau.ico")
        Else
            m_picBox.Image() = Image.FromFile("C:\Temp\w" & m_Wert & _
".ico")
        End If
    End Sub
End Class
```

Hierzu ein paar Anmerkungen:

- Alle Membervariablen der Basisklasse sind jetzt "Protected" statt "Private", damit die Subklasse auf sie zugreifen kann
- In der Basisklasse passiert beim Würfeln gar nichts, sondern dies ist Sache der Subklasse. Gleichwohl definieren wir hier eine „leere" Methode, damit diese Methoden allgemein für Würfel zur Verfügung stehen (Achtung: Dies werden wir später noch verbessern)
- In den Konstruktoren der abgeleiteten Klasse setzen wir den Anfangswert. Dummerweise wird verlangt, dass in den Konstruktoren der abgeleiteten Klassen das „MyBase.New" die erste Anweisung ist. In unserer bisherigen Implementierung führte dies aber sofort zum Darstellen des Würfels, da wir die Property „Markiert" benutzt hatten, die wiederum den Würfel darstellt. Der Wert unseres Würfels ist aber zu diesem Zeitpunkt noch 0! Also: Wir verwenden nicht mehr die Property „Markiert", sondern setzen nur die Membervariable m_markiert und verlagern das Darstellen in den Konstruktor der abgeleiteten Klasse.

Jetzt ist es ein Leichtes, den Backgammonwürfel zu definieren. Es muß nur richtig gewürfelt werden, und die richtigen Bilder angezeigt werden:

```
Public Class Backgammonwürfel
    Inherits Würfel

    Public Sub New(ByRef p As PictureBox)
        MyBase.New(p)
        m_Wert = 2
        Darstellen()
    End Sub

    Public Sub New(ByRef ctrl As Control, ByVal x As Integer, ByVal y _
As Integer)
        MyBase.New(ctrl, x, y)
        m_Wert = 2
        Darstellen()
    End Sub

    Public Overrides Sub Würfeln()
```

```
        m_Wert = Math.Pow(2, m_ZufallsGenerator.Next(1, 7))
        m_markiert = False
        Darstellen()
    End Sub

    Protected Overrides Sub Darstellen()
        If m_markiert = True Then
            m_picBox.Image() = Image.FromFile("C:\Temp\b" & m_Wert & _
"Grau.ico")
        Else
            m_picBox.Image() = Image.FromFile("C:\Temp\b" & m_Wert & _
".ico")
        End If
    End Sub
End Class
```

`Math.Pow` ist die Funktion für „x hoch y" (das mathematische „hoch" heißt im englischen „power"). Als ersten Parameter gibt man das x an, als zweiten das y).

Jetzt können wir verschiedene Würfel leicht erzeugen. Auf unserem Formular malen wir eine Groupbox und programmieren dann:

```
Public Class Form1
    Inherits System.Windows.Forms.Form

    Private m_würfelsammlung As ArrayList

    Private Sub Form1_Load(ByVal sender As System.Object, ByVal e As _
System.EventArgs) Handles MyBase.Load
        Dim w As Würfel
        m_würfelSammlung = New ArrayList
        w = New Sechserwürfel(grpWürfel, 40, 20)
        m_würfelSammlung.Add(w)
        w = New Backgammonwürfel(grpWürfel, 80, 20)
        m_würfelSammlung.Add(w)
        w = New Sechserwürfel(grpWürfel, 120, 20)
        m_würfelSammlung.Add(w)
        w = New Backgammonwürfel(grpWürfel, 160, 20)
        m_würfelSammlung.Add(w)
        w = New Sechserwürfel(grpWürfel, 200, 20)
        m_würfelSammlung.Add(w)
    End Sub

    Private Sub btnWürfeln_Click(ByVal sender As System.Object, ByVal _ e
As  System.EventArgs) Handles btnWürfeln.Click
        Dim w As Würfel

        For Each w In m_würfelSammlung
            If w.Markiert Then
```

```
                w.Würfeln()
            End If
        Next
    End Sub
End Class
```

- Wir erzeugen in einer GroupBox 3 Sechserwürfel und 2 Backgammonwürfel
- Diese können, unabhängig von ihrem Typ, gewürfelt werden.

So sieht das Ergebnis zur Laufzeit aus:

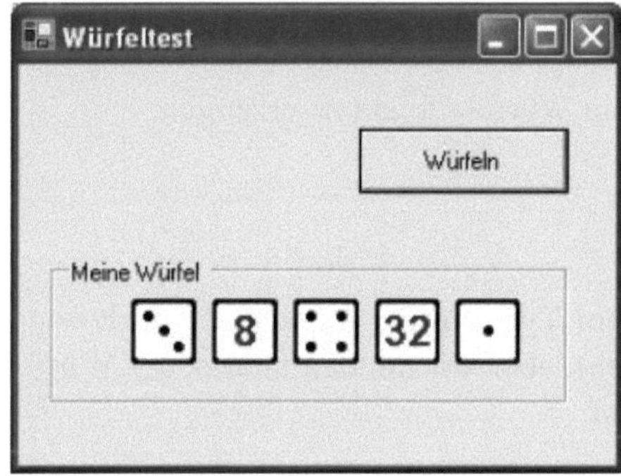

Ich hoffe, du hast ein Gefühl dafür bekommen, wie nützlich dieses Ableiten von Klassen ist: Nur wenig Code war nötig, um einen weiteren Würfeltyp zu implementieren. Versuch das mal, ohne diese Möglichkeit der Ableitung und Vererbung! Ich denke, es ist klar, dass dies wesentlich aufwändiger wäre!

Jetzt wollen wir aber eine weitere Kleinigkeit verbessern:

Es macht keinen Sinn mehr, ein Objekt vom Typ „Würfel“, also unserer Basisklasse, zu erzeugen: Wir haben diese Klasse jetzt so definiert, dass gar nicht mehr klar ist, wie ein solcher Würfel denn aussehen sollte: Zahlenwürfel? Backgammonwürfel? Weder noch, denn die Art des Würfels wird erst durch die Subklasse bestimmt.

Anders gesagt: Würfel ist eine **abstrakte** Klasse (so heißt der Fachbegriff), von der man keine eigenen Objekte anlegen darf. Sie dient nur als Oberklasse, um dort gemeinsame Methoden und Eigenschaften ihrer Subklassen zu definieren.

Um zu verhindern, dass jemand direkt ein Objekt vom Typ „Würfel“ erzeugt, machen wir die Konstruktoren der Basisklasse „protected“:

```
    Protected Sub New(ByRef p As PictureBox)
        m_picBox = p
        m_markiert = False
        AddHandler m_picBox.Click, AddressOf Geklickt
    End Sub
```

```
    Protected Sub New(ByRef crtl As Control, ByVal x As Integer, ByVal _
y As Integer)
        m_picBox = New PictureBox    ' Neue PictureBox erzeugen
        m_picBox.Left = x            ' Left und Top setzen
        m_picBox.Top = y
        m_picBox.Width = 32          ' Höhe und Breite auf 32 Pixel setzen
        m_picBox.Height = 32
        crtl.Controls.Add(m_picBox) ' Zu der Liste der Controls
                                    ' hinzufügen
        m_markiert = False
        AddHandler m_picBox.Click, AddressOf Geklickt
    End Sub
```

Jetzt ist es nicht mehr möglich, ein Würfel-Objekt zu erzeugen:

```
        Dim w As Würfel
        w = New Würfel          ' geht nicht mehr!
```

Wohlgemerkt: Eine Variable vom Typ Würfel können wir nach wie vor anlegen (`Dim w As Würfel` - das brauchen wir auch), aber wir können kein neues Würfel-Objekt mehr erzeugen. `w = New Würfel` geht nicht mehr.

Ferner verbessern wir noch unsere „leeren" Methoden „Würfeln" und „Darstellen" in der Basisklasse wie folgt:

```
    Public MustOverride Sub Würfeln()
    Protected MustOverride Sub Darstellen()
```

Aus `Overridable` haben wir nun `MustOverride` gemacht: Dies zwingt abgeleitete Klassen, diese Methoden zu überschreiben. `End Sub`s gibt es dabei nicht mehr: Es wird überhaupt kein Funktionskörper mehr angelegt, sondern diese beiden Methoden nur noch deklariert.

Die Klasse selber versehen wir mit dem Schlüsselwort `MustInherit`. Von dieser Klasse muß abgeleitet werden. Dieses Schlüsselwort muß vorhanden sein, sobald eine Methode als `MustOverride` deklariert wird.

```
Public MustInherit Class Würfel
    Protected Shared m_ZufallsGenerator As Random
    Protected m_Wert As Integer
    Protected m_markiert As Boolean
    Protected m_picBox As PictureBox
            ...
```

Nun noch eine Ableitung, die unsere Hierarchie wieder verändert: In meiner Würfelsammlung habe ich auch noch einen Farbwürfel gefunden. Statt Zahlen zeigt er auf jeder Seite eine Farbe an. Vielleicht erinnerst du dich noch an so erregende Spiele wie „Tempo, kleine Schnecke" oder „Bunte Ballone": Ohne Farbwürfel läuft da gar nichts.

Wie sortieren wir nun einen Farbwürfel in unsere Hierarchie ein? Erstmal überlegen, bevor du weiter liest!

Vorab: Es gibt keine allein „richtige“ Lösung, die Hierarchie aufzubauen, es gibt höchstens gute und weniger gute Ansätze.

Was doch sicher richtig ist, ist, dass dieser Farbwürfel eine andere Art von Wert liefert als die beiden andern Würfel: Er liefert eine Farbe statt einer Zahl.

Insofern halte ich es für angebracht, die beiden bisherigen Würfel noch mal zu einer eigenen Subklasse „Zahlenwürfel“ zusammen zu fassen, und dieser den „Farbwürfel“ gegenüber zu stellen.

Mein Vorschlag für die Hierarchie ist also:

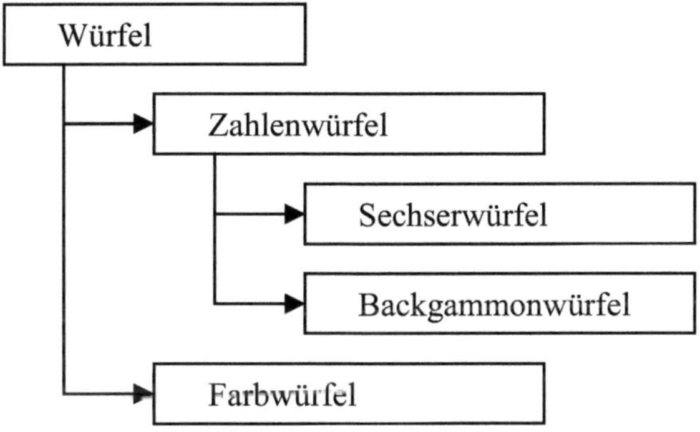

Einen Zahlenwert hat nur der Zahlenwürfel, also lassen wir die Membervariable und die Eigenschaft von der Basisklasse in die Subklasse „Zahlenwürfel“ wandern:

```
Public MustInherit Class Würfel
    Protected Shared m_ZufallsGenerator As Random
    Protected m_markiert As Boolean
    Protected m_picBox As PictureBox

    Shared Sub New()
        m_ZufallsGenerator = New Random
    End Sub

    Protected Sub New(ByRef p As PictureBox)
        m_picBox = p
        m_markiert = False
        AddHandler m_picBox.Click, AddressOf Geklickt
    End Sub

    Protected Sub New(ByRef crtl As Control, ByVal x As Integer, ByVal _
y As Integer)
        m_picBox = New PictureBox    ' Neue PictureBox erzeugen
        m_picBox.Left = x            ' Left und Top setzen
```

```
        m_picBox.Top = y
        m_picBox.Width = 32           ' Höhe und Breite auf 32 Pixel setzen
        m_picBox.Height = 32
        crtl.Controls.Add(m_picBox) ' Zu der Liste der Controls
                                    ' hinzufügen
        m_markiert = False
        AddHandler m_picBox.Click, AddressOf Geklickt
    End Sub

    Public Property Markiert() As Boolean
        Get
            Return m_markiert
        End Get
        Set(ByVal Value As Boolean)
            m_markiert = Value
            Darstellen()
        End Set
    End Property

    Public MustOverride Sub Würfeln()

    Protected MustOverride Sub Darstellen()

    Private Sub Geklickt(ByVal sender As System.Object, ByVal e As _
System.EventArgs)
        Markiert = Not Markiert
    End Sub
End Class

Public MustInherit Class Zahlenwürfel
    Inherits Würfel
    Protected m_Wert As Integer

    Public Sub New(ByRef p As PictureBox)
        MyBase.New(p)
    End Sub

    Public Sub New(ByRef ctrl As Control, ByVal x As Integer, ByVal y _
As Integer)
        MyBase.New(ctrl, x, y)
    End Sub

    Public ReadOnly Property Wert() As Integer
        Get
            Return m_Wert
        End Get
    End Property
End Class
```

Am Sechser- und Backgammonwürfel ändert sich gar nichts, außer, dass sie jetzt von „Zahlenwürfel“ abgeleitet sind.

Beachte, dass der allgemeine „Würfel“ jetzt keine Eigenschaft „Wert“ mehr hat!

Jetzt zum Farbwürfel:

Wie stellen wir die Farbe zum Anwender hin dar? Eine Möglichkeit wäre, dass wir über die Color-Struktur lösen. Was daran nicht perfekt wäre, ist, dass wir nicht ausdrücken könnten, dass unser Würfel nur sechs verschiedene Farben haben kann.

Daher ist es in solchen Fällen besser und üblicher, zu einer Enumeration zu greifen, die die sechs möglichen Farbwerte definiert. Wir fügen also (in Würfel.vb) folgende Enumeration ein:

```
Public Enum Farbwert
    rot = 1
    blau = 2
    grün = 3
    gelb = 4
    schwarz = 5
    lila = 6
End Enum
```

Unsere Farbwürfelklasse sieht wie folgt aus:

```
Public Class Farbwürfel
    Inherits Würfel
    Protected m_Farbe As Farbwert

    Public Sub New(ByRef p As PictureBox)
        MyBase.New(p)
        m_Farbe = Farbwert.blau
        Darstellen()
    End Sub

    Public Sub New(ByRef ctrl As Control, ByVal x As Integer, ByVal y _
As Integer)
        MyBase.New(ctrl, x, y)
        m_Farbe = Farbwert.blau
        Darstellen()
    End Sub

    Public Overrides Sub Würfeln()
        Dim zahl As Integer
        zahl = m_ZufallsGenerator.Next(1, 7)
        m_Farbe = zahl              ' Zuweisung möglich, da Farbwert aus
                                    ' Konstanten von 1 bis 6 besteht
        m_markiert = False
        Darstellen()
    End Sub
```

```
    Protected Overrides Sub Darstellen()
        If m_markiert = True Then
            m_picBox.Image() = Image.FromFile("C:\Temp\F" & m_Farbe &
"Grau.ico")
        Else
            m_picBox.Image() = Image.FromFile("C:\Temp\F" & m_Farbe &
".ico")
        End If
    End Sub
End Class
```

Ein paar Anmerkungen dazu:

- die Farbe des Würfels speichert wir intern als Typ „Farbwert“
- die Würfelbilder habe ich entsprechend den Farbwerten F1.ico bis F6.ico genannt.
- das Würfeln und die Darstellung nutzen das Wissen aus, dass sich hinter der Farbwert-Enumeration nur die Zahlen 1 bis 6 verbergen

Die Verwendung der Enumeration bietet den Vorteil, dass der Anwender immer nur die möglichen „Farben“ angeboten bekommt, die wir definiert haben:

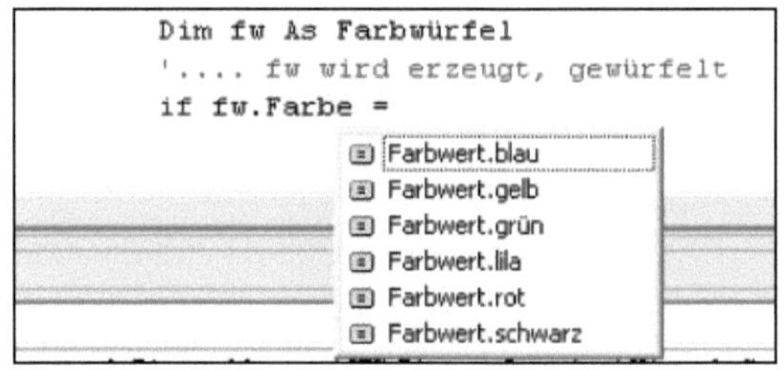

Daß diese Farben eigentlich nur Integer-Werte von 1 bis 6 sind, stört keinen!

Ein paar Anwendungsbeispiele:

Wenn ich nur Sechser- und Backgammonwürfel brauche, kann ich bspw. eine Variable vom Typ „Zahlenwürfel“ definieren, ihr wechselnd neue Sechser- und Zahlenwürfel zuweisen und diese in eine Collection stecken:

```
        Dim w As Zahlenwürfel
        m_würfelSammlung = New Collection
        w = New Sechserwürfel(grpWürfel, 40, 20)
        m_würfelSammlung.Add(w)
        w = New Backgammonwürfel(grpWürfel, 80, 20)
        m_würfelSammlung.Add(w)
        w = New Sechserwürfel(grpWürfel, 120, 20)
```

Auch für eine Schleife über diese Collection verwende ich eine Variable des Typs „Zahlenwürfel“

```
Dim w As Zahlenwürfel
For Each w In m_würfelSammlung
    MessageBox.Show("Wert des Würfels: " & w.Wert)
Next
```

Möchte ich eine Sammlung bilden, die alle Würfeltypen enthält, könnte dies so aussehen:

```
Dim w As Würfel
m_würfelSammlung = New ArrayList
w = New Sechserwürfel(grpWürfel, 40, 20)
m_würfelSammlung.Add(w)
w = New Backgammonwürfel(grpWürfel, 80, 20)
m_würfelSammlung.Add(w)
w = New Sechserwürfel(grpWürfel, 120, 20)
m_würfelSammlung.Add(w)
w = New Farbwürfel(grpWürfel, 160, 20)
m_würfelSammlung.Add(w)
w = New Sechserwürfel(grpWürfel, 200, 20)
m_würfelSammlung.Add(w)
```

Die Schleife könnte so aussehen:

```
Dim fw As Farbwürfel
Dim zw As Zahlenwürfel
For Each w In m_würfelSammlung
    If w.GetType.BaseType.Name = "Zahlenwürfel" Then
        zw = w
        MessageBox.Show("Wert des Würfels: " & zw.Wert)
    Else
        fw = w
        MessageBox.Show("Farbwert des Würfels: " & fw.Farbe)
    End If
Next
```

Anmerkungen:

- wir verwenden hier die Methode „BaseName“, um den Typ der übergeordneten Klasse zu erhalten, und vergleichen dessen Namen mit „Zahlenwürfel“
- die „Farben“ werden hier auch nur als Zahlen dargestellt; du kannst ja die Property „Farbe“ des Farbwürfels mal so abändern, dass hier Strings („rot“, „blau“,..) ausgegeben werden.

Eigene Collection Klassen definieren

Collections sind eine sehr praktische Sache, wie wir wissen. Nun kann man sogar noch mehr damit machen: Von einer in VB.Net definierten Basis-Collection Klasse kann man eigene Collection-Klassen ableiten.

Warum sollte man das tun?

Machen wir das am Beispiel unserer Würfel deutlich: Wir haben, in unserm Formular, 5 Würfel in eine Collection-Klasse gesteckt. Schön wäre es doch, wenn wir an diese Collection-Klasse weitere Methoden hinzufügen könnten, die sich direkt auf Würfel beziehen, z.B.: „Gib mir die Summe aller Würfel“. Diese Methode würde intern eine Schleife über alle Würfel in der Collection machen und die Werte zusammen zählen.

Ferner gibt es einen zweiten Grund für eigene Collections: Man kann beschränken, was überhaupt in die Collection hinein soll: Statt beliebiger Objekte nur Würfel.

Also, 2 Gründe für eigene Collection-Klassen:

- „Typsicherheit“: Es darf nur hinein, was wir zulassen
- Erweiterbarkeit um eigene Methoden und Properties

Die Basisklasse, die uns VB.Net zur Ableitung bereitstellt, heißt „CollectionBase“. Man leitet von dieser CollectionBase seine eigene Collection-Klasse ab.

Nebenbei bemerkt: Man kann also auch von vorhandenen VB.Net-Klassen ableiten, nicht nur von selbst erstellten.

Diese CollectionBase hat als wichtigste Property eine „List“-Eigenschaft, die wir benutzen, um Elemente hinzuzufügen und abzurufen.

Auf geht's: Erstellen wir eine Collection-Klasse, die nur Sechserwürfel beinhalten darf. Wir fügen eine neue Klassendatei zu unserm Projekt hinzu, die wir „WürfelCollection“ nennen.

```
Public Class WürfelCollection
    Inherits CollectionBase

    Public Function Add(ByVal w As Sechserwürfel) As Integer
        Return MyBase.List.Add(w)
    End Function
```

```
    Default Public Property Item(ByVal index As Integer) As Sechserwürfel
        Get
            Return MyBase.List(index)
        End Get
        Set(ByVal Value As Sechserwürfel)
            MyBase.List(index) = Value
        End Set
    End Property
End Class
```

Viel haben wir da nicht gemacht.

- Wir haben eine Funktion Add hinzugefügt, die zwingend einen Sechserwürfel als Parameter erwartet. Diese holt sich über `MyBase.List` die Liste der CollectionBase-Klasse und ruft einfach deren Add-Methode auf. Der Rückgabewert von „Add" ist der Index des Elements in der Liste
- Um auch wieder etwas aus der Liste herauszubekommen, implementieren wir eine Item-Property. Die Read-Property greift einfach auch wieder auf die Basisklasse zurück und liefert das Element mit dem entsprechenden Index. Der Write-Teil setzt das entsprechende Element der Liste.

Hat die „normale" Collection eigentlich auch eine „Item"-Property, wir haben es doch nie benutzt?

Ja, hat sie, und wir haben sie benutzt, aber ohne es zu merken: Das Geheimnis liegt in dem Schlüsselwort „Default" (=Voreingestellt). Es bedeutet hier: Man kann das Wort „Item" auch weglassen.

Statt:

```
        Dim c As ArrayList
            ...
        x = c.Item(5)
```

kann man kurz schreiben:

```
        Dim c As ArrayList
            ...
        x = c(5)
```

Da wir dies immer getan haben, haben wir dieses "Item" nie zu sehen bekommen.

Auch wir definieren in unserer WürfelCollection diese Item-Methode als „Default", damit auch hier eine Kurzschreibweise möglich ist.

Ich habe, der Übersichtlichkeit halber, nur diese beiden Methoden „Add" und „Item" implementiert, da man diese mit Sicherheit braucht. In gleicher Weise könnte man aber auch die Methoden „Insert", „Remove" etc. implementieren: Immer einfach die „List"-Eigenschaft der CollectionBase verwenden.

Beachte bitte, dass es sich bei den Methoden „Add“ und „Item“ nicht um das Überschreiben von Methoden handelt, die in der Basisklasse schon vorhanden wären. „CollectionBase“ kennt kein „Add“ und „Item“. Wir haben hier also tatsächlich neue Methoden definiert, deren Namen wir nur genauso gewählt haben, wie wir es bspw. von der ArrayList kennen.

Warum leiten wir denn nicht gleich von ArrayList ab?
Es würde, rein technisch betrachtet, auch funktionieren. Ja, wir müssten nicht einmal eine „Add“-Methode und eine „Item“-Property implementieren, denn die gibt es in der ArrayList schon. Eigentlich müssten wir gar nichts machen, außer unsere neuen Methoden hinzuzufügen. Wir hätten dann allerdings keine Typsicherheit erreicht: Man könnte nach wie vor beliebige Objekte in die Collection stecken. Und wir könnten Typsicherheit auf diesem Weg auch nicht erreichen: Die Add-Methode könnten wir zwar überladen:

```
Public Overloads Function Add(ByVal w As Sechserwürfel) As Integer
    Return MyBase.Add(w)
End Function
```

Aber der Anwender könnte immer noch die Methode der Basisklasse aufrufen, er hat jetzt zwei Methoden zur Auswahl. Ferner würden wir scheitern, die Item-Property zu überladen, denn sie würde sich nur im Returnwert von der Property der Basisklasse unterscheiden.

Also: An unserer eigenen Forderung nach der Typsicherheit scheitert es, die ArrayList als Basisklasse zu benutzen.

Jetzt wollen wir aber, wie angekündigt, die Methode implementieren, die die Würfel zusammenzählt:

```
Public Function Würfelsumme() As Integer
    Dim w As Sechserwürfel
    Dim s As Integer
    s = 0
    For Each w In MyBase.List
        s = s + w.Wert
    Next
    Return s
End Function
```

Auch hier greifen wir wieder auf die Liste zurück, die durch die Basisklasse bereitgestellt wird.

So können wir unsere WürfelCollection jetzt anwenden:

```
    Dim w As Zahlenwürfel
    Dim würfelSammlung As WürfelCollection

    würfelSammlung = New WürfelCollection
    w = New Sechserwürfel(grpWürfel, 40, 20)
    würfelSammlung.Add(w)
    w = New Backgammonwürfel(grpWürfel, 80, 20)
```

```
        würfelSammlung.Add(w)
        w = New Sechserwürfel(grpWürfel, 120, 20)
        würfelSammlung.Add(w)
        w = New Sechserwürfel(grpWürfel, 160, 20)
        würfelSammlung.Add(w)
        w = New Sechserwürfel(grpWürfel, 200, 20)
        würfelSammlung.Add(w)

        For Each w In würfelSammlung
            w.Würfeln()
        Next

        MessageBox.Show("Summe: " & würfelSammlung.Würfelsumme)
        MessageBox.Show("Anzahl Würfel: " & würfelSammlung.Count)
                    ' Index fängt mit 0 an!
        MessageBox.Show("Wert des dritten Würfels: " & _
würfelSammlung(2).Wert)
```

Anmerkungen:

- wir haben sofort die Möglichkeit, mit `For Each` eine Schleife über die Collection auszuführen
- auch eine „Count“-Methode bekommen wir „umsonst“
- wie wir sehen, können wir auch direkt schreiben `würfelSammlung(2)`, um auf das dritte Element (der erste Index ist 0!) der Collection zuzugreifen, also ohne „Item“

Aufgaben:

Jetzt können wir ein paar weitere Methoden hinzufügen, die wir für ein Kniffel-Spiel brauchen:

Public Function Anzahl(n as Integer) as Integer: Liefert für eine vorgegebene Zahl von 1 bis 6 die Anzahl Würfel, die diese Augenzahl haben.

Public Function Gleiche(n as Integer) as Boolean: Stellt fest, ob unter den Würfeln n gleiche Würfel vorhanden sind (egal, was für welche).

Public Function Strasse(n as Integer) as Boolean: Stellt fest, ob unter den Würfeln n aufeinander folgende sind ("Straße")

Public Function FullHouse() as Boolean: Stellt fest, ob 3 gleiche und 2 gleiche vorhanden sind.

Public Function AnzahlMarkierte() As Integer: Gibt zurück, wie viel Würfel in der Sammling markiert sind.

Beachte, dass die Funktionen für eine beliebige Anzahl von Würfeln funktionieren sollen!

Die Lösung gibt es im nächsten Kapitel, aber erstmal selbst ausprobieren!

18. Anwendung: Kniffel

In diesem Kapitel gibt es wenig Neues zu lernen, nämlich nur:

- das CheckBox Control
- die Statuszeile

Stattdessen wollen wir unser nun reichlich vorhandenes Wissen dafür nutzen, ein Kniffel-Spiel zu erstellen.

Es geht jetzt schon eher darum, wie man sein Problem in ein „Software Design" umsetzt, also z.B. sich Klassen erstellt, die Teile der Gesamtaufgabe lösen. Die Techniken kennen wir weitgehend, jetzt geht es mehr darum, sie sinnvoll anzuwenden.

Dies ist keine einfache Sache, und es gibt Tonnen von Büchern, die sich mit dem Thema „Software Architektur" beschäftigen. Darüber hinaus ist dies auch eine Sache der Übung und Erfahrung, und erst nach vielen Versuchen werden die eigenen Programme „besser", d.h. strukturierter. Ein gutes Kriterium ist immer, wenn man nach einem Monat sein Programm wieder ansieht und sofort wieder „durchfindet".

Dies ist jetzt mal ein Beispiel für eine etwas größere Anwendung. Wir werden eine ganze Reihe von Klassen hierbei erzeugen.

Ich setze mal voraus, dass du die Spielregeln eines Kniffel-Spiels kennst. So soll die Oberfläche aussehen:

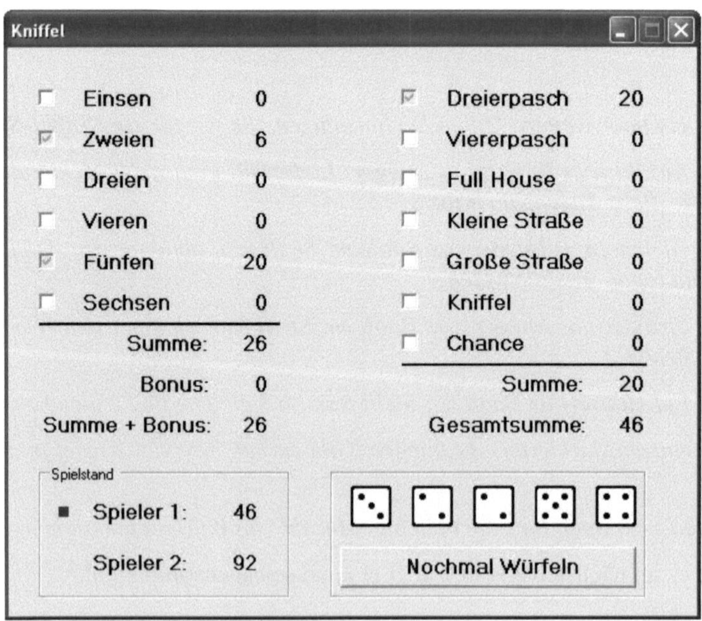

Ein Problem in Klassen zerlegen

Es sollen also zwei Spieler gegeneinander spielen, die abwechselnd an der Reihe sind. Der Gesamtspielstand wird unten links angezeigt, ebenso der Spieler, der gerade am Zug ist. Er kann bis zu drei Mal würfeln, und dann den Eintrag markieren, den er verwenden möchte. Danach ist der andere Spieler dran, und dessen bisher verwendete Einträge werden eingeblendet. Man sieht also immer nur die Einträge des gerade aktiven Spielers. Für das Würfeln markiert der Anwender immer die Würfel, die noch mal gewürfelt werden sollen, und drückt dann den Button.

Vorweg natürlich wieder die Bemerkung, dass es unendlich viele Möglichkeiten gibt, dieses Kniffel-Spiel zu programmieren. Mein Ziel ist es, möglichst viele Teilaspekte in Klassen unterzubringen, um dich von der Nützlichkeit von Klassen zu überzeugen. Es geht natürlich auch ganz ohne Klassen – aber wir wollen ja etwas lernen.

Also, wie geht man an das Problem heran? Ich habe mal in einem schlauen Buch folgende Frage gelesen:

Frage: Was ist das Erste, das man macht, wenn man ein Programm schreiben will?
Antwort: Man schaltet den PC aus!

Da ist etwas Wahres dran. Man sollte sich erstmal ein paar Gedanken über die Anwendung machen, bevor man loshackt. Es ist nicht der beste Weg, die Bedienoberfläche zu malen, und direkt mit den Eventhandlern loszulegen, und sich so „vorzuarbeiten“: Dies endet oft, zumindest bei größeren Programmen, im Chaos.

Besser ist es, sich Gedanken zu machen über Einheiten oder Teilaufgaben, aus denen das Problem besteht, und diese dann umzusetzen, vorzugsweise in Klassen.

Wir lassen also zunächst die Bedienoberfläche unbeachtet und kümmern uns später um sie.

Als erstes legen wir also ein neues Projekt mit Namen „Kniffel“ an (nachdem wir den Computer wieder eingeschaltet haben…). Gute Vorarbeit haben wir ja bereits im letzten Kapitel mit den Klassen „Würfel“ und „WürfelCollection“ geleistet, die wir hier wieder verwenden wollen.

Um diese Klassen ins Kniffel-Projekt einzufügen, gehen wir wie folgt vor:

Im Projektmappen-Explorer mit der rechten Maustaste den Projektnamen anklicken und im Kontextmenü „Hinzufügen…Vorhandenes Element hinzufügen…“ auswählen:

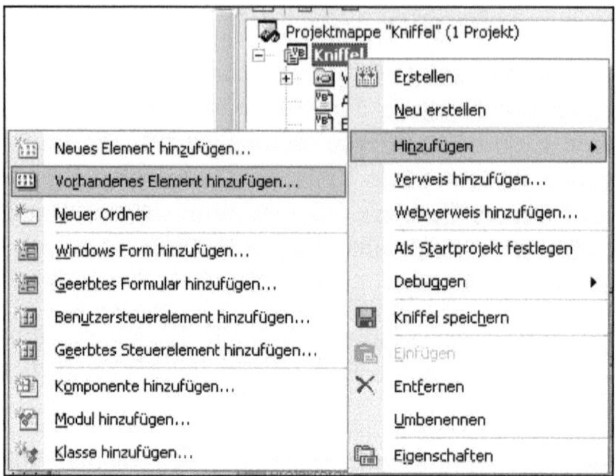

Im darauf folgenden Dialog aus dem Verzeichnis des Würfel-Projekts die Dateien „Würfel.vb“ und „WürfelCollection.vb“ auswählen.

Es stört nicht, dass in der Würfeldatei auch Würfel definiert sind, die wir hier gar nicht brauchen, wie z.B. der Farbwürfel. Es zwingt uns ja keiner, ein Farbwürfelobjekt irgendwo zu definieren. Wir haben einfach eine wieder verwendbare Klasse Würfel geschaffen, die wir in mehreren Projekten verwenden können.

Ich muss noch mein Versprechen einlösen, das ich im vorigen Kapitel gegeben habe, nämlich die WürfelCollection-Funktionen zu präsentieren, die ich als Aufgabe gestellt hatte. So sieht die Klasse jetzt komplett aus:

```
Public Class WürfelCollection
    Inherits CollectionBase

    Public Function Add(ByVal w As Sechserwürfel) As Integer
        Return MyBase.List.Add(w)
    End Function

    Default Public Property Item(ByVal index As Integer) As Sechserwürfel
        Get
            Return MyBase.List(index)
        End Get
        Set(ByVal Value As Sechserwürfel)
            MyBase.List(index) = Value
        End Set
    End Property

    ' Würfelsumme: Gibt die Summe der Augen aller Würfel zurück

    Public Function Würfelsumme() As Integer
        Dim w As Sechserwürfel
        Dim s As Integer
```

```
        s = 0
        For Each w In MyBase.List
            s = s + w.Wert
        Next
        Return s
    End Function

    ' Gibt die Anzahl der Würfel zurück, die den Wert n haben

    Public Function Anzahl(ByVal n As Integer) As Integer
        Dim w As Sechserwürfel
        Dim anz As Integer = 0
        For Each w In MyBase.List
            If w.Wert = n Then anz += 1
        Next
        Return anz
    End Function

' Stellt fest, ob unter den Würfeln n Gleiche sind, egal mit welcher
' Augenzahl

    Public Function Gleiche(ByVal n As Integer) As Boolean
        Dim i As Integer
        For i = 1 To 6
            If Anzahl(i) >= n Then Return True
        Next
        Return False
    End Function

    ' Stellt fest, ob n Würfel mit aufeinanderfolgender Augenzahl
    ' vorhanden sind

    Public Function Strasse(ByVal n As Integer) As Boolean
        Dim i, anz As Integer
        anz = 0      ' anz speichert, wieviele aufeinanderfolgende wir
  ' gerade haben
        For i = 1 To 6
            If Anzahl(i) > 0 Then
                anz += 1
                If anz >= n Then     ' n aufeinanderfolgende erreicht
                    Return True
                End If
            Else    ' da haben wir eine Lücke, also neuer Versuch
                anz = 0
            End If
        Next
    End Function
    ' Überprüft, ob ein FullHouse (3 gleiche und 2 gleiche) vorhanden ist

    Public Function FullHouse() As Boolean
```

```
        Dim dreierGefunden, zweierGefunden As Boolean
        Dim i As Integer
        dreierGefunden = False
        zweierGefunden = False
        For i = 1 To 6
            If Anzahl(i) >= 3 Then
                If dreierGefunden Then 'haben wir schon einen Dreier?
                    zweierGefunden = True   ' Ein Dreier ist auch ein
Zweier
                Else
                    dreierGefunden = True
                End If
            Else
                If Anzahl(i) = 2 Then
                    zweierGefunden = True
                End If
            End If
        Next
        If dreierGefunden And zweierGefunden Then Return True
        Return False
    End Function

    ' Funktion ermittelt, wieviele der Würfel markiert sind

    Public Function AnzahlMarkierte() As Integer
        Dim w As Würfel
        Dim anz As Integer
        anz = 0
        For Each w In MyBase.List
            If w.Markiert Then anz += 1
        Next
        Return anz
    End Function
End Class
```

Mit diesen beiden Klassen sind wir schon ein gutes Stück vorangekommen. Wir haben Würfel, die man würfeln kann, die angezeigt werden, und die man markieren kann. Aus ihnen wiederum kann man leicht eine WürfelCollection machen, und dort sofort feststellen, ob man z.B. eine große Straße gewürfelt hat.

Fahnden wir weiter nach ähnlichen, isolierbaren Einheiten des Kniffel-Programms. Es gibt dort eine Liste von „Einträgen": FullHouse, Kniffel, Einsen bis Sechsen, usw. . Diese Dinger haben doch gewisse Eigenschaften:

- Sie sind „benutzt" oder noch „frei"
- Manche von ihnen haben einen bestimmten Punktwert (FullHouse = 25, Kniffel = 50,...)
- Wenn sie benutzt sind, steht ein bestimmter Wert in ihnen. Dies kann der vorgegebene Punktwert sein (wie beim FullHouse) oder auch ein Wert, der sich aus den gewürfelten Würfeln ergibt (die Einträge im oberen Teil, oder auch „Chance").

Also, das riecht doch nach einer eigenen Klasse für den „Eintrag“. Fangen wir mal vorsichtig damit an:

```
Public Class Eintrag
    Protected m_benutzt As Boolean           ' Merker, ob der Eintrag
                                             ' benutzt ist
    Protected m_wert As Integer              ' Wert des Eintrags
    Protected m_basisPunktzahl As Integer    ' Basispunktzahl (nur für
                                             ' manche Einträge)

    Protected Sub New()
        m_benutzt = False
        m_wert = 0
    End Sub

    ReadOnly Property Benutzt() As Boolean
        Get
            Return m_benutzt
        End Get
    End Property

    ReadOnly Property Wert()
        Get
            Return m_wert
        End Get
    End Property
End Class
```

Diese Klasse ist noch etwas unvollständig. Die Properties habe ich nur ReadOnly gemacht, und mit `m_basisPunktzahl` (hier soll die „25“ für FullHouse hinein) habe ich noch gar nichts angefangen.

Nun gibt es unterschiedliche Arten von Einträgen. Wenn wir sie mal näher ansehen, gibt es da folgende „Unterarten“:

- Einträge, bei denen es um eine Zahl von 1 bis 6 geht
- Straßen-Einträge
- Einträge mit 3 oder 4 Gleichen
- FullHouse
- Chance
- Kniffel

Da ich schon von „Unterarten“ geredet habe, ist zu vermuten, dass ich entsprechende Subklassen von „Eintrag“ anlegen will, und genauso ist es:

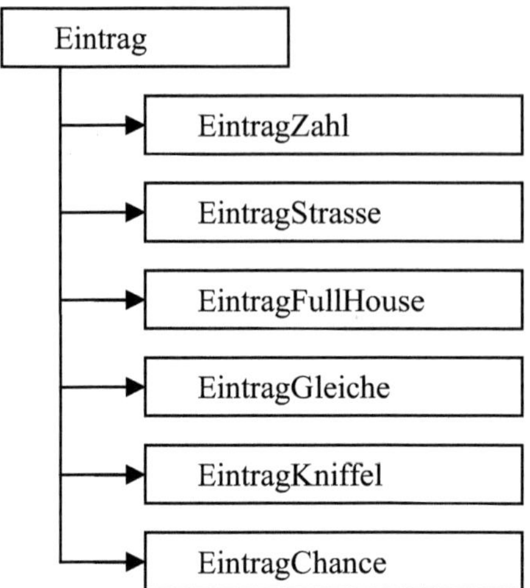

Im Konstruktor besetzen wir bei manchen Einträgen `m_basisPunktzahl`. Ferner übergeben wir bei manchen Einträgen direkt im Konstruktor einen weiteren Parameter: Beim Zahleneintrag, um welche Zahl es geht, bei der Strasse, aus wie viel Würfeln die Strasse bestehen soll, usw..

Machen wir also aus „Eintrag" eine abstrakte Basisklasse, indem wir ein „MustInherit" einfügen, und definieren wir die Unterklassen:

```
Public Class EintragFullHouse
    Inherits Eintrag

    Public Sub New()
        m_basispunktzahl = 25
    End Sub
End Class

Public Class EintragStrasse
    Inherits Eintrag

    Private m_elemente As Integer

    Public Sub New(ByVal elemente As Integer)
        m_elemente = elemente
        Select Case elemente
            Case 4
                m_basispunktzahl = 30
            Case 5
                m_basispunktzahl = 40
            Case Else
                MessageBox.Show("Eine Strasse mit " & elemente & _
```

```
" Elementen gibt es beim Kniffel nicht!")
        End Select
    End Sub
End Class

Public Class EintragGleiche
    Inherits Eintrag

    Private m_elemente As Integer

    Public Sub New(ByVal elemente As Integer)
        m_elemente = elemente
    End Sub
End Class

Public Class EintragKniffel
    Inherits Eintrag

    Public Sub New()
        m_basispunktzahl = 50
    End Sub
End Class

Public Class EintragZahl
    Inherits Eintrag

    Private m_zahl As Integer

    Public Sub New(ByVal zahl As Integer)
        m_zahl = zahl
    End Sub
End Class

Public Class EintragChance
    Inherits Eintrag

End Class
```

Was kann man mit einem Eintrag „machen“? Man kann ihn „besetzen“. Beim Besetzen soll die Punktzahl festgestellt werden; ein Eintrag ist danach benutzt und hat seinen Wert. Aus diesem Grund habe ich die beiden Properties auch nur ReadOnly gemacht, denn sie sollen innerhalb dieser „Setzen“-Methode intern besetzt werden.

Nun hängt diese Setzen-Methode stark davon ab, um welchen Eintrag es sich handelt: Beim Sechsen-Eintrag werden alle Sechsen zusammengezählt, beim FullHouse gibt es einfach die Basispunktzahl, aber auch nur, wenn tatsächlich ein FullHouse gewürfelt wurde. Das Setzen hängt also auch davon ab, was gewürfelt wurde.

Wir erstellen also eine Methode Setzen, die als Parameter die WürfelCollection übergeben bekommt:

```
    Public Sub Setzen(ByVal w As WürfelCollection)
```

Alle notwendigen Abprüfungen haben wir bereits in der WürfelCollection implementiert, wir brauchen sie jetzt nur anzuwenden. Zu den einzelnen Klassen fügen wir also jeweils ein „Setzen"-Methode hinzu:

In Class Eintrag:

```
    Public Overridable Sub Setzen(ByVal w As WürfelCollection)
        m_benutzt = True
    End Sub
```

In Class EintragZahl:

```
    Public Overrides Sub Setzen(ByVal w As WürfelCollection)
        If m_benutzt Then Exit Sub
        If w.FullHouse Then
            m_wert = m_basispunktzahl
        End If
        MyBase.Setzen(w)
    End Sub
```

In Class EintragStrasse:

```
    Public Overrides Sub Setzen(ByVal w As WürfelCollection)
        If m_benutzt Then Exit Sub
        If w.Strasse(m_elemente) Then
            m_wert = m_basispunktzahl
        End If
        MyBase.Setzen(w)
    End Sub
```

In Class EintragGleiche:

```
    Public Overrides Sub Setzen(ByVal w As WürfelCollection)
        If m_benutzt Then Exit Sub
        If w.Gleiche(m_elemente) Then
            m_wert = w.Würfelsumme
        End If
        MyBase.Setzen(w)
    End Sub
```

In Class EintragKniffel:

```
    Public Overrides Sub Setzen(ByVal w As WürfelCollection)
        If m_benutzt Then Exit Sub
        If w.Gleiche(5) Then
            m_wert = m_basispunktzahl
        End If
        MyBase.Setzen(w)
    End Sub
```

In Class EintragZahl:

```
    Public Overrides Sub Setzen(ByVal w As WürfelCollection)
        If m_benutzt Then Exit Sub
        m_wert = m_zahl * w.Anzahl(m_zahl)
        MyBase.Setzen(w)
    End Sub
```

In Class EintragChance:

```
    Public Overrides Sub Setzen(ByVal w As WürfelCollection)
        If m_benutzt Then Exit Sub
        m_wert = w.Würfelsumme
        MyBase.Setzen(w)
    End Sub
```

Wenn also jemand bspw. den FullHouse-Eintrag besetzen will, wird zunächst abgeprüft, ob tatsächlich ein FullHouse gewürfelt wurde. Wenn ja, wird als Wert die Basispunktzahl eingetragen. Wenn nicht, bleibt `m_Wert` 0. Auf diese Weise haben wir das „Streichen" von Einträgen gleich mit erledigt: Es wird einfach die Setzen-Methode aufgerufen, wenn die WürfelCollection kein FullHouse ergibt, ist der Wert 0, aber der Eintrag ist jetzt benutzt.

Alle Einträge können wir wieder in einer Collection sammeln (wie du vielleicht schon bemerkt hast, liebe ich Collections). Wir machen also eine spezielle Collection von Einträgen, die wir wieder von CollectionBase ableiten. Das besondere an dieser „EintragCollection" ist, dass von vorn herein fest steht, was sie für Elemente hat: 6 Einträge von Typ EintragZahl, einer vom Typ EintragFullHouse, usw.

Diese Einträge können wir direkt im Konstruktor hinzufügen. Eine von außen zugängliche Add-Funktion brauchen wir nicht, wir machen sie also Private. Also, legen wir eine weitere Klasse an mit Namen EintragCollection:

```
Public Class EintragCollection
    Inherits CollectionBase

    Private Function Add(ByVal e As Eintrag) As Integer
        Return MyBase.List.Add(e)
```

```
    End Function

    Default Public ReadOnly Property Item(ByVal index As _
Integer) As Eintrag
        Get
            Return MyBase.List(index)
        End Get
    End Property

    Public Sub New()
        Dim e As Eintrag
        Dim i As Integer
        ' Einträge 0 bis 5: Zahlen
        For i = 1 To 6
            e = New EintragZahl(i)
            Add(e)
        Next
        ' Einträge 6 und 7: 3 und 4 Gleiche
        For i = 3 To 4
            e = New EintragGleiche(i)
            Add(e)
        Next
        ' Eintrag 8: FullHouse
        e = New EintragFullHouse
        Add(e)
        ' Eintrag 9 und 10: Kleine und große Strasse
        For i = 4 To 5
            e = New EintragStrasse(i)
            Add(e)
        Next
        ' Eintrag 11: Kniffel
        e = New EintragKniffel
        Add(e)
        ' Eintrag 12: Chance
        e = New EintragChance
        Add(e)
    End Sub
End Class
```

Im Konstruktor habe ich die Einträge in der Reihenfolge eingefügt, wie sie auch auf der Oberfläche angeordnet sind. Dies wird später noch wichtig, wenn wir die Verbindung zur Bedienoberfläche herstellen.

Nun haben wir also eine Klasse, die die gesamte Liste der Einträge verwaltet. Wir fügen noch ein paar nützliche Methoden hinzu, die wir später noch brauchen werden:

```
    Public ReadOnly Property SummeOben() As Integer
        Get
            Dim e As Eintrag
```

```
            Dim summe As Integer
            summe = 0
            For Each e In MyBase.List
                If e.GetType.Name = "EintragZahl" Then
                    summe += e.Wert
                End If
            Next
            Return summe
        End Get
    End Property

    Public ReadOnly Property SummeUnten() As Integer
        Get
            Dim e As Eintrag
            Dim summe As Integer
            summe = 0
            For Each e In MyBase.List
                If e.GetType.Name <> "EintragZahl" Then
                    summe += e.Wert
                End If
            Next
            Return summe
        End Get
    End Property

    Public ReadOnly Property Bonus() As Integer
        Get
            If SummeOben < 63 Then
                Return 0
            Else
                Return 35
            End If
        End Get
    End Property

    Public ReadOnly Property Gesamtsumme() As Integer
        Get
            Return SummeOben + Bonus + SummeUnten
        End Get
    End Property
```

Was können wir denn noch zu einer eigenen Klasse machen?

Wie wäre es mit einer Klasse „Spieler“? Wir haben zwei Spieler, und jeder hat eine eigene Liste von Einträgen. Ferner kann ein Spieler „Setzen“. Auch kann man feststellen, ob ein Spieler fertig ist, d.h. alle seine Einträge besetzt sind. Ferner kann man auch feststellen, wieviele Punkte er gerade hat.

Dies rechtfertigt eine eigene Klasse:

```
Public Class Spieler
    Private m_einträge As EintragCollection

    Public Sub New()
        m_einträge = New EintragCollection
    End Sub

    Public ReadOnly Property Einträge() As EintragCollection
        Get
            Return m_einträge
        End Get
    End Property

    Public Function Setzen(ByVal nr As Long, ByVal w As _
WürfelCollection) As Integer
        Dim e As Eintrag
        e = m_einträge(nr)
        e.Setzen(w)
        Return e.Wert
    End Function

    Public Function Fertig() As Boolean
        Dim e As Eintrag
        For Each e In m_einträge
            If Not e.Benutzt Then Return False
        Next
       Return True
    End Function

    Public ReadOnly Property Punkte() As Integer
        Get
            Return m_einträge.Gesamtsumme
        End Get
    End Property
End Class
```

Die Liste der Einträge erzeugen wir also direkt im Konstruktor. Der Setzen-Methode habe ich als ersten Parameter die Nummer des Eintrags gegeben, als zweiten die WürfelCollection. In der Routine wird dann einfach der entsprechende Eintrag aus der Collection genommen und dessen Setzen-Methoden aufgerufen. Der Wert des gesetzten Eintrags wird zurückgegeben.

Die Liste der Einträge machen wir nach außen verfügbar, weil wir dies später noch brauchen werden.

Und noch nicht genug der Klassen. Sozusagen als „oberste“ Klasse erstellen wir eine Klasse „Spiel“, die die ganze Anwendung zusammenhält. Sie hat einige Aufgaben:

- sie verwaltet, welcher Spieler gerade dran ist
- sie zählt mit, wie oft gewürfelt wurde
- sie stellt fest, wann das Spiel beendet ist

- sie startet das Spiel

Hier zunächst mal die vollständige Klasse, hinterher die Erläuterungen dazu:

```
Public Class Spiel
    Private m_Spieler1 As Spieler
    Private m_Spieler2 As Spieler
    Private m_aktiverSpieler As Spieler
    Private m_würfelversuche As Integer
    Private m_würfel As WürfelCollection

    Public Function Setzen(ByVal eintragsnummer As Integer) As Integer
        Return m_aktiverSpieler.Setzen(eintragsnummer, m_würfel)
    End Function

    Public Sub New(ByVal w As WürfelCollection)
        m_würfel = w
        NeuesSpiel()
    End Sub

    Public Sub NeuesSpiel()
        m_Spieler1 = New Spieler
        m_Spieler2 = New Spieler
        m_aktiverSpieler = m_Spieler1
        m_würfelversuche = 0
        Würfeln(False)  ' alle würfel würfeln
    End Sub

    Public Sub Spielerwechsel()
        If m_aktiverSpieler Is m_Spieler1 Then
            m_aktiverSpieler = m_Spieler2
        Else
            m_aktiverSpieler = m_Spieler1
        End If
        m_würfelversuche = 0
        Würfeln(False)  ' alle würfel würfeln
    End Sub

    Public Function Spielerpunkte(ByVal spielernummer As Integer) As _
Integer
        If spielernummer = 1 Then
            Return m_Spieler1.Punkte
        Else
            Return m_Spieler2.Punkte
        End If
    End Function

    Public ReadOnly Property Würfelversuche() As Integer
        Get
            Return m_würfelversuche
```

```
        End Get
    End Property

    Public ReadOnly Property Einträge() As EintragCollection
        Get
            Return m_aktiverSpieler.Einträge
        End Get
    End Property

    Public Sub Würfeln(ByVal nurMarkierte As Boolean)
        Dim w As Würfel
        If nurMarkierte And m_würfel.AnzahlMarkierte = 0 Then
MessageBox.Show("Bitte auf die Würfel klicken, die neu " _
 "gewürfelt werden sollen!", "Würfeln", MessageBoxButtons.OK, _
 MessageBoxIcon.Information)
             Exit Sub
        End If
        For Each w In m_würfel
            If nurMarkierte = False Or w.Markiert Then
                w.Würfeln()
            End If
        Next
        m_würfelversuche += 1
    End Sub

    ' Überprüft, ob das Spiel zu Ende ist
    Public Function Ende() As Boolean
        If m_Spieler1.Fertig And m_Spieler2.Fertig Then Return True
        Return False
    End Property

    'Überprüft, ob Spieler1 dran ist oder nicht
    Public ReadOnly Property Spieler1Dran() As Boolean
        Get
            If m_aktiverSpieler Is m_Spieler1 Then
                Return True
            Else
                Return False
            End If
        End Get
    End Property
End Class
```

Wir verwalten also in dieser Klasse die zwei Spieler. Welcher der beiden aktiv ist, verwalten wir in einer eigenen Variablen, die wir immer gleichsetzen mit einem der beiden Spieler. Hier nutzen wir aus, dass es sich bei diesen Objektvariablen um Zeiger handelt:

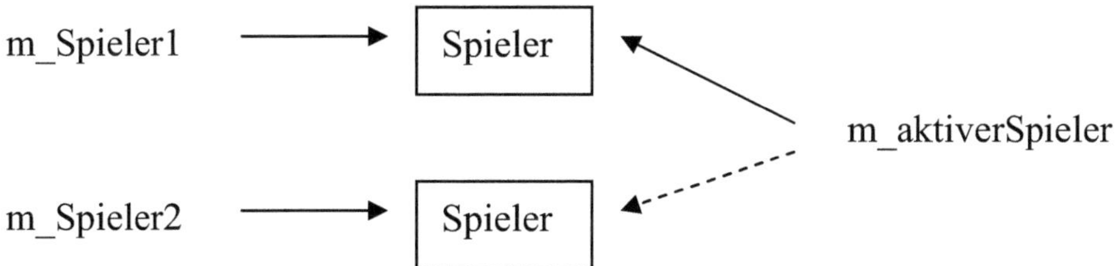

Wenn wir über die Variable `m_aktiverSpieler` etwas am Spieler-Objekt verändern, ist dies auch sofort über die Variable `m_Spieler1` bzw. `m_Spieler2` verfügbar.

In dieser Klasse „Spiel" verwalten wir auch die Würfel. Diese Würfel werden uns gleich noch von der Bedienoberfläche her im Konstruktor übergeben.

Auch das Würfeln führen wir hier durch, dies in zwei Varianten: Alle Würfel oder nur die markierten. Dies deshalb, weil beim Wechsel des Spielers sofort automatisch einmal alle Würfel gewürfelt werden sollen.

Für die Oberfläche brauchen wir auch noch eine Methode, die uns den aktuellen Punktstand beider Spieler liefert.

Um festzustellen, ob das Spiel zu Ende ist, überprüfen wir einfach, ob beide Spieler fertig sind.

Die Methode „Setzen" wird später von der Bedienoberfläche aufgerufen werden, die uns die Nummer des zu setzenden Eintrags übergibt. Wir nehmen uns dann einfach den aktiven Spieler und die Würfelcollection und rufen die Setzen-Methode des Spielers auf.

Kommen wir nun endlich zur Bedienoberfläche!

Zunächst mal wollen wir noch schnell das CheckBox-Control einführen, ganz knapp, denn mittlerweile sind wir geübt, was Controls angeht.

Die wichtigste Eigenschaft ist die „Checked"-Eigenschaft, mit der man das Häkchen setzt („True") oder löscht („False") bzw. den Zustand ermittelt. Eine CheckBox kann eine Beschriftung neben sich haben, die man über die „Text"-Eigenschaft festlegt.

Der wichtigste Event ist der CheckChanged-Event, der ausgelöst wird, wenn das Häkchen gesetzt oder gelöscht wird. Ob es nun gesetzt oder gelöscht wurde, ermittelt man im Event-Handler selbst über die „Checked"-Eigenschaft.

Wir wissen ja mittlerweile, dass es grundsätzlich zwei Arten gibt, die Bedienoberfläche zu erstellen: Wir können alle Controls zeichnen, oder wir können sie per Programm erstellen.

Beides hat Vor- und Nachteile:

Erstellen per Programm:
Wir können das Erzeugen der Eintrags-Controls in einer Schleife machen, alle Controls in einer Collection speichern, und haben nur eine einzige Event-Handler Funktion für die Checkboxen.

Dies ergibt ziemlich kompakten Code. Blöd ist nur, dass wir dann die übrigen Controls (Button, Groupbox, …) entweder auch per Programm erzeugen müssen, oder sie einzeichnen und ihre Position mit den per Programm erzeugten Controls abstimmen.

Erstellen per Zeichnen:
Für jede CheckBox haben wir einen eigenen Event-Handler, also insgesamt 13 Routinen. Ferner haben wir auch die Labels, in denen wir die Punkte anzeigen, nicht von vorn herein in einer Reihe oder Collection.

Ich habe mich für das Zeichnen entschieden. Die CheckBoxen habe ich mit CheckBox1 bis CheckBox13 bezeichnet, die Labels, in denen die Punkte der einzelnen Einträge stehen sollen, mit lblWert1 bis lblWert13. Die übrigen Bezeichnungen der verschiedenen Controls sollten sich aus dem Programm ergeben.

In Form1 steht nur noch ziemlich wenig Code, da wir die ganze Spiellogik schon in den Klassen untergebracht haben. Es geht im Wesentlichen nur noch darum, die Events zu behandeln und die Daten aus der Klasse „Spiel“ zur Anzeige zu bringen.

```
Public Class Form1
    Inherits System.Windows.Forms.Form

    Dim m_spiel As Spiel
    Dim m_checkBoxes As New ArrayList
    Dim m_Labels As New ArrayList

    Private Sub Form1_Load(ByVal sender As System.Object, ByVal e As _
System.EventArgs) Handles MyBase.Load
        Dim würfel As New WürfelCollection
        würfel.Add(New Sechserwürfel(PictureBox1))
        würfel.Add(New Sechserwürfel(PictureBox2))
        würfel.Add(New Sechserwürfel(PictureBox3))
        würfel.Add(New Sechserwürfel(PictureBox4))
        würfel.Add(New Sechserwürfel(PictureBox5))
        m_checkBoxes.Add(CheckBox1)
        m_checkBoxes.Add(CheckBox2)
        m_checkBoxes.Add(CheckBox3)
    ' usw. bis 13
        m_Labels.Add(lblWert1)
        m_Labels.Add(lblWert2)
        m_Labels.Add(lblWert3)
    ' usw. bis 13
        m_spiel = New Spiel(würfel)
        AnzeigeFüllen()
    End Sub

    ' Hier geht es gleich weiter

End Class
```

Wie du siehst, haben wir nur 3 Variable auf Formularebene:

- Eine Variable für das Spiel-Objekt. Wir besetzen sie direkt im Load-Event.
- Zwei Collections für die CheckBoxen und die Labels für die Werte. Es ist ganz praktisch, wenn wir diese Objekte in eigenen Collections haben, statt sie in der Controls-Collection des Formulars zu suchen.

Beachte auch hier wieder: Jedes CheckBox-Control hängt gleichzeitig in zwei Collections! Zum einen automatisch in der Controls-Collection des Formulars, zum zweiten in unserer eigenen Collection.

Zur Methode AnzeigeFüllen kommen wir jetzt. In ihr werden die gerade aktiven Einträge aus der Spiel-Klasse durchgegangen. Der Wert aus dem Eintrag-Objekt wird in das entsprechende Label übertragen, und die zugehörige CheckBox Enabled, wenn der Eintrag noch nicht benutzt ist, sowie das Häkchen gesetzt, wenn der Eintrag benutzt ist. In einer eigenen Subroutine werden die Summenfelder gefüllt. Die Markierung, welcher Spieler dran ist, habe ich dadurch realisiert, dass ich zwei rote Labels angelegt habe, die ich sichtbar oder unsichtbar mache, je nachdem, welcher Spieler dran ist:

```
    Private Sub AnzeigeFüllen()
        Dim i As Integer
        Dim e As Eintrag
        Dim c As CheckBox
        Dim l As Label
        For i = 0 To m_spiel.Einträge.Count - 1
            e = m_spiel.Einträge(i)
            c = m_checkBoxes(i)
            l = m_Labels(i)
            l.Text = e.Wert
            c.Enabled = Not e.Benutzt
            c.Checked = e.Benutzt
        Next
        SummenFüllen()
        lblMarkeSpieler1.Visible = m_spiel.Spieler1Dran
        lblMarkeSpieler2.Visible = Not m_spiel.Spieler1Dran
        btnWürfeln.Enabled = True
    End Sub


    Private Sub SummenFüllen()
        lblSummeOben.Text = m_spiel.Einträge.SummeOben
        lblBonus.Text = m_spiel.Einträge.Bonus
        lblSummeUnten.Text = m_spiel.Einträge.SummeUnten
        lblSummePlusBonus.Text = m_spiel.Einträge.SummeOben + _
m_spiel.Einträge.Bonus
        lblGesamtsumme.Text = m_spiel.Einträge.Gesamtsumme
        lblPunkteSpieler1.Text = m_spiel.Spielerpunkte(1)
        lblPunkteSpieler2.Text = m_spiel.Spielerpunkte(2)
    End Sub
```

Den Event-Handler für den Würfeln-Button können wir sehr schnell abhandeln, denn da steht nur wenig Code:

```
    Private Sub btnWürfeln_Click(ByVal sender As System.Object, ByVal e _
As System.EventArgs) Handles btnWürfeln.Click
        If Timer1.Enabled Then Exit Sub
        m_spiel.Würfeln(True)
        If m_spiel.Würfelversuche = 3 Then
            btnWürfeln.Enabled = False
        End If
    End Sub
```

Wir rufen nur die Würfeln-Methode der Spiel-Klasse auf mit dem Parameter True (=nur angeklickte Würfel werden gewürfelt). Dort passiert ja das eigentliche Würfeln. Wir müssen nur den Button disablen, wenn der Benutzer dreimal gewürfelt hat. Dann ist er gezwungen, irgendwo sein Häkchen zu machen, d.h. zu „Setzen".

Kümmern wir uns um das Setzen. Da brauchen wir zunächst mal die EventHandler der Checkbox:

```
    Private Sub CheckBox1_CheckedChanged(ByVal sender As System.Object, _
ByVal e As System.EventArgs) Handles CheckBox1.CheckedChanged
        Setzen(0)
    End Sub

    Private Sub CheckBox2_CheckedChanged(ByVal sender As System.Object, _
ByVal e As System.EventArgs) Handles CheckBox2.CheckedChanged
        Setzen(1)
    End Sub

    Private Sub CheckBox3_CheckedChanged(ByVal sender As System.Object, _
ByVal e As System.EventArgs) Handles CheckBox3.CheckedChanged
        Setzen(2)
    End Sub

    ' usw. bis 13
```

In der gemeinsamen Routine Setzen passiert dann die eigentliche Arbeit:

```
    Private Sub Setzen(ByVal nummer As Integer)
        Dim checkBox As CheckBox
        Dim lbl As Label
        If Timer1.Enabled Then Exit Sub
        checkBox = m_checkBoxes(nummer)
        If Not checkBox.Enabled Then Exit Sub
        If Not checkBox.Checked Then Exit Sub
        lbl = m_Labels(nummer)
        lbl.Text = m_spiel.Setzen(nummer)
        SummenFüllen()
```

```
        If m_spiel.Ende Then
            If MessageBox.Show("Spiel beendet. Nochmal spielen?", _
        "Spielende", MessageBoxButtons.YesNo, MessageBoxIcon.Question)
           Then
                m_spiel.NeuesSpiel()
                AnzeigeFüllen()
            Else
                End
            End If
        Else
            Timer1.Start()
        End If
    End Sub
```

Ich habe hier wieder einen Timer eingeführt, denn nach dem Setzen kommt der andere Spieler dran, und die Anzeige wird ausgetauscht. Dies soll wieder zeitverzögert passieren, deshalb der Timer (Intervall = 2sec).

Das eigentliche Setzen findet wieder in der Spiel-Klasse statt; wir rufen ihre „Setzen"-Methode auf und schreiben den zurück gelieferten Wert in das richtige Label. Ferner füllen wir noch die Summen.

Nach Ablauf des Timers findet schließlich der Spielerwechsel statt, und die Anzeige wird neu gefüllt:

```
    Private Sub Timer1_Tick(ByVal sender As System.Object, ByVal e As _
System.EventArgs) Handles Timer1.Tick
        Timer1.Stop()
        m_spiel.Spielerwechsel()
        AnzeigeFüllen()
    End Sub
```

Fertig!!!!

Dies war jetzt schon ein größeres Programm, und es steckt eine ganze Menge Überlegung dahinter, wie man sich Klassen schafft, um Aufgaben aufzuteilen. Ich hoffe, ich habe bei dir jetzt keinen Frust erzeugt, etwa: „Wie soll man denn auf all das selbst kommen?". Es ist klar, dass dies nicht sofort geht. Und auch mein Ansatz ist sicher der einzig richtige, und schon gar nicht perfekt, da kann man auch wieder manches verbessern. Mein Ziel war eher, dir ein Gefühl dafür zu vermitteln, dass Klassen eine ganz sinnvolle Sache sind, wenn es darum geht, eine größere Anwendung zu programmieren.

Die Statuszeile

Wir haben uns mal wieder etwas Erholung verdient. Daher folgt jetzt wieder etwas Einfacheres: Die Statuszeile.

Die Statuszeile ist eine Zeile, die sich bei vielen Programmen am unteren Rand des Hauptfensters befindet. Dort werden bspw. Hinweistexte ausgegeben, der Zustand der NUM-Taste, die Uhrzeit, und manches andere. All diese Informationen werden in separaten Bereichen der Statuszeile angezeigt.

Auch das Visual Studio hat so eine Statuszeile, hier ein Ausschnitt daraus:

Wir wollen nun unserm Kniffel-Programm auch so eine Statuszeile verpassen, in dem die Uhrzeit stehen soll sowie ein Hinweistext, was der Spieler als nächstes machen kann:

Hierzu brauchen wir zunächst mal ein StatusBar Control:

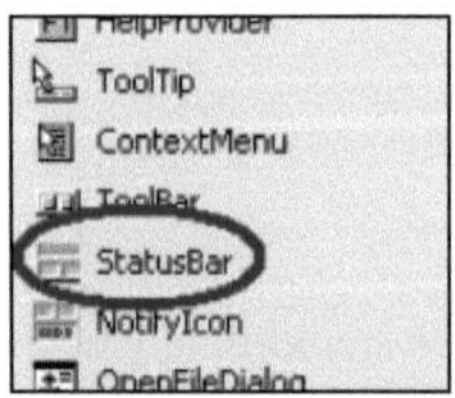

Wenn wir dieses auf das Formular ziehen, ordnet es sich automatisch am unteren Rand des Fensters an. Falls dadurch jetzt andere Controls verdeckt werden, ziehe den Fensterrahmen etwas nach unten.

Die einzelnen Bereiche der StatusBar heißen „Panels“. Bei den Eigenschaften der StatusBar tragen wir nun folgendes ein:

- „ShowPanels“ setzen wir auf True
- „Text“ löschen wir
- „SizingGrip“ setzen wir auf False (dadurch schalten wir die abgeschrägte rechte untere Ecke ab)

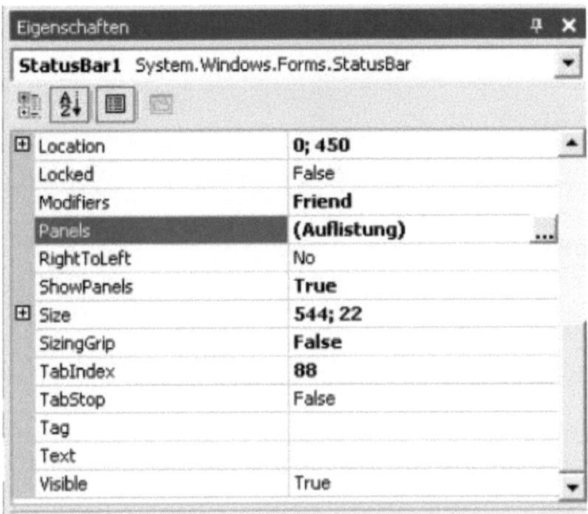

Ferner klicken wir auf die drei Punkte neben „(Auflistung)" bei der „Panels"-Eigenschaft. Es geht ein Fenster auf, in dem wir die einzelnen Panels definieren. Mit „Hinzufügen" kann man jeweils ein weiteres Panel hinzufügen, rechts im Eigenschaftsfenster legt man die Eigenschaft des jeweiligen Panels fest, z.B. die Breite des Panels und den Text. Hier tragen wir nichts ein, denn den Text wollen wir im Programm setzen.

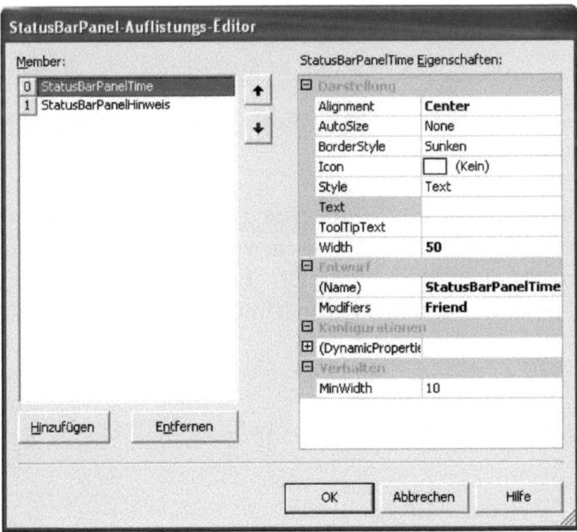

Die Namen der Panels habe ich hier zwar auch gegenüber dem Standard verändert, dies ist aber in unserm Fall unnötig.

Im Programm kommen wir über die „Panels"-Eigenschaft des StatusBar-Controls an die einzelnen Panels heran, die einfach durchnummeriert sind (natürlich wieder beginnend mit 0):

```
    Private Sub btnWürfeln_Click(ByVal sender As System.Object, ByVal e _
As System.EventArgs) Handles btnWürfeln.Click
        m_spiel.Würfeln(True)
        If m_spiel.Würfelversuche = 3 Then
            btnWürfeln.Enabled = False
            StatusBar1.Panels(1).Text = "Setzen"
        End If
    End Sub

    Private Sub AnzeigeFüllen()
        Dim i As Integer
        Dim e As Eintrag
        Dim c As CheckBox
        Dim l As Label
        For i = 0 To m_spiel.Einträge.Count - 1
            e = m_spiel.Einträge(i)
            c = m_checkBoxes(i)
            l = m_Labels(i)
            c.Enabled = Not e.Benutzt
            c.Checked = e.Benutzt
            l.Text = e.Wert
        Next
        SummenFüllen()
        lblMarkeSpieler1.Visible = m_spiel.Spieler1Dran
        lblMarkeSpieler2.Visible = Not m_spiel.Spieler1Dran
        btnWürfeln.Enabled = True
        StatusBar1.Panels(1).Text = "Nochmal Würfeln oder Setzen"
    End Sub
```

Für die Anzeige der Uhrzeit benutzen wir einen weiteren Timer, den wir auf 1 sec. einstellen und auch sofort starten. Um die aktuelle Uhrzeit zu erfahren, verwenden wir die Now()-Funktion, die uns das aktuelle Datum/Uhrzeit als Date-Variable liefert. Eine Date-Variable wiederum bietet die Methode „ToShortTimeString", die die Stunde und die Minute als String ausgibt:

```
    Private Sub Timer2_Tick(ByVal sender As System.Object, ByVal e As _
System.EventArgs) Handles Timer2.Tick
        StatusBar1.Panels(0).Text = Now().ToShortTimeString
    End Sub
```

19. Anwendung: Grafik

In diesem Kapitel lernen wir kennen:

- Viele grafische Funktionen
- Texte frei im Formular schreiben

Pens und Brushes, Rechtecke und Linien

VB.Net stellt eine Reihe von grafischen Funktionen bereit, um auf einem Formular etwas zu zeichnen, bspw. ein Rechteck. Dieses Zeichnen ist nun etwas ganz Anderes, als wir bisher gemacht haben:

Bisher haben wir verschiedene Controls auf unserem Formular platziert. Jetzt benutzen wir überhaupt keine Controls, sondern spezielle Zeichenfunktionen, die direkt auf dem Formular „malen".

Dieses Zeichnen ist zunächst mal etwas umständlich: Es gibt keine einfache Methode, etwa „Zeichne Rechteck auf Formular", sondern man braucht zwei Dinge:

- Zunächst mal braucht man ein „Graphics"-Objekt. Zu jedem Control, auf dem man zeichnen kann (z.B. ein Formular), kann man sich ein Graphics-Objekt geben lassen. Dieses Objekt bietet dann allerlei Zeichenfunktionen an, z.B. „DrawRectangle"
- Ferner braucht man ein Objekt, das dafür steht, womit man zeichnet. Hier gibt es 2 Dinge: Einen „Pen" (=Stift) und ein „Brush" (=Pinsel). Der Pen dient für Umrandungen, der (die?) Brush dient zum Ausfüllen von Flächen.

Wie komme ich also nun zu diesem Graphics-Objekt? Fangen wir mit der einfacheren Lösung an. Diese ist zwar schlecht, aber trotzdem.

Angenommen, wir haben ein Formular mit einem Button. Nach Anklicken des Buttons soll ein Rechteck gezeichnet werden.

Dazu müssen wir uns in der `btnZeichne_Click` Routine das Graphics-Objekt des Formulars besorgen:

```
    Private Sub btnZeichne_Click(ByVal sender As System.Object, ByVal e _
As  System.EventArgs) Handles btnZeichne.Click
        Dim g As Graphics
        g = CreateGraphics()
    End Sub
```

Diese 2 Zeilen bedürfen der Erläuterung:

Ich kann mir nicht einfach auf direktem Wege ein neues Graphics-Objekt erzeugen, also etwa:

```
        Dim g As New Graphics
```

Dies geht nicht. Nur über diese spezielle Erzeugungsfunktion bekommt man ein neues Graphics-Objekt.

So, jetzt wollen wir Zeichnen. Über Intellisense sehen wir, dass dieses Graphics-Objekt uns allerlei Zeichenfunktionen anbietet, z.B. „DrawRectangle“:

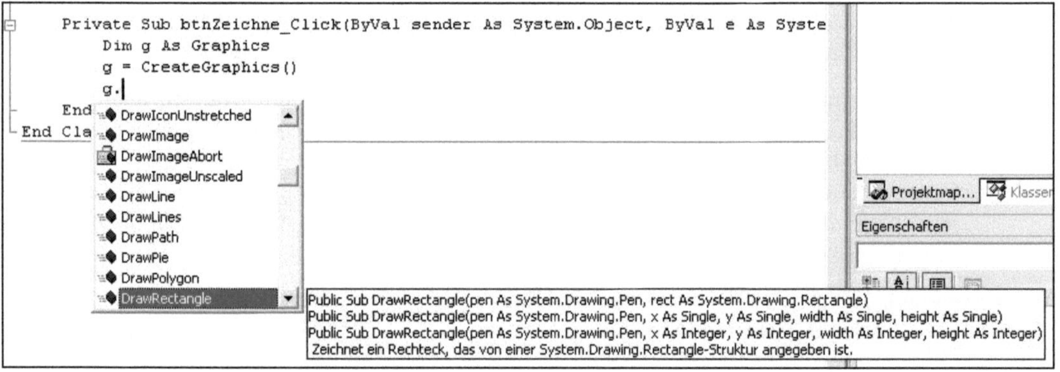

Diese gibt es nun gleich in dreifacher Ausfertigung. Alle drei verlangen als ersten Parameter ein „Pen“-Objekt, also einen Stift.

Wir brauchen also erst noch einen solchen Stift. Diesen kann man sich direkt mit `new` erzeugen, allerdings sagt uns Intellisense, dass es wieder 4 verschiedene Möglichkeiten gibt.

```
    Private Sub btnZeichne_Click(ByVal sender As System.Object, ByVal e As Syste
        Dim g As Graphics
        dim p as New Pen(
        g = CreateGra
    End Sub
```

1 von 4 New (**color As System.Drawing.Color**)
color: Eine System.Drawing.Color-Struktur, die die Farbe dieses System.Drawing.Pen-Objekts angibt.

Fangen wir mit der ersten an, die als Parameter nur eine Farbe für unsern Stift verlangt. Nehmen wir also einen roten Stift. Mit diesem Stift können wir nun endlich unser Rechteck zeichnen:

```
    Private Sub btnZeichne_Click(ByVal sender As System.Object, ByVal e _
As System.EventArgs) Handles btnZeichne.Click
        Dim g As Graphics
        Dim p As New Pen(Color.Red)
        g = CreateGraphics()
        g.DrawRectangle(p, 10, 10, 20, 30)
    End Sub
```

`DrawRectangle` gibt es auch wieder in verschiedenen Varianten, wir haben hier die genommen, die, außer dem Stift, folgende weiteren Parameter hat:

x: x-Koordinate der linken oberen Ecke des Rechtecks
y: y-Koordinate der linken oberen Ecke des Rechtecks
width: Breite des Rechtecks
height: Höhe des Rechtecks

In unserm Beispiel haben wir also den Punkt (10,10) als linke obere Ecke des Rechtecks, die Breite ist 20 und die Höhe 30. Alle Angaben sind immer in Pixeln.

So sieht das Ergebnis aus:

Schauen wir uns einen weiteren Konstruktor des Pen an:

Zusätzlich zur Farbe kann man gleich eine Liniendicke angeben, etwa 5 Pixel:

```
        Dim p As New Pen(Color.Red, 5)
```

Das sieht dann so aus:

Jetzt wollen wir ein ausgefülltes Recheck zeichnen. Hierzu brauchen wir ein „Brush" Objekt. Davon gibt es verschiedene Arten, wir nehmen mal als erstes ein „SolidBrush", das uns das Rechteck mit einer einfarbigen Fläche ausfüllen wird.

```
    Private Sub btnZeichne_Click(ByVal sender As System.Object, ByVal e _
As System.EventArgs) Handles btnZeichne.Click
        Dim g As Graphics
        Dim b As New SolidBrush(Color.Red)
        g = CreateGraphics()
        g.FillRectangle(b, 10, 10, 20, 30)
    End Sub
```

Wie du siehst, brauchen wir jetzt auch eine andere Zeichenfunktion: „FillRectangle" statt „DrawRectangle". „Draw"-Funktionen nimmt man für Pens, „Fill"-Funktionen für Brushes.

Ergebnis:

Ein weiterer Brush ist der HatchBrush, der Schraffuren erzeugt. Bevor wir ihn nutzen können, müssen wir noch etwas Vorarbeit leisten, denn er liegt im Namespace System.Drawing.Drawing2D, der standardmäßig nicht importiert wird. Trage diesen also entweder in den Projekteigenschaften bei den Importen ein, oder benutze den `Imports` Befehl in der Quelldatei.

Zurück zu unserm Code: Jetzt erzeugen wir ein HatchBrush Objekt; dessen Konstruktor hat als ersten Parameter die Art der Schraffur (hier nehmen wir „rückwärts diagonal", als zweiten die Farbe, und optional als dritten die Hintergrundfarbe). Gleichzeitig habe ich das Rechteck ein bisschen größer gemacht:

```
    Private Sub btnZeichne_Click(ByVal sender As System.Object, ByVal e _
As System.EventArgs) Handles btnZeichne.Click
        Dim g As Graphics
        Dim b As New HatchBrush(HatchStyle.BackwardDiagonal, Color.Red, _
Color.Pink)
        g = CreateGraphics()
        g.FillRectangle(b, 10, 10, 100, 50)
    End Sub
```

So sieht das Ganze dann aus:

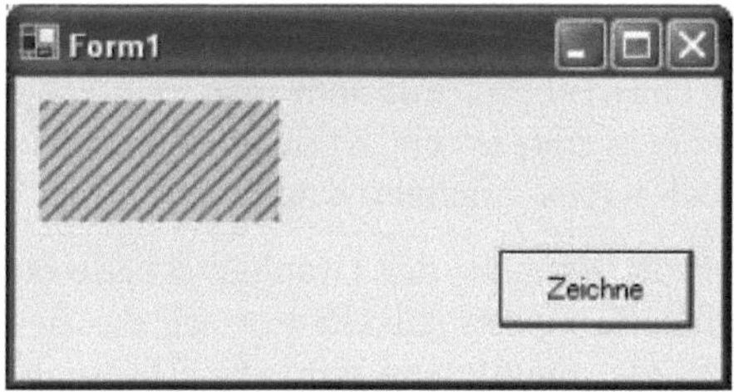

Anmerkung:
Es war nicht zwingend notwendig, dass wir „System.Drawing.Drawing2D“ in die Liste der Namespaces aufgenommen haben, stattdessen hätten wir natürlich auch im Code für den HatchBrush seinen vollen Namen angeben können:

```
Dim b As New System.Drawing.Drawing2D.HatchBrush _
(HatchStyle.SolidDiamond, Color.Red, Color.Pink)
```

HatchStyle bietet eine Unzahl von Füllmustern, von „SmallConfetti“ bis „SolidDiamond“. Probier mal ein paar durch.

Was kann man noch zeichnen? Die Graphics-Klasse bietet noch einige „Draw“ und „Fill“ Methoden, ich greife hier nur die 2 Wichtigsten heraus: Linie und Kreis.

Linien zeichnet man mit DrawLine. Diese Methode erwartet als Parameter ein Pen-Objekt sowie x- und y-Koordinate von Anfangs- und Endpunkt:

```
    Private Sub btnZeichne_Click(ByVal sender As System.Object, ByVal e _
As System.EventArgs) Handles btnZeichne.Click
        Dim g As Graphics
        Dim p As New Pen(Color.RosyBrown, 5)
        g = CreateGraphics()
        g.DrawLine(p, 10, 10, 80, 100)
    End Sub
```

Wie du siehst, habe ich hier als Farbe "RosyBrown" verwendet, ich wollte mal wissen, was sich hinter diesem niedlichen Namen verbirgt. Noch netter finde ich allerdings „PeachPuff“.

Kreise und Ellipsen

Kommen wir zum Kreis. du wirst vielleicht schon nach einem „DrawCircle“ gesucht haben, aber es gibt keins. Stattdessen gibt es nur ein DrawEllipse, mit dem man eine Ellipse zeichnen kann. Wie du vom Mathematikunterricht ja sicher weißt, ist ein Kreis aber nur eine spezielle Art von Ellipse, sodaß man mit dieser Funktion auch Kreise zeichnen kann.

Um eine Ellipse zu zeichnen, haben sich die Erfinder der Graphics-Klasse etwas Nettes ausgedacht: Eine Ellipse hat eine etwas komplizierte mathematische Formel, die zu umständlichen Parametern für ein „DrawEllipse“ führen würde. Stattdessen wird die Ellipse durch ein gedachtes Rechteck beschrieben, dass sie umgibt.

Das DrawEllipse hat also dieselben Parameter, die auch das DrawRectangle hat, es passiert nur etwas anderes (so kann man es sich jedenfalls vorstellen):

- es wird das Rechteck gezeichnet
- in das Recheck wird eine Ellipse möglichst gut eingepasst
- dann wird das Rechteck wieder „ausradiert“

Zeichnen wir also eine Ellipse, mit denselben Parametern wie unser letztes Rechteck (diesmal in der schönen Farbe „Tomato“):

```
    Private Sub btnZeichne_Click(ByVal sender As System.Object, ByVal e _
As System.EventArgs) Handles btnZeichne.Click
        Dim g As Graphics
        Dim p As New Pen(Color.Tomato, 5)
        g = CreateGraphics()
        g.DrawEllipse(p, 10, 10, 100, 50)
    End Sub
```

So sieht es aus:

Wenn wir jetzt Höhe und Breite gleich setzen, haben wir einen Kreis:

```
    Private Sub btnZeichne_Click(ByVal sender As System.Object, ByVal e _
As System.EventArgs) Handles btnZeichne.Click
        Dim g As Graphics
        Dim p As New Pen(Color.Tomato, 5)
        g = CreateGraphics()
```

```
        g.DrawEllipse(p, 10, 10, 100, 100)
    End Sub
```

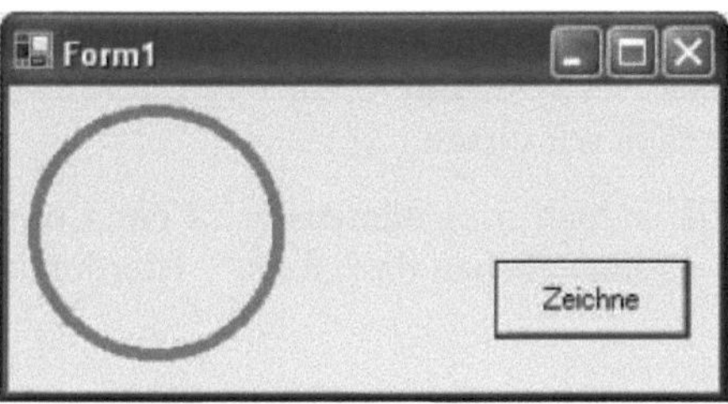

Neben der DrawEllipse-Methode gibt es auch wieder ein FillEllipse, das mit einem Brush-Objekt arbeitet und ausgefüllte Ellipsen zeichnet.

Der Paint-Event

Nun komme ich auf das zurück, was ich anfangs gesagt hatte: Daß das, was wir hier zeichnerisch treiben, eigentlich schlecht ist.

Den Grund hast du vielleicht durch Zufall selbst schon bemerkt: Wenn wir unser Programm starten und auf den „Zeichne"-Knopf klicken, ist alles in Ordnung. Wenn in dieser Situation dann aber ein anderes Fenster sich über unser Fenster legt, und danach wieder unser Fenster oben liegt, ist unsere Zeichnung plötzlich weg!

Probiere es aus:

- Starte das Programm und drücke auf „Zeichne": Es wird etwas gezeichnet
- Jetzt klicke in der Taskleiste das Visual Studio an: Dessen Fenster kommt jetzt in den Vordergrund
- Klicke jetzt in der Taskleiste unser Fenster („Form1") wieder an: Das Fenster kommt in den Vordergrund, aber die Zeichnung ist weg!

Denselben Effekt kannst du erreichen, wenn du das Fenster minimierst („_"-Knopf in der Titelzeile des Fensters) und wieder vergrößerst.

Der Grund dafür liegt darin, wie das Windows-Betriebssystem arbeitet: Wenn ein Fenster in den Hintergrund verschwindet, dann merkt Windows sich **nicht**, was in diesem Fenster so alles drin war. Diese Aufgabe wälzt es auf die einzelnen Programme selbst ab, die für diese Fenster zuständig sind: Wenn ein Programm wieder in den Vordergrund kommt, dann sagt Windows diesem Programm:

„Hey, dein Fenster ist jetzt wieder sichtbar, zeichne dich bitte wieder neu!"

Diese Mitteilung, dass das Fenster neu gezeichnet werden muß, erfolgt über den „Paint“ Event. Wenn dieser Event auftritt, muß neu gezeichnet werden.

In diesem Paint-Event müssen wir also neu zeichnen. Nun wäre es schlecht, wenn wir den ganzen Code zum Zeichnen doppelt haben müssten: Einmal beim Klicken auf den Button, dann ein zweites Mal beim Paint. Die Strategie ist daher: Es wird **nur** beim Paint gezeichnet. Wie wir dann wieder unseren Button ins Spiel bringen, sehen wir gleich.

Zunächst mal zu diesem Paint-Event: Wir wählen im Codefenster in der ComboBox links oben „(Form1 Events)“ und in der ComboBox rechts daneben das „Paint“. Hierdurch wird uns die Sub „Form1_Paint“ neu angelegt:

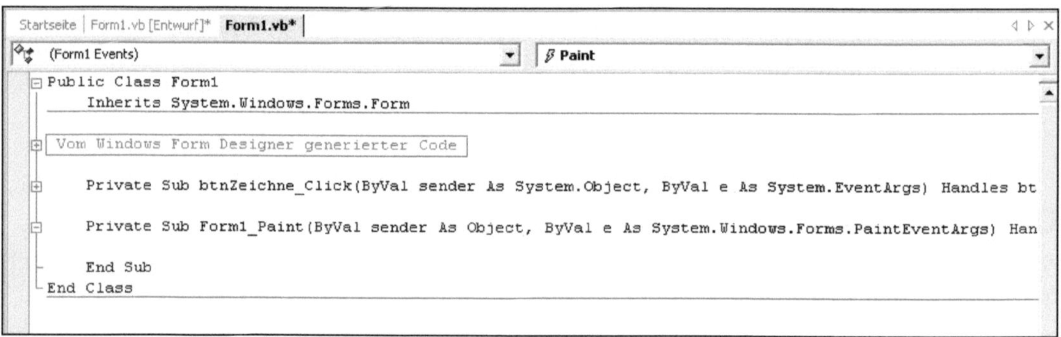

Der zweite Parameter ist hierbei der interessantere: Er ist vom Typ „PaintEventArgs“ und hat u.a. eine Eigenschaft „Graphics“, wodurch uns das Graphics-Objekt des Formulars direkt übergeben wird. Wir brauchen es uns also nicht mehr selbst zu erzeugen, sondern bekommen es hier direkt übergeben.

So sieht dann unser Code zum Zeichnen aus:

```
    Private Sub Form1_Paint(ByVal sender As Object, ByVal e As _
System.Windows.Forms.PaintEventArgs) Handles MyBase.Paint
        Dim g As Graphics
        Dim p As New Pen(Color.Tomato, 5)
        g = e.Graphics
        g.DrawEllipse(p, 10, 10, 100, 100)
    End Sub
```

Der einzige Unterschied zu vorher ist, dass unser Code jetzt woanders steht, und das Graphics-Objekt woanders her bekommt.

Wenn du das Programm jetzt startest, wirst du feststellen, dass wir unser Problem gelöst haben: Auch wenn sich ein anderes Fenster über unser Fenster legt, ist der Kreis sofort wieder sichtbar, wenn unser Fenster wieder in den Vordergrund kommt.

Allerdings wird jetzt immer gezeichnet, auch ohne dass wir überhaupt auf unsern Knopf gedrückt haben. Das gilt es zu verbessern.

Eigentlich ist es gar nicht so schlecht, dass sofort gezeichnet wird, auch ohne dass wir den Button drücken müssen. Aber nun wollen wir doch sehen, wie man dieses Problem gelöst bekommt.

Eigentlich ist es simpel: Wir merken uns einfach in einer Variablen des Formulars, ob der Knopf gedrückt wurde. Im Paint fragen wir dann diese Variable ab:

```
Public Class Form1
    Inherits System.Windows.Forms.Form

    Private m_sollZeichnen As Boolean

    Private Sub btnZeichne_Click(ByVal sender As System.Object, ByVal e _
As System.EventArgs) Handles btnZeichne.Click
        m_sollZeichnen = True
    End Sub

    Private Sub Form1_Paint(ByVal sender As Object, ByVal e As _
System.Windows.Forms.PaintEventArgs) Handles MyBase.Paint
        If m_sollZeichnen Then
            Dim g As Graphics
            Dim p As New Pen(Color.Tomato, 5)
            g = e.Graphics
            g.DrawEllipse(p, 10, 10, 100, 100)
        End If
    End Sub

    Private Sub Form1_Load(ByVal sender As System.Object, ByVal e As _
System.EventArgs) Handles MyBase.Load
        m_sollZeichnen = False
    End Sub
End Class
```

Dies macht es schon etwas besser: Zunächst mal ist kein Kreis zu sehen, allerdings auch nicht sofort, wenn wir auf „Zeichne“ klicken. Wir müssen erst das Fenster einmal verkleinern und wieder vergrößern, damit wir einen „Paint“ Event bekommen und dadurch dann auch gezeichnet wird.

Was fehlt, ist, dass wir beim Klicken aktiv sagen können: „Fenster, bitte zeichne dich neu“. Dies geschieht durch den Aufruf „Me.Invalidate“ des Formulars. Dies heißt soviel wie „Ich mache mich selbst ungültig“ (was für ein Blödsinn, wenn man es sich recht überlegt!). Ein solcher „Invalidate“-Aufruf erzwingt ein Neuzeichnen des Objekts, für das er angewendet wird, in diesem Fall des Formulars. Das „Invalidate“ löst das „Paint“ aus.

Diesen Aufruf fügen wir nun in die „Click"-Routine ein:

```
    Private Sub btnZeichne_Click(ByVal sender As System.Object, ByVal e _
As System.EventArgs) Handles btnZeichne.Click
        m_sollZeichnen = True
        Me.Invalidate()
    End Sub
```

Jetzt funktioniert endlich alles so, wie gewollt. Was lernen wir aus dem Ganzen:

Gezeichnet wird nur nach Aufforderung!

Nur im Paint-Event Handler ist der richtige Platz, um zu zeichnen.

Im richtigen Leben wäre das ungefähr so, als wenn du im Kunstunterricht vor Deinem leeren Zeichenblock sitzt, und nichts tust. Dann kommt die Lehrerin und fragt, warum du nur so da sitzt. Deine Antwort wäre dann: „Ich zeichne erst, wenn Sie mich dazu auffordern!"

Übrigens kann man nicht nur auf Formularen zeichnen, sondern auch auf anderen Objekten, so lange sie uns nur ein Graphics-Objekt zur Verfügung stellen – also auf allen Controls. Z.B. können wir auch auf dem Button selbst zeichnen, dazu müssen wir nur die „Paint" Routine des Buttons verwenden statt der des Formulars, und den Button statt dem Formular ungültig machen:

```
Public Class Form1
    Inherits System.Windows.Forms.Form

    Private m_sollZeichnen As Boolean

    Private Sub btnZeichne_Click(ByVal sender As System.Object, ByVal e _
As System.EventArgs) Handles btnZeichne.Click
        m_sollZeichnen = True
        btnZeichne.Invalidate()
    End Sub

    Private Sub Form1_Load(ByVal sender As System.Object, ByVal e As _
System.EventArgs) Handles MyBase.Load
        m_sollZeichnen = False
    End Sub

    Private Sub btnZeichne_Paint(ByVal sender As Object, ByVal e As _
System.Windows.Forms.PaintEventArgs) Handles btnZeichne.Paint
        If m_sollZeichnen Then
            Dim g As Graphics
            Dim p As New Pen(Color.Tomato, 5)
            g = e.Graphics
            g.DrawEllipse(p, 10, 10, 10, 10)
        End If
    End Sub
End Class
```

Ferner habe ich den Kreis kleiner gemacht, damit er auf den Button passt. So sieht das dann aus:

Oft ist es wichtig, zu wissen, wie groß der Bereich, in dem wir zeichnen wollen, insgesamt ist. Angenommen, wir wollen ein Rechteck zeichnen, das immer halb so breit ist wie das Formular. Dazu müssen wir wissen, wie breit das Formular insgesamt ist. Hierzu gibt es am Graphics-Objekt eine Eigenschaft „VisibleClipbounds", deren „Width" und „Height" Eigenschaft wiederum die Breite und Höhe des Formularfensters liefert (genauer: Die Höhe und Breite des Inneren des Fensters, ohne Titelzeile und Randdicke).

So sieht das dann aus (jetzt mal ohne einen Button, der das Zeichnen erst auslöst):

```
Public Class Form1
    Inherits System.Windows.Forms.Form

    Private Sub Form1_Paint1(ByVal sender As Object, ByVal e As _
System.Windows.Forms.PaintEventArgs) Handles MyBase.Paint
        Dim g As Graphics
        Dim p As New Pen(Color.Tomato, 5)
        Dim w, h As Integer

        g = e.Graphics
        w = g.VisibleClipBounds.Width / 2
        h = g.VisibleClipBounds.Height / 2
        g.DrawRectangle(p, 0, 0, w, h)
    End Sub
End Class
```

Das Rechteck, das gezeichnet wird, ist halb so hoch und breit wie das Formular:

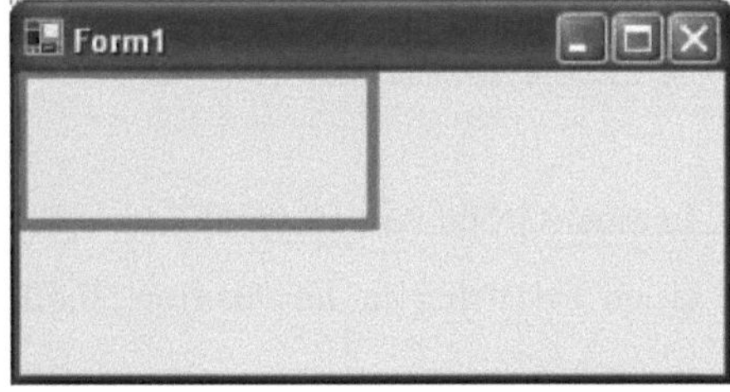

Jetzt wollen wir noch erreichen, dass dieses Größenverhältnis so bleibt, auch wenn wir das Formular durch Ziehen an den Rändern vergrößern oder verkleinern.

Dieses Ziehen liefert einen eigenen Event, den „Resize“ Event. Alles, was wird dort tun müssen, ist, unser Fenster ungültig zu machen, um ein Neuzeichnen zu provozieren:

```
    Private Sub Form1_Resize(ByVal sender As Object, ByVal e As _
System.EventArgs) Handles MyBase.Resize
        Me.Invalidate()
    End Sub
```

Probier es aus! Wenn du jetzt am Rand ziehst, passt sich das Rechteck immer der Fenstergröße an. Was man nicht sieht, ist, dass jetzt im Hintergrund ein wahres Event-Feuerwerk stattfindet: Während des Ziehvorgangs kommen laufend „Resize“-Events, deren Event-Handler sofort ein „Paint“ in Auftrag gibt. Dadurch bleibt schon während des Ziehvorgangs das Rechteck im richtigen Größenverhältnis.

Texte zeichnen

Die Überschrift ist absichtlich verwirrend, denn normalerweise zeichnet man Texte nicht, sondern man schreibt sie (allenfalls bei Japanern und Chinesen könnte man diese Aussage durchgehen lassen). Hier ist sie allerdings angebracht, denn genauso, wie man Kreise und Rechtecke zeichnen kann, kann man, ebenfalls mit Hilfe der Graphics-Klasse, Texte zeichnen.

Man braucht also nicht unbedingt ein Label-Control, um Text in einem Fenster darzustellen, sondern kann auch „frei“ im Fenster schreiben.

Dies geschieht mit der Methode „DrawString“ des Graphics-Objekts. Diese gibt es in sechsfacher Ausfertigung; wir sehen uns die wichtigste an, die die folgende Parameter erwartet:

- den zu schreibenden Text
- einen Font
- einen Brush
- die x- und y-Position, an der gezeichnet werden soll

Wir brauchen also zunächst mal einen „Font“. Dieser bezeichnet den Schriftsatz, in dem geschrieben werden soll: Die Schriftart, Schrifthöhe, und weitere Eigenschaften wie Fett- und Kursivdruck.

Einen Font kann man direkt erzeugen:

```
        Dim f As New Font("Arial", 16, FontStyle.Bold)
```

Hier verwenden wir die Schriftart “Arial”, in einer Größe von 16, mit Fettdruck.

Zum Test zeichnen wir auf dem Formular einen Teststring an der Position 50,50. Dies machen wir im Paint-Event des Formulars:

```
    Private Sub Form1_Paint(ByVal sender As Object, ByVal e As _
System.Windows.Forms.PaintEventArgs) Handles MyBase.Paint
        Dim f As New Font("Arial", 16, FontStyle.Bold)
        Dim g As Graphics
        Dim b As New SolidBrush(Color.Black)

        g = e.Graphics
        g.DrawString("Teststring", f, b, 50, 50)
    End Sub
```

Dies ist das Ergebnis:

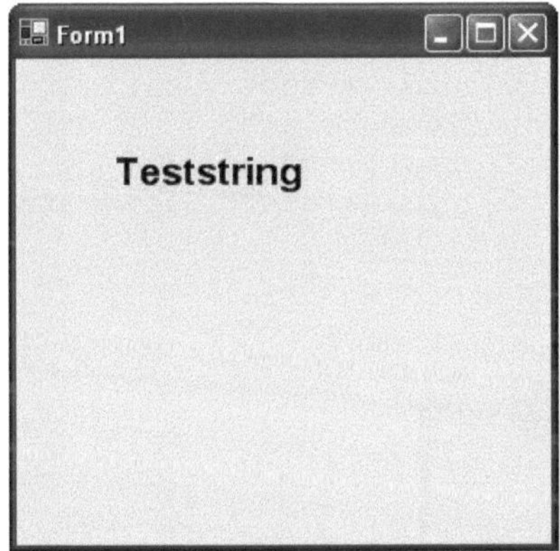

Die Position gibt, wie bei grafischen Objekten, die linke obere Ecke des Strings an.

Statt ein Font-Objekt zu erzeugen, kann man natürlich auch die Font-Eigenschaft des Formulars verwenden:

```
    Private Sub Form1_Paint(ByVal sender As Object, ByVal e As _
System.Windows.Forms.PaintEventArgs) Handles MyBase.Paint
        Dim g As Graphics
        Dim b As New SolidBrush(Color.Black)

        g = e.Graphics
        g.DrawString("Teststring", Me.Font, b, 50, 50)
    End Sub
```

Manchmal ist es notwendig, die Höhe und Breite des Strings zu wissen. Beispielsweise wenn wir den Text in der rechten unteren Ecke des Formulars platzieren wollen.

Zur Ermittlung der Höhe und Breite eines Strings bietet das Graphics-Objekt die Methode „MeasureString", der man den zu messenden String übergibt sowie den verwendeten Font. Sie liefert ein Objekt vom Typ „SizeF", das wiederum Eigenschaften „Width" und „Height" hat. So ermitteln wir bspw. die Breite des Strings:

```
        textbreite = g.MeasureString("Teststring", f).Width
```

Wenn wir also den Text in die rechte untere Ecke bringen wollen, sieht das so aus:

```
    Private Sub Form1_Paint(ByVal sender As Object, ByVal e As _
System.Windows.Forms.PaintEventArgs) Handles MyBase.Paint
        Dim f As New Font("Arial", 16, FontStyle.Bold)
        Dim g As Graphics
        Dim b As New SolidBrush(Color.Black)
        Dim formularbreite, formularhöhe As Integer
        Dim textbreite, texthöhe As Integer

        g = e.Graphics
        formularbreite = g.VisibleClipBounds.Width
        formularhöhe = g.VisibleClipBounds.Height
        textbreite = g.MeasureString("Teststring", f).Width
        texthöhe = g.MeasureString("Teststring", f).Height
        g.DrawString("Teststring", f, b, formularbreite - textbreite, _
formularhöhe - texthöhe)
    End Sub
```

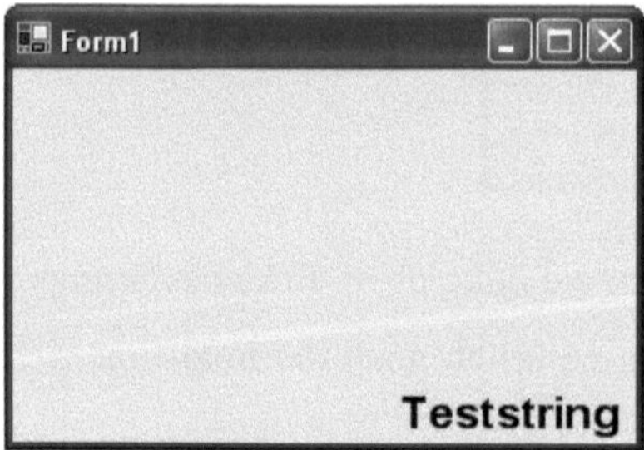

Statt eines "SolidBrush" kann man natürlich auch ein HatchBrush verwenden, und somit z.B. schraffierte Texte erstellen:

```
    Private Sub Form1_Paint(ByVal sender As Object, ByVal e As _
System.Windows.Forms.PaintEventArgs) Handles MyBase.Paint
        Dim f As New Font("Arial", 100, FontStyle.Bold)
        Dim g As Graphics
        Dim h As New HatchBrush(HatchStyle.Cross, Color.Black, _
Color.Aquamarine)

        g = e.Graphics
        g.DrawString("Muster", f, h, 10, 10)
    End Sub
```

Jetzt wird es mal wieder Zeit für eine Aufgabe:

Es soll ein Kunstwerk entstehen. Hierfür sollen zufällig 20 Kreise und 20 Rechtecke gezeichnet werden, an zufälligen Positionen, mit zufälliger Größe und in einer zufällig ausgewählten Farbe. Ferner sollen die Worte „Das ist ein Kunstwerk" zufällig über das Bild verteilt werden. Die Objekte und der Text sollen nicht über den Rand des Formulars hinausreichen. Wenn man am Rand des Formulars zieht, soll sofort ein neues Kunstwerk entstehen. So sieht das Ganze beispielhaft aus:

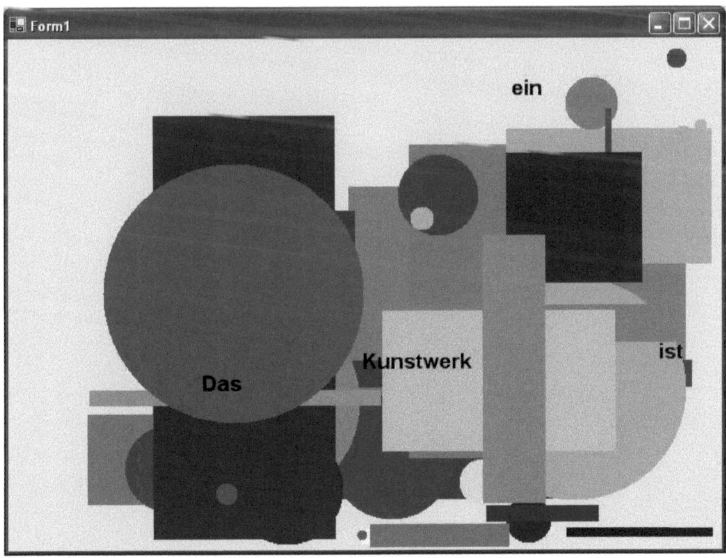

Bitte erst selbst ausprobieren, bevor du dir die Lösung ansiehst (denn die kommt auf der nächsten Seite).

```
Public Class Form1
    Inherits System.Windows.Forms.Form

    Private Shared r As Random

    Private Sub Form1_Paint1(ByVal sender As Object, ByVal e As _
System.Windows.Forms.PaintEventArgs) Handles MyBase.Paint
        Dim g As Graphics
        Dim i As Integer

        g = e.Graphics
        For i = 1 To 20
            ' Kreis
            DrawGeo(g, True)
            ' Rechteck
            DrawGeo(g, False)
        Next
        DrawText(g, "Das")
        DrawText(g, "ist")
        DrawText(g, "ein")
        DrawText(g, "Kunstwerk")
    End Sub

    Private Sub DrawGeo(ByVal g As Graphics, ByVal kreis As Boolean)
        Dim b As SolidBrush
        Dim wForm, hForm As Integer
        Dim x, y As Integer
        Dim w, h As Integer
        Dim rot, grün, blau As Integer

        wForm = g.VisibleClipBounds.Width
        hForm = g.VisibleClipBounds.Height
        x = r.Next(0, wForm)
        y = r.Next(0, hForm)
        w = r.Next(0, wForm - x)
        h = r.Next(0, hForm - y)
        rot = r.Next(0, 255)
        grün = r.Next(0, 255)
        blau = r.Next(0, 255)
        b = New SolidBrush(Color.FromArgb(rot, grün, blau))
        If kreis Then
            If w < h Then
                g.FillEllipse(b, x, y, w, w)
            Else
                g.FillEllipse(b, x, y, h, h)
            End If
        Else
            g.FillRectangle(b, x, y, w, h)
        End If
    End Sub
```

```
    Private Sub DrawText(ByVal g As Graphics, ByVal text As String)
        Dim f As New Font("Arial", 16, FontStyle.Bold)
        Dim txtHöhe, txtBreite As Integer
        Dim wForm, hForm As Integer
        Dim x, y As Integer
        Dim b As SolidBrush

        b = New SolidBrush(Color.Black)
        wForm = g.VisibleClipBounds.Width
        hForm = g.VisibleClipBounds.Height
        txtHöhe = g.MeasureString(text, f).Height
        txtBreite = g.MeasureString(text, f).Width
        x = r.Next(0, wForm - txtBreite)
        y = r.Next(0, hForm - txtHöhe)
        g.DrawString(text, f, b, x, y)
    End Sub

    Private Sub Form1_Load(ByVal sender As Object, ByVal e As _
System.EventArgs) Handles MyBase.Load
        r = New Random
    End Sub

    Private Sub Form1_Resize(ByVal sender As Object, ByVal e As _
System.EventArgs) Handles MyBase.Resize
        Me.Invalidate()
    End Sub
End Class
```

20. Anwendung: Superhirn

In diesem Kapitel geht es darum, sich eine eigene „Werkzeugsammlung" aufzubauen, die man dann in anderen Projekten wieder verwendet. Oder auch an jemand anders weitergibt, der sie dann auch benutzen kann. Hierbei geht es um folgende Themen:

- Klassenbibliotheken
- Eigene Controls erstellen

Wiederverwendbare Klassen

Es gibt mal wieder was zu verbessern.

Wir haben beim Kniffel-Projekt die Würfel-Klasse benutzt, die wir in einem andern Projekt erstellt hatten. Nur hatten wir dies auf wenig „professionelle" Art gemacht. Und zwar hatten wir einfach über „Vorhandenes Element hinzufügen.." die vorhandene Quelldatei aus dem andern Projekt hinzugefügt.

Es geht auch besser. Man kann nämlich sogenannte „Komponenten" erstellen, die man dann in andern Projekten benutzen kann, ohne die Quelldatei importieren zu müssen. Dies wollen wir jetzt tun. Wir wollen aus der Würfelklasse so eine „Komponente" machen.

Hierzu müssen wir eine andere Art von Projekt anlegen. Statt „Windows-Anwendung" wählen wir jetzt „Klassenbibliothek" aus, als Namen „Würfel".

Wähle eventuell einen andern Speicherort aus, damit du nicht mit dem schon bestehenden Würfel-Projekts in Konflikt kommst. Ich habe hier einen eigenes Unterverzeichnis „Bibliothek" erstellt.

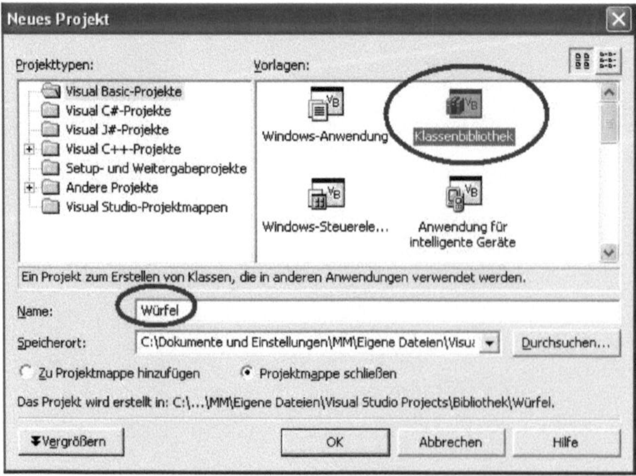

Danach sehen wir nicht, wie gewohnt, ein leeres Formular auf dem Bildschirm, sondern direkt das Codefenster, in dem der Rahmen für eine leere Klasse „Würfel" angelegt ist.

Hier hinein kopieren wir nun den gesamten Code der Würfelklasse aus dem anderen Projekt:

```
Public Enum Farbwert
    rot = 1
    blau = 2
    grün = 3
    gelb = 4
    schwarz = 5
    lila = 6
End Enum

Public MustInherit Class Würfel
    Protected Shared m_ZufallsGenerator As Random
    Protected m_markiert As Boolean
```

und so weiter…

Wir müssen jetzt allerdings noch fehlende Verweise eintragen: „System.Drawing“ und „System.Windows.Forms“ fügen wir zu den Verweisen hinzu:

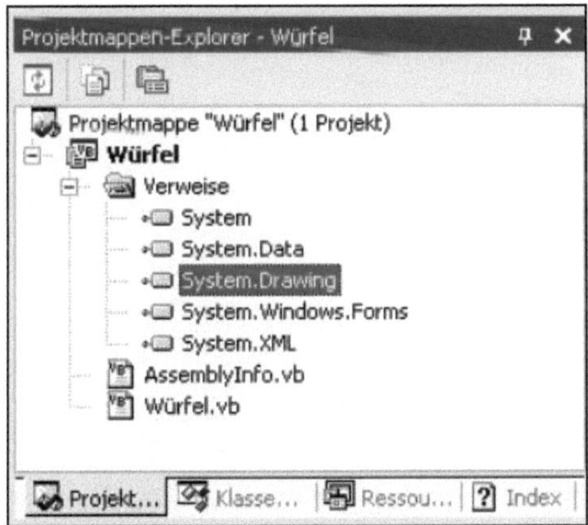

Verweise? Was ist denn das nun wieder?

Alle Klassen, die wir so benutzen, befinden sich in verschiedenen Dateien, die alle auf „.dll“ enden. Alle Controls befinden sich bspw. in der Datei „System.Windows.Forms.dll“. Für jede Klasse, die man benutzen will, muß man die DLL, in der sie sich befindet, unter „Verweise“ aufführen. Die, die man häufig braucht, sind dort schon von vorn herein aufgeführt. Welche dort aufgeführt sind, hängt ab vom Projekttyp. So findet sich bei Projekten vom Typ „WindowsApplication“ immer schon diese „System.Windows.Forms.dll“, bei Projekten vom Typ „Klassenbibliothek“ hingegen nicht. Wenn wir eine Klasse aus dieser DLL brauchen, müssen wir den Verweis hinzufügen.

Ebenso tragen wir auf der Eigenschaftsseite des Projekts auch noch die fehlenden Namespaces ein:

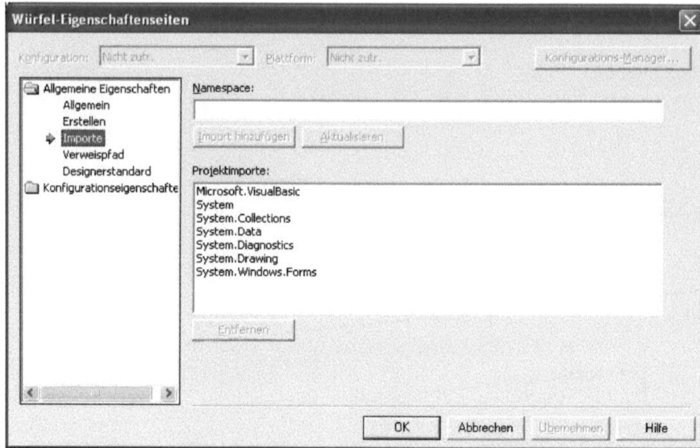

Ferner tragen wir in der Rubrik „Allgemein“ einen eigenen Namespace „Spielkomponenten“ ein:

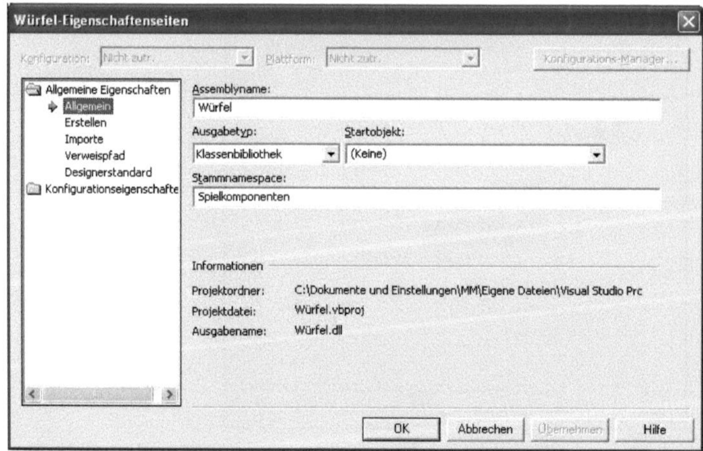

Nun können wir unsere Komponente erstellen: Im Menü „Erstellen“ den Unterpunkt „Würfel erstellen“ aufrufen:

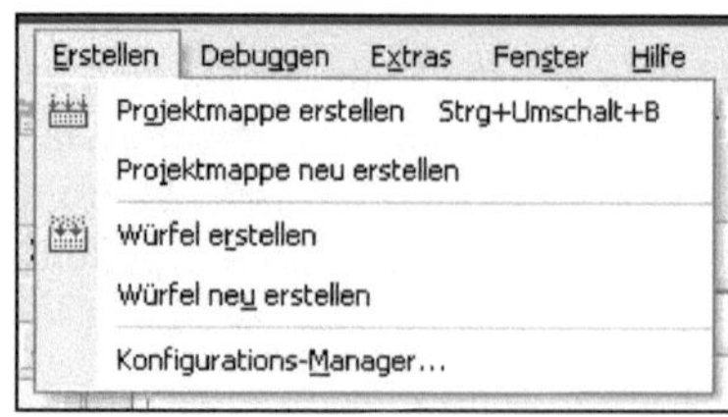

Fertig!

Wie? Was heißt hier fertig? Und jetzt? Was sollte das Ganze???

Wir haben jetzt eine Komponente „Würfel" erstellt, die wir in andern Projekten verwenden können. Das Ergebnis unseres „Erstellen"-Vorgangs ist eine Datei „Würfel.dll", die wir im Unterverzeichnis „bin" wieder finden. Hier, im Würfel-Projekt, passiert gar nichts weiter.

Kümmern wir uns nun um das Kniffel-Projekt, in dem wir unseren Würfel verwenden werden. Öffnen wir also das Kniffel-Projekt.

Als erstes schmeißen wir die Klasse Würfel.vb wieder aus der Projektmappe:

Stattdessen fügen wir jetzt unsere neue Komponente hinzu. Mit der rechten Maustaste auf Verweise klicken und dann „Verweise hinzufügen". Es öffnet sich eine Dialogbox:

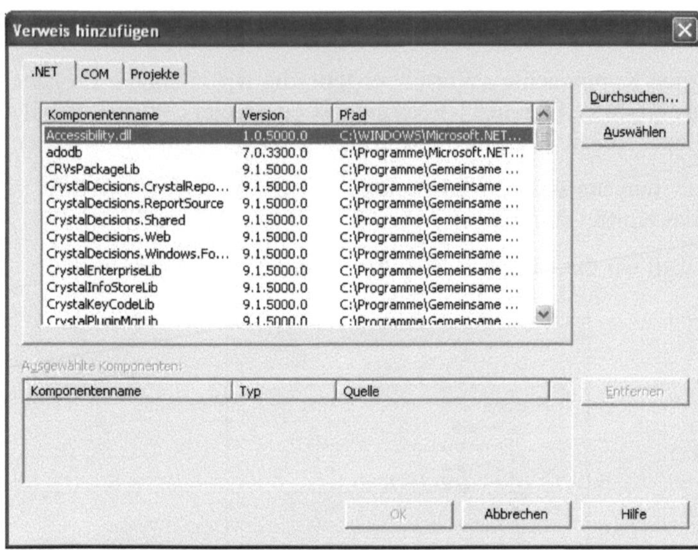

Hier auf „Durchsuchen..“ klicken und die Datei „Würfel.dll“ suchen, die wir im andern Projekt erstellt hatten. Unser Würfel taucht danach in der Liste der Verweise auf.

Jetzt geben wir noch unsern selbst erfunden Namespace „Spielkomponenten“ auf der Eigenschaftsseite unter den Importen an. Und schon funktioniert unser Kniffel wieder…

Was haben wir jetzt eigentlich erreicht? Unser Kniffel funktioniert genauso wie bisher. Na toll…

Der Vorteil ist, dass man auf diese Weise selbst Komponenten erstellen kann, die man dann genauso wie die vorgefertigten VB.Net-Klassen benutzt. Man sieht im Zielprojekt den Quellcode der Würfelklasse gar nicht, kann sie aber trotzdem benutzen.

Bei der Entwicklung von großen Softwareprojekten, an denen mehrere Leute beteiligt sind, ist dies ein großer Vorteil: Zu Beginn der Entwicklung bekommt jeder Entwickler einen eigenen Namespace zugeteilt, und entwickelt die Klassen, für die er zuständig ist. Wenn er fertig ist, liefert er seine DLL-Dateien ab, und diese werden dann von den andern Entwicklern benutzt, die den Quellcode, d.h. das „Innenleben“ dieser Klassen, gar nicht kennen müssen. Die Klassen bieten einfach bestimmte Methoden und Eigenschaften nach außen an, und diese können benutzt werden.

Eigene Controls erstellen

Wir wollen jetzt eigene Controls erstellen. Auch dies geschieht durch Ableitung: Man nimmt ein vorhandenes Control und leitet davon ein eigenes Control ab, dem man weitere Eigenschaften hinzufügt.

Alternativ lassen sich auch mehrere Controls zu einem neuen Control zusammenfassen. Dies wollen wir hier aber nicht weiter verfolgen.

Wir wollen dies mal wieder im Rahmen eines Spiels machen: Wir wollen das Spiel „Superhirn" programmieren (das ich auch wieder als bekannt voraussetze). So soll das fertige Spiel aussehen:

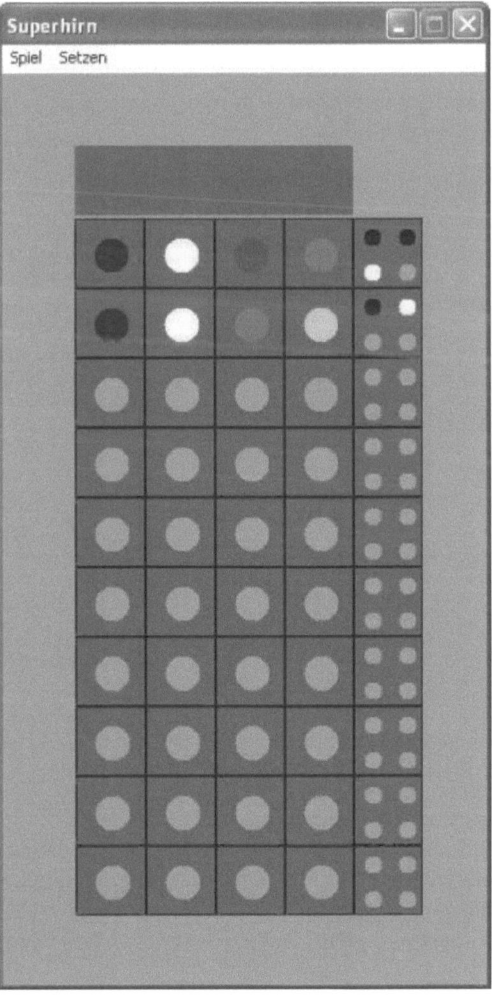

Das Spiel wird dann so funktionieren, dass der Computer sich 4 Farben ausdenkt, die der Spieler erraten muss.

Für das Spielfeld wollen wir nun eigene Controls erstellen: Ein Control für Steckfelder, und ein Control für die Ergebnisfelder:

Die „Wiederverwendbarkeit" dieser beiden Controls beschränkt sich in Wirklichkeit genau auf das Superhirn-Spiel. Oder fällt die eine andere Verwendung ein? Aber es geht hier ja nur ums Prinzip...

Um wiederverwendbare Controls zu erstellen, legt man wieder ein Projekt vom Typ „Klassenbibliothek" an. Nennen wir es „MeineControls".

Wir erhalten also, wie gehabt, das folgende Projektmappenverzeichnis…

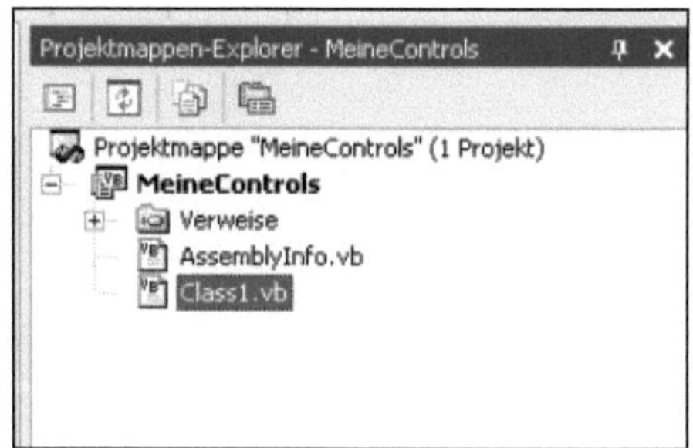

…mit einem Rahmen für eine „Class1":

```
Public Class Class1

End Class
```

Zunächst mal benennen wir „Class1.vb" um in „Superhirn.vb", und den Rahmen für die Klasse löschen wir, da wir gleich anders benannte Klassen definieren wollen.

Ferner müssen wir noch ein paar Verweise in unser Projekt mit aufnehmen: Ein Projekt vom Typ Klassenbibliothek enthält standardmäßig keinen Verweis auf „System.Windows.Forms" und auf „System.Drawing", also müssen wir diese Verweise wieder ergänzen (im Projektmappenexplorer). Ferner fügen wir auch die entsprechenden Namespaces hinzu (über die Projekteigenschaften/Importe). Als eigenen Namespace nehmen wir ebenfalls „MeineControls".

Von welchem bestehenden Control sollen wir nun unsere Superhirn-Controls ableiten? Was sieht schon „so ähnlich" aus? Eigentlich gar nichts.

Ich habe einen ganz simplen Vorschlag (und werde diesem Vorschlag auch gleich selbst zustimmen. Das ist der Vorteil, wenn man ein Buch schreibt: Es kann keiner widersprechen): Nehmen wir ein Panel-Control. Dieses Control haben wir bisher noch nie benutzt, es ist aber auch nicht weiter aufregend: Ähnlich wie eine GroupBox, mit ein paar weiteren Eigenschaften.

Denn wir brauchen eigentlich nur eine quadratische Fläche, die mit einer braunen Farbe ausgefüllt ist, und in die wir einen Kreis (bzw. vier Kreise) zeichnen. Also: Wir nehmen ein Panel, sorgen dafür, dass es immer quadratisch ist und setzen die Hintergrundfarbe auf „braun". Den Kreis bekommen wir auch hinein, denn wir haben im Kapitel „Grafik" gelernt, dass sich grafische Objekte auf beliebigen Controls zeichnen lassen.

Also, dies ist unsere Strategie. Da die beiden Controls, die wir erstellen wollen, ziemlich ähnlich aussehen, riecht dies wieder schwer nach „Ableitung": Wir erstellen ein allgemeines, abstraktes „SuperhirnFeld" und leiten davon das „SuperhirnFarbfeld" und das „SuperhirnErgebnisfeld" ab:

```
Public MustInherit Class SuperhirnFeld
    Inherits Panel

End Class

Public Class SuperhirnFarbfeld
    Inherits SuperhirnFeld

End Class

Public Class SuperhirnErgebnisfeld
    Inherits SuperhirnFeld

End Class
```

Was kommt alles in die Basisklasse?

- das Setzen der Hintergrundfarbe auf „braun"
- ein kleiner schwarzer Rand um das Feld
- eine Standardhöhe und –breite
- der Zwang, dass Höhe immer gleich Breite ist
- Beide Ableitungen brauchen eine „Transparentfarbe": Wenn das Feld unbesetzt ist, wird ein Kreis bzw. 4 Kreise in dieser Farbe gezeichnet. Also kann dies auch gleich in die Basisklasse
- Ferner brauchen wir ein „SolidBrush"-Objekt, das wir zum Zeichnen der Kreise verwenden werden.

Also, dies ist die Basisklasse:

```
Public MustInherit Class SuperhirnFeld
    Inherits Panel

    Protected m_transparentFarbe As Color
    Protected m_brush As SolidBrush

    Protected Sub New()
        MyBase.BackColor() = Color.Brown
        MyBase.Width = 48
        MyBase.Height = 48
        MyBase.BorderStyle = BorderStyle.FixedSingle
        m_transparentFarbe = Color.FromKnownColor(KnownColor.Control)
        m_brush = New SolidBrush(m_transparentFarbe)
    End Sub

    Private Sub SuperhirnFeld_Resize(ByVal sender As Object, ByVal e As _
System.EventArgs) Handles MyBase.Resize
        Me.Height = Me.Width
        Me.Invalidate
    End Sub

    Public Property TransparentFarbe() As Color
        Get
            Return m_transparentFarbe
        End Get
        Set(ByVal Value As Color)
            m_transparentFarbe = Value
            Me.Invalidate()
        End Set
    End Property
End Class
```

Erläuterungen:

Im Konstruktor setzen wir eine Standardhöhe/–breite sowie die Hintergrundfarbe. Den schwarzen Rand erhalten wir durch den `BorderStyle`. Als Standard-Transparentfarbe nehmen wir die Standardfarbe für Controls, die wir über die Methode `FromKnownColor` setzen können – die Farbe ist `KnownColor.Control`. Die SolidBrush erzeugen wir auch erst mal in dieser Farbe.

Das Höhen/Breitenproblem lösen wir dadurch, dass wir im Resize-Event die Höhe immer gleich der Breite setzen. Sobald also jemand die Breite verändert, verändert sich auch die Höhe. Umgekehrt hat ein Ändern der Höhe keine Auswirkung.

Beachte, dass wir hier wieder das Schlüsselwort `Me` verwenden. `Me` bezeichnet immer das eigene Objekt. Bisher hatten wir es nur innerhalb der Form1-Klasse verwendet, und dort bezog es sich dann auf das Formular. Hier befinden wir uns in der SuperhirnFeld-Klasse, also bezieht es sich auf das eigene SuperhirnFeld-Objekt.

Die Transparentfarbe wollen wir auch von außen setzen lassen, damit der Anwender sie an die Hintergrundfarbe des Formulars anpassen kann.

Kommen wir zum „SuperhirnFarbfeld“:

Wir wollen hier nur sechs definierte Farben zulassen: Rot, Grün, Gelb, Orange, Blau und Pink. Die Farbe wollen wir als neue Eigenschaft dem Control hinzufügen. Daher definieren wir eine eigene Enumeration SuperhirnFarben, die diese Farbwerte auflistet:

```
Public Enum SuperhirnFarben
    Transparent
    Gelb
    Rot
    Grün
    Orange
    Pink
    Blau
End Enum
```

Diese Enumeration definieren wir ganz am Anfang unseres „Superhirn.vb“. Wir haben auch die „Farbe“ „Transparent“ mit aufgenommen, da es auch möglich sein muß, ein Feld sozusagen „unbenutzt“ zu machen.

Schauen wir uns nun die abgeleitete Klasse an:

```
Public Class SuperhirnFarbfeld
    Inherits SuperhirnFeld

    Protected m_farbe As SuperhirnFarben

    Public Sub New()
        m_farbe = SuperhirnFarben.Transparent
    End Sub

    Public Property Farbe() As SuperhirnFarben
        Get
            Return m_farbe
        End Get
        Set(ByVal Value As SuperhirnFarben)
            m_farbe = Value
            Me.Invalidate()
        End Set
    End Property

    Private Sub SuperhirnFarbfeld_Paint(ByVal sender As Object, ByVal e _
As System.Windows.Forms.PaintEventArgs) Handles MyBase.Paint
        Dim g As Graphics
        Dim w, h As Integer
        Dim x, y, width, height As Integer
```

```
        Select Case m_farbe
            Case SuperhirnFarben.Transparent
                m_brush.Color = m_transparentFarbe
            Case SuperhirnFarben.Blau
                m_brush.Color = Color.Blue
            Case SuperhirnFarben.Pink
                m_brush.Color = Color.Pink
            Case SuperhirnFarben.Gelb
                m_brush.Color = Color.Yellow
            Case SuperhirnFarben.Grün
                m_brush.Color = Color.Green
            Case SuperhirnFarben.Orange
                m_brush.Color = Color.Orange
            Case SuperhirnFarben.Rot
                m_brush.Color = Color.Red
        End Select
        g = e.Graphics
        w = Me.Width
        h = Me.Height
        x = w / 4
        y = h / 4
        width = w / 2
        height = w / 2
        g.FillEllipse(m_brush, x, y, width, height)
    End Sub
End Class
```

Die aktuelle Farbe merken wir uns in m_farbe, das vom Typ SuperhirnFarben ist. Das eigentlich spannende ist der Paint-Event: Je nach m_farbe setzen wie die Color-Eigenschaft des Brush um. Wir besorgen uns das Graphics-Objekt und zeichnen einen Kreis hinein, in der halben Größe des Panel-Objekts, beginnend ¼ vom linken Rand.

Machen wir das entsprechende auch noch für unsere zweite abgeleitete Klasse. Hier füllen wir 4 Kreise schwarz, weiß oder transparent, je nachdem, wie viel „schwarze" oder „weisse" unser Control als Eigenschaft hat. Die Anzahl schwarze und weisse lassen wir von außen in einer Methode setzen:

```
Public Class SuperhirnErgebnisfeld
    Inherits SuperhirnFeld

    Protected m_schwarze As Integer
    Protected m_weisse As Integer

    Public Sub New()
        m_schwarze = 0
        m_weisse = 0
    End Sub
```

```
    Private Sub SuperhirnErgebnisfeld_Paint(ByVal sender As Object, _
ByVal e As System.Windows.Forms.PaintEventArgs) Handles MyBase.Paint
        Dim g As Graphics
        Dim w, h As Integer
        Dim x1, x2, y1, y2, width, height As Integer
        Dim farben(4) As Color
        Dim i, j As Integer

        g = e.Graphics
        w = Me.Width
        h = Me.Height
        x1 = w / 8
        y1 = h / 8
        x2 = 5 * w / 8
        y2 = 5 * h / 8
        width = w / 4
        height = w / 4

        ' alle vorbesetzen mit Transparent
        For i = 0 To 3
            farben(i) = m_TransparentFarbe
        Next
        i = 0
        For j = 1 To m_schwarze
            farben(i) = Color.Black
            i += 1
        Next
        For j = 1 To m_weisse
            farben(i) = Color.White
            i += 1
        Next
        'Stecker malen
        m_brush.Color = farben(0)
        g.FillEllipse(m_brush, x1, y1, width, height)
        m_brush.Color = farben(1)
        g.FillEllipse(m_brush, x2, y1, width, height)
        m_brush.Color = farben(2)
        g.FillEllipse(m_brush, x1, y2, width, height)
        m_brush.Color = farben(3)
        g.FillEllipse(m_brush, x2, y2, width, height)
    End Sub

    Public Sub Setzen(ByVal schwarze As Integer, ByVal weisse As Integer)
        m_schwarze = schwarze
        m_weisse = weisse
        Me.Invalidate()
    End Sub
End Class
```

Das Malen der Kreise ist hier eine etwas fummelige Angelegenheit, ich erzeuge mir ein Hilfs-Array mit den Farben der einzelnen Stecker. Ich denke, du verstehst den Code aber schon.

Jetzt will ich zum SuperhirnFarbfeld noch etwas hinzufügen:

Das Setzen eines Farbfeldes will ich durch Kontextmenü ermöglichen: Der Anwender klickt mit der rechten Maustaste in das Feld und wählt die Farbe aus, bzw. löscht die vorhandene:

Da er während des Spiels nicht an beliebiger Stelle auf dem Spielfeld Farbstecker setzen können soll (sondern nur in der aktiven Zeile), brauchen wir noch eine Property „Aktiv“, die angibt, ob ein Feld gerade aktiv, d.h. besetzbar ist. Bei nicht-aktiven Feldern soll das Kontextmenü ausgegraut sein.

Fügen wir also das Kontextmenü sowie diese Aktiv-Property zu unserer Klasse hinzu (die Paint-Methode sowie die Property Farbe lasse ich jetzt mal weg):

```
Public Class SuperhirnFarbfeld
    Inherits SuperhirnFeld

    Protected m_farbe As SuperhirnFarben
    Protected m_menuItem(7) As MenuItem
    Protected m_aktiv As Boolean

    Public Sub New()
        m_farbe = SuperhirnFarben.Transparent
        ErstelleMenu()
        Aktiv = True
    End Sub

    Private Sub ErstelleMenu()
        Dim i As Integer
        Dim kontextMenü As New ContextMenu
        For i = 0 To 6
            m_menuItem(i) = New MenuItem
            kontextMenü.MenuItems.Add(m_menuItem(i))
            AddHandler m_menuItem(i).Click, AddressOf Menu_Click
        Next
        m_menuItem(0).Text = "Blau"
```

```
        m_menuItem(1).Text = "Gelb"
        m_menuItem(2).Text = "Rot"
        m_menuItem(3).Text = "Grün"
        m_menuItem(4).Text = "Orange"
        m_menuItem(5).Text = "Pink"
        m_menuItem(6).Text = "Löschen"
        Me.ContextMenu = kontextMenü
    End Sub

    Private Sub Menu_Click(ByVal sender As System.Object, ByVal e As _
System.EventArgs)
        Dim m As MenuItem
        m = sender
        Select Case m.Text
            Case "Löschen"
                Farbe = SuperhirnFarben.Transparent
            Case "Gelb"
                Farbe = SuperhirnFarben.Gelb
            Case "Rot"
                Farbe = SuperhirnFarben.Rot
            Case "Grün"
                Farbe = SuperhirnFarben.Grün
            Case "Orange"
                Farbe = SuperhirnFarben.Orange
            Case "Pink"
                Farbe = SuperhirnFarben.Pink
            Case "Blau"
                Farbe = SuperhirnFarben.Blau
        End Select
    End Sub

    Public Property Aktiv() As Boolean
        Get
            Return m_aktiv
        End Get
        Set(ByVal Value As Boolean)
            Dim i As Integer
            m_aktiv = Value
            For i = 0 To 6
                m_menuItem(i).Enabled = m_aktiv
            Next
        End Set
    End Property
End Class
```

Die Kontextmenü-Events erledigen wir natürlich auch gleich hier an Ort und Stelle (d.h. innerhalb unserer Klasse): Wenn jemand einen Kontextmenüpunkt auswählt, fangen wir den Event ab; über die Eigenschaft „Text“ bekommen wir die gewünschte Farbe heraus und setzen unsere eigene Eigenschaft „Farbe“, was ein sofortiges Neuzeichnen zur Folge hat.

Nun wollen wir das Superhirn-Spiel erstellen. Lege also ein neues Projekt an, natürlich vom Typ „Windows-Anwendung“, mit Namen „Superhirn“.

Nun fügen wir unsere selbst erstellten Controls zur Toolbox hinzu:

Klicke mit der rechten Maustaste in den Bereich der Toolbox und wähle „Elemente hinzufügen/entfernen....“ aus. Es öffnet sich ein Dialog, in dem du auf „Durchsuchen“ klickst und die Datei „MeineControls.dll“ suchst und auswählst.

Danach sind unsere beiden Controls Mitglieder der Toolbox. Sie sortieren sich ganz am Ende ein:

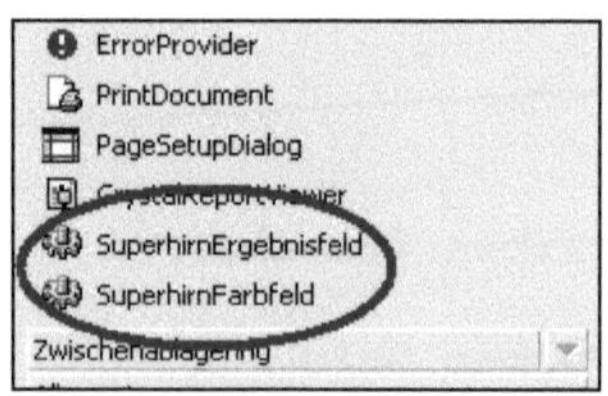

Wir können sie jetzt wie jedes andere Control benutzen! Probieren wir es aus:

Ein Doppelklick auf SuperhirnFarbfeld legt ein neues Feld auf dem Formular ab, in der von uns festgelegten Standardgröße. Überraschenderweise (oder auch nicht?) „wirkt“ unser ganzer Code bereits jetzt, zur Entwurfszeit: Wenn wir das Feld in der Breite vergrößern, ändert sich automatisch die Höhe entsprechend.

Toll ist auch, dass wir die Eigenschaften „Farbe“ und „Transparentfarbe“, die wir zur Basisklasse „Label“ hinzugefügt haben, im Eigenschaftsfenster sofort wieder finden. VB.Net ist sogar so intelligent, die möglichen Werte „schön“ umzusetzen: Da „Farbe“ als Wert eine Enumeration hat, wird daraus eine Combobox mit den möglichen Werten. „TransparentFarbe“ hingegeben ist vom Typ „Color“, weswegen uns zum Einstellen gleich der übliche Farbauswahldialog zur Verfügung steht.

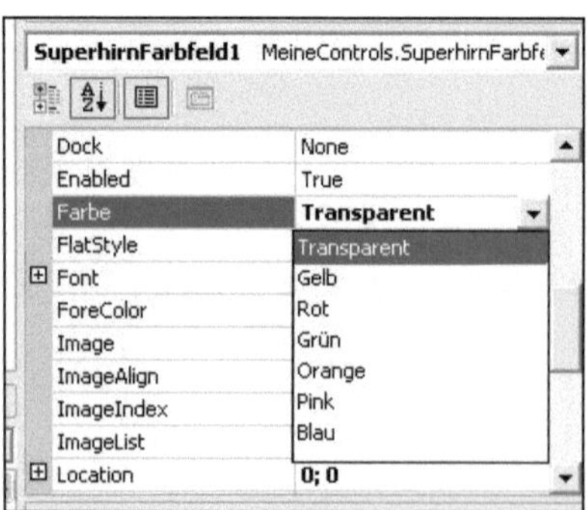

Natürlich können wir die Eigenschaften und Methoden auch per Programm setzen, bei einem SuperhirnErgebnisfeld etwa durch:

```
        SuperhirnErgebnisfeld1.Setzen(2, 1)
```

Ich hoffe, du bist ebenso begeistert wie ich, wie schön sich selbst erstellte Controls zu den vorhandenen gesellen.

Noch eine Anmerkung: Zum Erstellen eigener Controls stellt VB.Net eine spezielle Basisklasse mit Namen „UserControl" bereit, von der man ableiten kann, um ein eigenes Control zu erstellen. Diese bringt auch schon eine ganze Reihe von Eigenschaften (Backcolor,...) mit, die man für ein eigenes Control so braucht. Der einzige Grund, warum ich von „Panel" statt von „UserControl" abgeleitet habe, ist, dass ich die Eigenschaft „BorderStyle" brauchte – und die hat das UserControl nicht.

Nun zum Spiel. Wir wollen das ganze Spiel über Menüpunkte steuern:

„Spiel..Neu": Der Computer „versteckt" 4 Farben und der Spieler kann anfangen, zu raten
„Spiel..Aufdecken": Der Spieler gibt auf, die verdeckten Stecker werden aufgedeckt
„Spiel..Ende": Ende des Programms
„Setzen..Alle löschen": Alle Stecker in der aktuellen Reihe werden wieder entfernt
„Setzen..Bewerten": Der Spieler hat alle Stecker gesetzt und bittet um die Bewertung

Der Code für dieses Spiel ist relativ kurz, sodass ich ihn komplett im „Form1" untergebracht habe.

Das Spielfeld zeichnen wir komplett per Programm. Die Controls hängen wir zum einen natürlich an das Formular, zum andern heben wir sie uns aber auch in eigenen Arrays auf: Ein zweidimensionales Array (10 mal 4) für die Farbfelder, ein eindimensionales (10) für die Ergebnisfelder und ein eindimensionales (4) für die zu ratenden Felder. Ferner erstellen wir noch ein Panel in der Größe der zu ratenden Felder, das wir als „Verdeck" über diese Felder legen können, wenn diese nicht aufgedeckt sind.

So sieht das Erstellen des Spielfeldes aus:

```
Public Class Form1
    Inherits System.Windows.Forms.Form

    Private m_feld(10, 4) As SuperhirnFarbfeld
    Private m_rateFeld(4) As SuperhirnFarbfeld
    Private m_ergebnisFeld(10) As SuperhirnErgebnisfeld
    Private m_verdeck As Panel

    Private m_aktiveZeile As Integer
    Dim m_rnd As Random

    Private Sub Form1_Load(ByVal sender As System.Object, ByVal e As _
System.EventArgs) Handles MyBase.Load
        m_rnd = New Random
        Me.BackColor = Color.LightSlateGray
        SpielfeldZeichnen()
    End Sub
```

```
    Private Sub SpielfeldZeichnen()
        Dim i, j As Integer
        Dim sf As SuperhirnFarbfeld
        Dim se As SuperhirnErgebnisfeld

        ' Zeichne die 4 zu suchenden Felder
        For j = 0 To 3
            sf = New SuperhirnFarbfeld
            sf.Left = 50 + j * sf.Width
            sf.Top = 50
            sf.TransparentFarbe = Me.BackColor
            sf.Aktiv = False
            Me.Controls.Add(sf)
            m_rateFeld(j) = sf
        Next

        ' Ein Panel zum Verdecken
        m_verdeck = New Panel
        m_verdeck.Left = 50
        m_verdeck.Top = 50
        m_verdeck.Width = 4 * sf.Width
        m_verdeck.Height = sf.Height
        m_verdeck.BackColor = Color.Brown
        m_verdeck.Visible = False
        Me.Controls.Add(m_verdeck)

        ' Zeichne die Steck- und Ergebnisfelder
        For i = 0 To 9
            For j = 0 To 3
                sf = New SuperhirnFarbfeld
                sf.Left = 50 + j * sf.Width
                sf.Top = 100 + i * sf.Height
                sf.TransparentFarbe = Me.BackColor
                Me.Controls.Add(sf)
                m_feld(i, j) = sf
            Next
            se = New SuperhirnErgebnisfeld
            se.Left = 50 + 4 * se.Width
            se.Top = 100 + i * se.Height
            se.TransparentFarbe = Me.BackColor
            Me.Controls.Add(se)
            m_ergebnisFeld(i) = se
        Next
        Me.Width = 5 * se.Width + 100
        Me.Height = 10 * se.Height + 200
    End Sub
End Class
```

Der Rest des Programms (der natürlich auch noch zwischen das Class…End Class gehört) besteht eigentlich nur aus der Abhandlung der Menüpunkte und ein paar kleinen Hilfsroutinen:

```
    Private Sub MenuItemNeu_Click(ByVal sender As System.Object, ByVal _
e As System.EventArgs) Handles MenuItemNeu.Click
        Dim i As Integer
        Dim z As Integer

        For i = 0 To 9
            LöscheZeile(i)
            AktiviereZeile(i, i = 0)
            m_ergebnisFeld(i).Setzen(0, 0)
        Next
        m_aktiveZeile = 0
        m_verdeck.Visible = True
        For i = 0 To 3
            z = m_rnd.Next(0, 6)
            Select Case z
                Case 0
                    m_rateFeld(i).Farbe = SuperhirnFarben.Blau
                Case 1
                    m_rateFeld(i).Farbe = SuperhirnFarben.Gelb
                Case 2
                    m_rateFeld(i).Farbe = SuperhirnFarben.Grün
                Case 3
                    m_rateFeld(i).Farbe = SuperhirnFarben.Orange
                Case 4
                    m_rateFeld(i).Farbe = SuperhirnFarben.Pink
                Case 5
                    m_rateFeld(i).Farbe = SuperhirnFarben.Rot
            End Select
            m_rateFeld(i).Visible = False
        Next
    End Sub

    Private Sub MenuItemAufdecken_Click(ByVal sender As System.Object, _
ByVal e As System.EventArgs) Handles MenuItemAufdecken.Click
        Aufdecken()
    End Sub

    Private Sub MenuItemEnde_Click(ByVal sender As System.Object, ByVal _
e As System.EventArgs) Handles MenuItemEnde.Click
        End
    End Sub

    Private Sub MenuItemLöschen_Click(ByVal sender As System.Object, _
ByVal e As System.EventArgs) Handles MenuItemLöschen.Click
        LöscheZeile(m_aktiveZeile)
    End Sub

    Private Sub MenuItemBewerten_Click(ByVal sender As System.Object, _
ByVal e As System.EventArgs) Handles MenuItemBewerten.Click
```

```
        Dim feldBewertet(4) As Boolean
        Dim ratefeldBewertet(4) As Boolean
        Dim i, j As Integer
        Dim schwarze, weisse As Integer

        For i = 0 To 3
            If m_feld(m_aktiveZeile, i).Farbe = _
SuperhirnFarben.Transparent Then
                       MessageBox.Show("Bitte alle 4 Felder ausfüllen", _
 "Superhirn", MessageBoxButtons.OK, MessageBoxIcon.Exclamation)
                Exit Sub
            End If
            feldBewertet(i) = False
            ratefeldBewertet(i) = False
        Next
        schwarze = 0
        weisse = 0
        ' Schwarze feststellen
        For i = 0 To 3
            If m_feld(m_aktiveZeile, i).Farbe = m_rateFeld(i).Farbe Then
                feldBewertet(i) = True
                ratefeldBewertet(i) = True
                schwarze += 1
            End If
        Next

        ' Weisse feststellen
        For i = 0 To 3
            If Not feldBewertet(i) Then       ' Nur die unbewerteten
                                              ' überprüfen
                For j = 0 To 3
                    If Not ratefeldBewertet(j) Then      ' Nur die
                                                 ' unbewerteten überprüfen
                        If m_feld(m_aktiveZeile, i).Farbe = _
m_rateFeld(j).Farbe Then
                            feldBewertet(i) = True
                            ratefeldBewertet(j) = True
                            weisse += 1
                            Exit For         ' innere Schleife verlassen
                        End If
                    End If
                Next
            End If
        Next
        m_ergebnisFeld(m_aktiveZeile).Setzen(schwarze, weisse)
        AktiviereZeile(m_aktiveZeile, False)
        If schwarze = 4 Then
            Aufdecken()
            MessageBox.Show("Erraten in " & m_aktiveZeile + 1 & _
" Versuchen!", "Superhirn", MessageBoxButtons.OK, _
```

```
MessageBoxIcon.Information)
                Exit Sub
            End If
            If m_aktiveZeile = 9 Then
                Aufdecken()
                MessageBox.Show("Leider nicht erraten!", "Superhirn", _
MessageBoxButtons.OK, MessageBoxIcon.Information)
                Exit Sub
            End If
            m_aktiveZeile += 1
            AktiviereZeile(m_aktiveZeile, True)
        End Sub

        Private Sub AktiviereZeile(ByVal zeile As Integer, ByVal aktiv As _
Boolean)
            Dim i As Integer
            For i = 0 To 3
                m_feld(zeile, i).Aktiv = aktiv
            Next
        End Sub

        Private Sub LöscheZeile(ByVal zeile As Integer)
            Dim i As Integer
            For i = 0 To 3
                m_feld(zeile, i).Farbe = SuperhirnFarben.Transparent
            Next
        End Sub

        Private Sub Aufdecken()
            Dim i As Integer
            For i = 0 To 3
                m_rateFeld(i).Visible = True
            Next
            m_verdeck.Visible = False
            AktiviereZeile(m_aktiveZeile, False)
        End Sub
```

Beim „Spiel..Neu“ wird das Spielfeld gelöscht und die Ratefelder mit 4 zufälligen Farben besetzt. Die Ratefelder werden „invisible“, das „Verdeck“ „visible“ gesetzt.

Beim „Spiel..Aufdecken“ passiert das umgekehrte. Ferner wird die aktive Zeile auch deaktiviert, denn jetzt soll keiner mehr eingeben können.

„Spiel..Ende“ und „Setzen..Alle löschen“ sind simpel.

Nur das „Spiel..Bewerten“ bereitet etwas Arbeit, denn es muss korrekt festgestellt werden, wie viel weisse und schwarze Stecker der Anwender verdient hat. Hier verwende ich zwei Hilfsreihen vom Typ „Boolean“, in denen ich mir merke, ob ich ein Feld und ein Ratefeld schon bewertet, d.h. mit einem weissen oder schwarzen Stecker versehen, habe.

Eine Befehlszeile verdient noch mal besondere Aufmerksamkeit:

```
AktiviereZeile(i, i = 0)
```

Was soll dieses `i = 0` an der Stelle, wo der zweite Parameter erwartet wird? Die Subroutine AktiviereZeile verlangt an dieser Stelle einen `Boolean` (bei `True` wird die Zeile aktiviert, bei `False` deaktiviert).

Nun, dieses `i = 0` ist an dieser Stelle keine Anweisung, sondern liefert tatsächlich einen Boolschen Wert: Wenn i gleich 0 ist, ist dieser Ausdruck `True`, andernfalls `False` – und das ist genau das, was ich an dieser Stelle erreichen will. Natürlich hätte ich auch ausführlicher schreiben können:

```
If i = 0 Then
    AktiviereZeile(i, True)
Else
    AktiviereZeile(i, False)
End If
```

Dies hätte denselben Zweck erfüllt, wäre ein paar Zeilen länger gewesen, aber dafür leichter zu verstehen. Andererseits hast du auf diese Weise auch diesen „Trick" kennen gelernt. Ob du ihn gut findest, überlasse ich dir.

Nun folgt noch eine letzte Aufgabe:

Ein sinnvolleres Control, das man auch in mehreren Projekten gebrauchen kann, ist doch sicher ein (Sechser-)Würfelcontrol. Baue also die Würfelklasse so um, dass daraus ein Control wird. Schmeiß dabei die bisher verwendete PictureBox hinaus und male die Punkte und den Rahmen mit grafischen Methoden, und zwar so, dass der Würfel eine beliebige Größe haben kann. Als Eigenschaft sollte er bieten: „Wert", „Markierbar" und „Markiert", ferner natürlich eine „Würfeln"-Methode. Unterschiedliche Konstruktoren braucht man nicht mehr, sondern nur einen Konstruktor ohne Parameter.

Tja, nun sind wir fertig mit unserer Einführungstour durch VB.Net. Viele Themen haben wir behandelt, und trotzdem gibt es noch unendlich viel zu entdecken. Denn das VB.Net Framework bietet viel mehr, als in so einem Einführungsbuch Platz hat. Wenn du Spaß am Programmieren gefunden hast und ich bei dir die Lust auf weitere Entdeckungen geweckt habe, dann hat dieses Buch seinen Zweck erfüllt.

Michael Drescher

Index